《经典兵器》编写组
编著

战机

WARPLANES

云霄千里的急速猎鹰

THE CLASSIC WEAPONS

哈尔滨出版社
HARBIN PUBLISHING HOUSE

图书在版编目（CIP）数据

战机：云霄千里的急速猎鹰/《兵典丛书》编写组
编著. — 哈尔滨：哈尔滨出版社，2017.4（2021.3重印）
（兵典丛书：典藏版）
ISBN 978-7-5484-3127-5

Ⅰ．①战… Ⅱ．①兵… Ⅲ．①军用飞机 – 普及读物
Ⅳ．①E926.3-49

中国版本图书馆CIP数据核字（2017）第024878号

书　　名：**战机——云霄千里的急速猎鹰**
ZHANJI——YUNXIAO QIANLI DE JISU LIEYING

作　　者：《兵典丛书》编写组　编著
责任编辑：陈春林　李金秋
责任审校：李　战
全案策划：品众文化
全案设计：琥珀视觉

出版发行：哈尔滨出版社（Harbin Publishing House）
社　　址：哈尔滨市香坊区泰山路82-9号　　邮编：150090
经　　销：全国新华书店
印　　刷：铭泰达印刷有限公司
网　　址：www.hrbcbs.com　　www.mifengniao.com
E – mail：hrbcbs@yeah.net
编辑版权热线：（0451）87900271　87900272
销售热线：（0451）87900202　87900203

开　　本：787mm×1092mm　1/16　印张：20.25　字数：250千字
版　　次：2017年4月第1版
印　　次：2021年3月第2次印刷
书　　号：ISBN 978-7-5484-3127-5
定　　价：49.80元

　　在中国古代，有一个飞天的名词，意为飞舞的天人，这是古代人类追求的一个美好梦想，风筝和竹蜻蜓就是载起古代中国人飞天梦想的早期产物。人类幻想飞天是因为他们羡慕鸟儿能够展翅高空，自由翱翔。自从莱特兄弟把这个梦想变成现实以来，飞机载着人类飞天的梦想快速前进，它不仅做到了飞翔于高空，如今还做到了穿越太空。可就在飞机把人类飞天之梦变成现实的同时，它也在翅膀上长出了有刺的"羽毛"。如今军用飞机正在以超乎人们想象的速度快速发展，它的机型与性能远远超越了民用飞机的发展速度。

　　本书将要介绍的9种战机：侦察机、攻击机、战斗机、轰炸机、武装直升机、军用运输机、空中加油机、预警机和反潜机，它们都属于战机，只不过用途不同。

　　侦察机负责侦察敌情，是交战双方安插在空中的间谍，它总是悄悄地来到你的身边，又悄悄地从你身边带走有价值的情报；攻击机又叫强击机，是负责拦截、歼灭对手的飞机，所以，人们给它起了个迷人的绰号——长空战鹰；而战斗机呢，它负责快速地升空之后争取高度，在敌人的轰炸机进入我方空域之前将对方摧毁，它是空中的王者；轰炸机是空中的堡垒，它能投下数以万计的炸弹，让地面的人们心惊胆战；武装直升机被称为响彻云霄的低空杀手，巨大的螺旋桨发出嗡嗡的响声，这时，我们便知道直升机来了；运输机和加油机都可以称为空中的"补给舰"，运输机负责运送士兵、武器，而加油机负责给战机添加油料，它们都是"后勤部"部长；预警机负责警戒；反潜机被称为"潜艇杀手"，它的任务就是找到潜艇，然后通知战机和军舰。这9种飞机在历次大战中都发挥了巨大的作用，它们之间的关系是互相依赖、互相依存的。

1903年12月17日，美国莱特兄弟在人类历史上首次驾驶自己设计、制造的动力飞机飞行成功。1909年，美国陆军装备了第一架军用飞机，机上装有一台30马力的发动机，最大速度68千米/小时。同年制成一架双座莱特A型飞机，用于训练飞行员。

飞机最初用于军事主要是进行侦察任务，偶尔也用于轰炸地面目标和攻击空中敌机。第一次世界大战期间，出现了专门为执行某种任务而研制的军用飞机，例如主要用于空战的歼击机，专门用于突击地面目标的轰炸机和用于直接支援地面部队作战的强击机。

第二次世界大战前夕，单座单发动机歼击机和多座双发动机轰炸机已经大量用于装备部队。20世纪30年代后期，具有实用价值的直升机问世。第二次世界大战中，俯冲轰炸机和鱼雷轰炸机等得到广泛的应用，还出现了可长时间在高空飞行、有气密座舱的远程轰炸机，例如美国的B-29。英、德、美等国把雷达装在歼击机上，专用于夜间作战，其中比较成功的有英国的"美丽战士"，德国的BF110G-4和美国的P-61。执行电子侦察或电子干扰任务的电子对抗飞机，以及装有预警雷达的预警机也开始使用。大战中、后期，有的歼击机的飞行速度已达750千米/小时左右，升限约12 000米，接近活塞式飞机的性能极限。

第二次世界大战后期，德国的Me-262和英国的"流星"喷气式歼击机开始用于作战。战后几年，喷气式飞机发展很快，到1949年，有些国家已拥有相当数量的喷气式飞机。当时著名的喷气式歼击机有苏联的米格-15、美国的F-80和英国的"吸血鬼"；喷气式轰炸机有苏联的伊尔-28和英国的"坎培拉"等。20世纪50年代中期，出现了歼击轰炸机，它逐渐取代了在第二次世界大战期间大量使用的轻型轰炸机。

20世纪60年代，歼击机型号很多，且多是超音速的；轰炸机型号也不少，多为亚音速的（美国的B-58和苏联的图-22等除外）。运输机一般也采用了喷气式发动机，大型运输机能装载80～120吨物资，如苏联的安-22和美国的C-5A。飞行速度达3马赫的高空侦察机，有苏联的米格-25P和美国的SR-71。歼击轰炸机、强击机等都有不少新型号。在这些军用飞机中，有很多直到20世纪80年代初仍在服役，例如美国的F-111、F-4、B-52H，苏联的米格-21、米格-23、图-95和法国的"幻影"Ⅲ等。

20世纪70年代以来，军用飞机发展的一个重要特点是，直接用于作战的飞机大多向多用途方向发展，歼击机、歼击轰炸机和强击机三者的差别日益缩小，以致只能按这几种飞机研制或改装的首要目的确定其类别。

战机出现在天空中已经有100多年的历史，而武装直升机、军用运输机、空中加油机、预警机和反潜机也随着侦察机、攻击机和战斗机发展起来，它们并不是独立的，而是互相依存的。

在现代战争中，制空权已经成为与制海权和陆地控制权并列的三大军事争夺领域之一。世界各军事强国都在积极地发展军用飞机甚至是航天飞行器，而相对落后的国家也竞相投入大量的国防军费购买先进的战机。一个国家的战机种类直接影响着这个国家的空战水平，它是衡量一个国家国防能力的重要指标。

《战机——云霄千里的急速猎鹰》是"兵典丛书"中一部了解和记录各类经典战机的一个分册。本书不是一部一般的科普读物，而是一部战机家族的名机列传。

本书对战机发展的百年历史和其诞生的经典机型作了介绍，对9大类战机的近50种经典机型进行了详细的描述和精确分析。讲述了各类战机的专业知识与历史演变，各型号战机的设计制造、性能特点、参战经历、著名战役等，试图多角度、全方位展示战机，从战机的角度展现人类空中作战的历史。通过这部书，我们对于战机家族会有更多、更深刻的了解。

第一章 侦察机——空中间谍之王

战事回响

第二章 攻击机——长空战鹰

第四章　**轰炸机——百年战争中的空中堡垒**

1

侦察机

空中间谍之王

👁 沙场点兵：躲在云后的黑鸟

　　侦察机就像在天空自由翱翔的大鸟，也有黑鸟之称。1910年6月9日，法国陆军的玛尔科奈大尉和弗坎中尉驾驶着一架亨利·法尔曼双翼机进行了世界上第一次试验性的侦察飞行。这架飞机是单座飞机，由弗坎中尉钻到驾驶座和发动机之间，手拿照相机对地面的道路、铁路、城镇和农田进行了拍照。可以说，从这一天起，世界上最早的侦察机便诞生了。

　　侦察机，泛指所有担任情报与资料收集的军用飞机，是现代战争中的主要侦察工具之一。按执行任务范围，分为战略侦察机和战术侦察机。侦察机的侦察对象，包括作战中的敌人部队、交战中的敌对国家内部，或者是其他与本国利益有关系的其他国家内部的相关情报。

　　侦察机主要侦察方式有光学、雷达和无线电。侦察机一般不携带武器，主要依靠其高速性能和加装电子对抗装备来提高其生存能力。通常装有航空照相机、前视或侧视雷达和电视、红外线侦察设备，有的还装有实时情报处理设备和传递装置。侦察设备装在机舱内或外挂的吊舱内。侦察机可进行目视侦察、成像侦察和电子侦察（见电子对抗飞机）。成像侦察是侦察机实施侦察的重要方法，它包括可见光照相、红外照相与成像、雷达成像、微波成像、电视成像等。

★OH-58D轻型武装侦察直升机——可单独执行战术侦察任务，也可协同专用武装直升机作战。

✈ 兵器传奇：高空中有一双慑人的眼睛

第一次世界大战时侦察机就已经出现。首次侦察飞行发生在1910年10月爆发的意大利与土耳其的战争中。10月23日，意大利空军上尉皮亚查驾驶一架法国制造的"布莱里奥X1"型飞机从利比亚的黎波里基地起飞，对土耳其军队的阵地进行了肉眼和照相侦察。此后，意军又进行多次侦察飞行，并根据结果编绘了照片地图册。

第一次世界大战爆发后，欧洲各交战国都很重视侦察机的应用。在大战的初期，德军进攻处于优势，直插巴黎。1914年9月3日，法军的一架侦察机发现德军的右翼缺少掩护，于是法国根据飞行侦察的情报，趁机反击，发动了意义重大的马恩河战役，终于遏制了德军的攻势，扭转了战局。

第二次世界大战中，侦察机应用得更广泛，出现了可进行垂直照相及倾斜照相的高空航空照相机和雷达侦察设备，大战末期还出现了电子侦察机。

20世纪50年代，侦察机的飞行性能显著提高，飞行速度超过音速，机载侦察设备也有很大改进。20世纪60年代，研制出3倍音速的战略侦察机，如美国的SR-71侦察机，其最大飞行速度超过3马赫，实用升限达25千米左右，照相侦察一小时的拍摄范围可达15万平方千米。

对于侦察机的用途，最初想法是利用飞机的飞行高度优势对地面状况进行探察，以打破战争迷雾。但是，自20世纪70年代侦察卫星诞生后，侦察机有相当一部分的作用被侦察卫星所取代了。另外，由于防空导弹的发展，使侦察机深入敌方的飞行变得日益危险。但是侦察机依然具有战场价值，特别是在需要取得气候不良地区、或更近距离的照片时。因此侦察机依然继续发展下去。

20世纪80年代初，有的国家研制出飞行速度为5马赫左右、升限超过3万米的高空高速侦察机。

20世纪90年代至今，有人驾驶侦察机主要执行在敌方防空火力圈之外的电子侦察任务，大部分深入敌方空域的侦察任务由无人驾驶侦察机来执行。

✈ 慧眼鉴兵：情报专家

侦察机按任务性质的不同分为战略侦察机和战术侦察机。战略侦察机一般具有航程远和高空、高速飞行性能，用以获取战略情报，多是专门设计的；战术侦察机具有低空、高速飞行性能，用以获取战役战术情报，通常由战斗机改装而成。

战略侦察机的特点是飞行高度高，航程远，载有复杂的航摄仪和电子侦察设备，能从

★轻型攻击侦察机

高空深入对方国土，对军事和工业中心、核设施、导弹试验和发射基地、防空系统等战略目标实施侦察。典型的战略侦察机有美国的U-2和SR-71。U-2侦察机的飞行高度为20千米以上，速度达800千米/小时以上。SR-71战略侦察机配有高分辨率的航摄仪和图像雷达，能探测无线电通信和雷达波特征的电子侦察设备，能窥视边界对方一侧纵深达数百千米的侧视雷达，执行任务时可在24千米高度以3倍音速的速度穿越对方领空，每小时对15万平方千米的面积实施侦察。苏联则将图-16和图-20轰炸机改型为电子侦察机，沿对方边界或海域边界飞行，实施电子侦察。

战术侦察机大多是战斗机的改型，例如美国的RF-4C、苏联的雅克-25P。机上一般不带军械，但加装了航摄仪和图像雷达，能对战线的对方一侧300～500千米纵深范围内的兵力部署、地形地貌实施低空、中空或高空侦察。苏联的米格-25P战术侦察机能以2.8马赫的速度在27千米高空进行战术侦察。

冷战中的空中间谍
——U-2"黑寡妇"

◎ U-2侦察机：峰回路转的研发

二战之后，世界局势风云变幻，西方与苏联，特别是美国与苏联之间的关系急剧冷却，就差兵戎相见了。当时，苏联接收了德国很多先进的军事技术，并对其在军事领域的应用极为保密。

对此，美国人异常紧张，把搜集有关苏联军备情报当做重要任务，不择手段地谋取。如果仍用原始方式搜集情报，对苏联这种幅员辽阔的国家几乎是不可能的，所以美国军方准备着手研制一种新型高空侦察机。

这时，麻省理工学院的毕业生理查德·莱亨出现了。1946年和1948年，他两次向美国军方提交报告，认为美国需要研制一种携带高分辨率照相机的高空侦察机。在他看来，高度是成功进行越境空中侦察的关键。当时苏联最好的歼击机"米格-17"最多只能达到13千米的高度，如果设计的新型侦察机能在20千米高空飞行，"米格-17"就奈何不了它，而地面防空火炮就更不用提了。

最初，莱亨的建议没有受到重视，但随后爆发的朝鲜战争让美国军方想到了用莱亨的"新型高空侦察飞机"来监视苏联军队在远东地区的部署情况。

1954年4月，位于加利福尼亚州的洛克希德公司高级研发中心著名的"臭鼬工厂"向美国国防部递交了研制新型高空侦察机的报告，极力推荐其总工程师凯利·约翰逊提出的Cl-282项目方案。它就是U-2侦察机的前身。

Cl-282项目得到了美国中央情报局和总统智囊团的注意。该智囊团的任务是向当时的艾森豪威尔总统提出战略建议——如何采取有效手段来对付苏联的核突袭。

在充分了解Cl-282项目的设计理念和可扮演的角色后，智囊团极力向总统推荐这个项目：发展高空侦察力量，及早探知苏联核武器的发展情况，以谋求战略上的先发制人。经过总统智囊团的游说，艾森豪威尔总统于1954年11月24日批准了该项目，并把计划的主导权交给了美国中央情报局。但空军还是为这个秘密计划提供了巨大的支持——取消了他们原来与贝尔公司的订单，并正式将洛克希德公司的新飞机命名为U-2侦察机（U指多用途）。

🚫 性能一流：千里眼堪称其独门秘籍

★ U-2侦察机性能参数 ★

机长： 15.11米

机高： 3.86米

翼展： 24.38米

机翼面积： 57.30平方米

空重： 5 930千克

最大起飞重量： 13 154千克

最大载油量： 4 350千克

最大平飞速度： 930千米／小时

最大巡航速度： 775千米／小时

爬升率： 50米/秒

实用升限： 24 384米

续航时间： 8小时左右

最大航程： 4 700千米

★U-2"黑寡妇"侦察机

从外观上来看，U-2侦察机最为显著的特征之一就是"一身黑"。为了避免反射阳光，U-2侦察机的外表层被漆成黑色。U-2侦察机因而被称为"间谍幽灵"，也被笑称为"黑寡妇"。

从机身布局上来看，U-2侦察机采用了传统的气动式布局，该机另一个最引人注目的特征就是一对细长的主翼。机翼为大展弦比中单翼，并加大机翼使其具有滑翔机特征。飞机在起飞时机翼两端有补助器，着陆时机翼端与地面接触先着陆，后补助器滑行移动。

其动力装置为一台J-57（推力为48.9千牛）或J-75-p-b发动机。

U-2侦察机的飞行高度可达25千米以上，是普通机的两倍以上，而且滞空性能惊人。曾有一架美国空军的U-2在密西西比河上空发生故障，结果靠着断断续续的发动机推力，滑翔到新墨西哥州安全落地，足以证明U-2的惊人滞空性能。

就侦察系统而言，U-2是当时世界上最先进的侦察机。U-2侦察机配有八台自动高倍相机和电子侦察等系统，所用的胶卷长达3.5千米，能把宽200千米、长5 000千米范围内的景物拍下并冲印成4 000张照片。该机只要在美国飞12次，就能把全美清晰拍个遍。

U-2主要依赖高精度的航空侦察照相机进行侦察。它使用的B型照相机，透镜由著名

★U-2高空侦察机执行了多次侦察任务，服役达50年之久。

的莱卡公司（制造哈勃太空望远镜的公司）研磨制造，解像能力1毫米左右，当时属于超高性能透镜。B型照相机放在狭小的相机舱内，非常轻便，包括胶片仅重230千克。摄影胶片以柯达公司开发的超薄聚脂树酯（强化聚脂薄膜的一种）为基础，解像度高，所拍照片上可分别区分出步行与骑车人、报纸大字标题与墙上广告、马路上的香烟头。

U-2侦察机虽然没有配备任何武器系统，但是它能在导弹来袭时撒出干扰金属箔片来干扰导弹，保护自己。

◎ 情报功臣：秘密战场的神鹰

1955年8月4日，一架美国U-2高空战略侦察机悄然起飞，成功完成首次正式飞行后，U-2侦察机开始了长达50年的秘密飞行，并逐渐成为美国历史上最稳定和最持久的情报搜集工具，不论和平时期还是各种国际冲突中，总能窥见它的神秘身影。同时U-2侦察机也书写了军机历史上的50年传奇：迄今为止，世界上还没有其他军机能像U-2一样，在经受半个世纪的考验后，仍然活跃在万米高空的秘密战场。

从1956年以来，U-2窥取了苏联大量的军事绝密情报，如军港、机场、导弹基地、特种武器库和原子弹生产基地等。

1960年，U-2侦察的情报又为美国立下大功。1960年10月，U-2对古巴进行侦察后带回的图片显示苏联正在古巴境内建立导弹基地，从而引起美国对该基地的关注。U-2不断出动对该基地进行侦察，并于1962年发现苏联将导弹运入古巴后引发了历史上著名的古巴导弹危机，这次危机几乎将世界引入一场核战争。

服役50年，U-2执行过的任务不计其数，到目前为止，这些任务大多还被划分为美国的国家机密，很少被公布于世。虽然有些任务的真相已经大白于天下，但美军官方从来不会作出正面公开回应。

"黑色幽灵" ——SR-71 "黑鸟"

◎ 经典产物：SR-71 "黑鸟" 和OXCART计划

冷战开始之后，美国研制了著名的U-2侦察机，但U-2经常被苏联的战斗机和导弹击落，这让美国人感到很焦急。于是，在1959年，美国空军和洛克希德·马丁公司开始实施

★SR-71"黑鸟"在高空飞行

OXCART计划。该计划最初的目的是设计一种能够在20千米以上高空进行高速拦截的战斗机，以此逃避苏联导弹和战斗机的威胁。1962年，该计划的第一架试验机A-11试飞，为了掩人耳目，该机对外宣传时使用YF-12战斗机这一称谓。

洛克希德公司"臭鼬"工厂的著名飞机设计师凯利·约翰逊负责该项目，在设计方案的进展中，洛克希德的内部编号随着设计变更，从A-1一直到A-11，A-11是第一个进行测试飞行的，装上了推力较低的J-75涡轮喷气发动机，因为原本要使用的普惠J-58发动机的开发延误了。

J-58装上飞机成为第十二个构型后，编号也随之变更为A-12，这个编号持续使用到制造与运作。A-12共建造了18架，其中三架被转用为YF-12，也就是F-12拦截机型的原型机。经过对A-11及后来加装的火控、武器系统的大量试飞验证，美军认为这一战斗机技术不够成熟，放弃了计划。但A-11的优秀性能使得美军决定将其改进型作为高空高速战略侦察机使用，这就成就了SR-71。

SR-71于1966年1月进入加州比尔空军基地的第420侦察联队服役。1990年1月26日，由于国防预算降低和操作费用高昂，美国空军将SR-71退役，但海湾战争中因为没有其他顶替机种又重新服役，在1995年又编回部队，并于1997年执行飞行任务。

SR-71高空侦察机有三种改进型：A型为战略侦察型；B型为教练型；C型是由A型改装的教练型。

◎ "双三"侦察机：比导弹还要飞得快、飞得高

★ SR-71侦察机性能参数 ★

机长： 32.74米	**巡航速度：** 3 180千米/小时
机高： 5.64米	**侦察高度：** 24 000米
翼展： 16.95米	**实用升限：** 26 600米
空重： 272 400千克	**最大爬升率：** 大于60米/秒
最大起飞总量： 771 800千克	**活动半径：** 1 930千米
最大平飞速度： 3.5马赫	**航程：** 4 800千米

　　SR-71高空侦察机装有两台涡轮喷气发动机，单台最大推力11 016千克，总推力22 032千克。主要机载设备有KA-95B侦察照相机，红外与电子探测设备，AN/APQ-73合成孔径雷达。

　　SR-71机体重量的93%为钛合金，其气动外形为三角翼、双垂尾，发动机布置在机翼上。

　　SR-71是第一种成功突破"热障"的实用型喷气式飞机。其外形怪异，主要是适应高速的需要。全机使用钛合金制造——钛金属重量轻，强度大，耐高温。高温是高速飞行的一大障碍，当SR-71以3马赫飞行时，机体表面由于摩擦生热，温度可以高达300摄氏度，机舱的内表面也是火热，所以飞行员不能随便接触没有隔热措施的机体部件，尤其是风挡玻璃。为此机身采用低重量、高强度的钛合金作为结构材料；机翼等重要部位采用了能适应受热膨胀的设计，因为SR-71在高速飞行时，机体长度会因为热胀伸长30多厘米；油箱管道设计巧妙，采用了弹性的箱体，并利用油料的流动来带走高温部位的热量。尽管采取了很多措施，SR-71在降落地面后，油箱还是会因为机体热胀冷缩而发生一定程度的泄漏。实际上，SR-71起飞时通常只带少量油料，在爬高到巡航高度后再进行空中加油。

　　SR-71上装有先进的电子和光学侦察设备，但都处于绝对保密的状态，外界了解甚少。为了避免飞机向前飞行引起的误差（即使是快门闪动的一瞬间，SR-71向前运动的距离也相当长），侦察照相机均装在导轨上，摄影时向后运动，使得相机相对于地面静止。

　　SR-71飞行高度达到30千米，最大速度达到3.5马赫，故而被称为"双三"侦察机。SR-71比现有绝大多数战斗机和防空导弹都要飞得高、飞得快，因此入侵其他国家的领空如入无人之境。

SR-71是世界上最快的飞机，并且保有两项纪录：1976年7月28日当天，一架SR-71创下时速3.5马赫的速度纪录，以及30千米的高度纪录，只有苏联的米格-25"狐蝠"式高空拦截机曾经在1977年8月31日达到更高的37.65千米。它可以在24千米的高空，以每秒72平方千米的速度扫视地表。

◎ 黑鸟传说：越战中的美国奇兵

在20世纪的越南战争、中东战争中，美国和以色列军事领导层特别重视空中情报侦察活动，借助战略侦察机、无人侦察机、歼击机、歼击轰炸机、战术航空兵和舰载航空兵攻击机等各种飞机进行广泛的情报侦察。

SR-71"黑鸟"高空高速战略侦察机在这一时期大显身手，不仅积极实施高空侦察任务，还为成功防范对方防空导弹部队的攻击，顺利实施空袭行动提供了准确的情报保障，并且在这一时期创造了未被击落一架的神话。

1967年前，美军在南越和泰国部署有9支RF-1、RC-47、RF-101战术侦察机大队，另外还有10架空军SR-71、U-2、RB-47型战略侦察机，试图借此控制整个中南半岛，特别是越南民主共和国境内的局势。

★ "黑鸟"高空侦察机主视图

美军侦察机大队的主要任务是：查明待袭目标性质、探明越南人民军部队和军事装备集结地（特别是与南越和老挝边界地区）、查找人民军防空导弹部队集群并对其变动情况进行监视、监视越南民主共和国基础设施及在其基础上进行的部队调动、对其他军事威胁进行侦察预警、查找人民军运输供给线路和武器装备装卸地点、探察人民军战斗装备储藏和供应地点。

越南战争期间，美军U-2和RB-47侦察机在14～20千米高空进行侦察，SR-71"黑鸟"在23～30千米高空进行侦察，在北越上空的飞行速度为2 800～3 200千米/小时，只在白天有阳光的情况下进行活动。

20世纪60～70年代，SR-71侦察机的主要战斗使用特点是：绝大多数情况下单机侦察飞行；一个地区2～3架飞机先后侦察飞行（间隔1～20分钟）；一个地区2～3架飞机间隔飞行（间隔2～5小时）；一次2～3架飞机在不同地区不同时间飞行。

越南人民军防空导弹部队对SR-71侦察机的导弹攻击效果非常不理想。首先是由于"黑鸟"较高的飞行高度和较高的速度，另外，"黑鸟"拥有较高的战术技术性能和飞行性能，机载雷达辐射探测设备和防空导弹发射预警设备，使其能对来袭导弹提前进行防范，使用机载主动干扰发射装置进行干扰，从而保障了这种飞机较高的使用效率，极大地降低了被越南和阿拉伯国家防空导弹火力摧毁的可能性。

SR-71高空高速飞行参数，对CA-75M防空导弹系统来说，杀伤范围纵深仅有5～9千米，即使是在最低飞行数据下，也只有14～18千米。因此，即使能够较早发现"黑鸟"的行踪，发动导弹攻击所需的必要射程、导弹迎击距离也无法得到保障，导弹攻击只能采用"半取直"制导法，在没有受到干扰的情况下进行。

为了及时对"黑鸟"发动导弹攻击，在CA-75M防空导弹系统自动化发射仪进行发射数据准备工作的条件下，发现距离应当不少于100～105千米。事实上，越南战争时期，SR-71的平均发现距离只有70～75千米，防空导弹系统只能按照提前计算的原始数据发射导弹，而"黑鸟"乘员早已利用机载侦察设备和主动干扰发射装置，及时采取有效的回应措施。CA-75M导弹控制指令无线电发射机在受到主动噪音干扰后，会停机4～5秒，重新开机时，防空导弹营对目标的杀伤范围仅为10～15千米，在高强度干扰条件下，雷达背景上的飞机目标已经模糊不清，观察距离仅为30～40千米，无法再对防空导弹实施精确制导，只能采取半取直法和三点一线法制导，攻击效果可想而知。

1968～1969年，越南人民军防空导弹部队对SR-71"黑鸟"战略侦察机共进行了22次导弹攻击，发射了29枚B-750型地空导弹，却未能击落一架，杀伤率为0。在这些导弹攻击中，有11次（50%）没有得到杀伤范围内导弹迎击目标的距离保障，主要原因是未能及时发动攻击，导弹射击时，目标已经飞到了有效杀伤范围之外，有7次发射（31.8%）是在系统采用三点一线法或从半取直法向三点一线法转换制导的情况下进行的，这对以700米/秒的速度在24千米高空飞行的SR-71来说，根本没有任何实质性的威胁。

对"黑鸟"拦截失败的主要原因是：不能及时发现目标，不能保障在杀伤范围内发动导弹攻击，在受到美军飞机主动噪音干扰后被迫改变制导方法，三点一线制导法不能保障导弹对战略侦察机的有效攻击，系统杀伤范围内的目标参数缺乏，在高空高速战略侦察机跟踪方面的错误。

🚫 功勋一生：从没有被击落过的不朽传奇

1973年10月中东战争中及战事结束后，SR-71"黑鸟"战略侦察机对埃及和叙利亚等阿拉伯国家进行了多次侦察飞行，以军、美军侦察机联合行动，特别是美军"黑鸟"侦察机从本土起飞，中间不停歇，经过5～6次空中加油后，在十多个小时内飞越23 000多千米的距离，到达侦察区域上空，在阿拉伯联合酋长国、叙利亚、约旦、黎巴嫩上空飞行侦察时，SR-71只停留35～55分钟，侦察高度为20～22千米，速度超过了3 000千米/小时。

叙利亚和埃及防空导弹部队未能对SR-71发动一次导弹攻击，主要原因是未能得到及时有效的雷达情报保障，防空导弹营发射准备所需要的各种数据都无法得到保障。

当SR-71在1990年退役时，其中一架从它出生的加州棕榈谷的美国空军42号工厂，飞到弗吉尼亚州香蒂利国家航太博物馆展示，平均时速3418千米，全程只花了68分钟。SR-71也保有在1974年9月1日创下的从纽约到伦敦的纪录：1小时54分56.4秒（协和式客机飞行同样的路程要3小时20分，而最快的亚音速客机波音747则需要7小时）。

1995年9月，"黑鸟"复出。美国国会批出了价值1亿美元的合约给洛克希德公司，要该公司把三架"黑鸟"维修好，交给美国空军。其中两架将用来执行飞行任务，另一架则作训练用。

柏林墙倒下以前，"黑鸟"曾连续15年每星期从英国飞往苏联最北端的摩尔曼斯克大型海军基地两次，拍摄北极地区掩蔽坞内的苏联核潜艇，追踪它们的活动，计算它们的导弹发射装置。

每次苏联都派出最新的米格机拦截，不过它们始终飞不到"黑鸟"的高度。海湾战争期间，有人建议派三架"黑鸟"去侦察伊拉克。可是建议未获采纳。

在以色列上空侦察以色列核设施时，以军F-4战斗机向它发射了AIM-9"响尾蛇"空空导弹，但是却完全无法追赶上SR-71。

SR-71从服役至今还从没有被击落过。1998年SR-71永久退役。SR-71极其高昂的使用费用，是其退役的主要原因之一，尽管在国会议员中也有人认为它仍然是一架尚无其他飞机可以代替的战略侦察机。

善于电子战的以色列候鸟
——"苍鹭"无人机

🚫 怀胎十月："苍鹭"惊艳而出

"苍鹭"无人机是以色列人的骄傲,这已成为世界侦察机史上公认的事实。

1993年底,以色列空军开始发展无人侦察机计划。1994年10月,第一架原型机首飞,整个研制时间仅仅为10个月,像一个胎儿般的"苍鹭"无人机,是以色列飞机工业公司马拉特子公司研制的大型高空战略长航时无人机。

"苍鹭"于1996年底正式投入使用,曾在1995年巴黎航展和1996年的范堡罗航展上展出。"苍鹭"主要用于实时监视、电子侦察和干扰、通信中继和海上巡逻等任务。它可携带光电/红外雷达等侦察设备进行搜索、控测和识别,进行电子战和海上作战。在民用方面还可进行地质测量、环境监控、森林防火等。

以色列特拉维夫大学国防研究学院的国防安全专家布罗姆称这款新型无人机实现了多项技术突破,称它良好的续航能力及飞行高度意味着它有能力连续覆盖大片地面。以色列空军总司令内胡什坦表示,"如果有需要,该无人机完全有潜力执行新

★机场上停留的以色列"苍鹭"无人机

★飞行中的"苍鹭"无人机

的使命"。以色列国防官员透露说，"苍鹭TP"无人机能完成侦察、破坏敌方通信以及连接地面指挥和有人驾驶战斗机等各种任务。

据以色列飞机工业公司称，以色列空军采购的"苍鹭"无人机与"苍鹭"出口型的构型不同。以沙战争期间，以色列军方即证实，曾使用无人驾驶飞机执行侦察任务，成效卓著。

⊘ 大型监视雷达：让目标无处可藏

★ "苍鹭"无人机性能参数 ★

机长： 8.5米

机高： 2.3米

翼展： 16.6米

起飞重量： 1 100千克

任务设备重量： 250千克

燃油重量： 400千克

动力： 一台四冲程涡轮增压发动

机，功率为74.6千瓦

最大平飞速度： 240千米/小时

实用升限： 10 668米

航程： 250千米

续航时间： 50小时左右

最远飞行距离： 6 750千米

主要装载设备： 光电/红外/雷达等设备

　　"苍鹭"的设计特点是，采用复合材料结构、整体油箱机翼、先进的气动力设计（L/D>20）、可收放式起落架、大型机舱、大功率电源系统，传感器视野好。动力装置采用一台四冲程涡轮增压发动机，功率为74.6千瓦。

　　"苍鹭"在7 620米高度，以150千米/小时的速度巡逻时，其续航时间为36小时；在4 570米高度巡逻，续航时间为52小时。数据实时传输距离在有中继时可达1 000千米。其大型机舱可根据任务需要换装不同的设备。

　　该机装有大型监视雷达，可同时跟踪32个目标。采用轮式起飞和着陆方式，飞行中则由预先编好的程序控制。

◎ "苍鹭"之后：无人机时代会到来吗？

　　"苍鹭"无人机以其结构简单、成本低、零伤亡（因无人驾驶）等优点，频频出现在各个战场，尤其是无人侦察机，正在成为现代战争中侦察、监视和毁损评估等方面的主角。据统计，截至2006年底，全球约有4.8万架军用无人机服役；而到了2010年，已增至12万架。这些无人机绝大多数用于侦察、监视，其所担负的任务将取代有人驾驶侦察机。

　　以色列军队在运用无人机作战方面，可以说是独领风骚。1995年的巴黎航展会上，以色列展示了一款名为"苍鹭TP"的巨型无人机，该机一经展出便引起了世界各国的广泛关注。在以色列发布的消息中，还有一个小小的细节，那就是以色列军方表示，将在空军中成立装

★ "苍鹭"TP无人机

备这种无人机的无人机中队。这意味着无人机在以色列军队中将以一个独立的编成单位出现。这在无人机的发展、运用的历程中，也是一个具有标志性的事件。

"苍鹭"正式服役，标志着以色列无人飞机应用科技领先全球，迈入新纪元。以色列军方预计，截至2030年，以色列无人侦察机的执行作战任务比重将提升到50%。现在看来，随着先进的具有侦察、监视、瞄准功能的电子吊舱日渐成熟和广泛应用，投入大量人力物力专门研制或改装的传统战术侦察机将退居后位或被取而代之，而装备先进的"非传统情报监视与侦察"系统的各种作战飞机和无人机将占有重要位置，并成为一种趋势和潮流。

以色列空军，作为无人机用于作战的先行者，在无人机作战上已经迈出了新的一步。这样一个举动，会不会带来一个新的无人机时代？这个问题的确值得关注。因为现在的无人机，已经进入到了战争的各个角落。无人机一旦进入空战领域，形成战斗机的主流发展方向和未来空战的一个主要作战模式之后，那就意味着无人机时代真正到来了。

★以色列"苍鹭"无人机

第一种直接进行空空战斗的无人机 ——"捕食者"

◉ "捕食者"出世："高级概念技术验证"带来的战机

　　1993年末，以色列开始研制无人机。在侦察机方面处于世界领先地位的美国也不甘落后，他们于1994年1月制订了Tier II无人机计划。随后，美国空军与通用原子公司签订了合同，这个合同就是大名鼎鼎的中高度远程"捕食者"计划。

　　"捕食者"计划的主承包商是通用原子公司，其他子承包商包括：负责电子、光学侦察万向球的Versatron Wescam公司；负责合成孔径雷达的诺斯罗普·格鲁曼公司；负责宽带卫星通信数据链的L3通信；负责智能工作站和任务计划系统的波音公司。

　　"捕食者"于1994年首飞，1997年8月投产。该型机由空军第11和15侦察中队操作。1998年3月通用原子公司航空分部又收到了增加18架"捕食者"的合同，1999年7月又追加7架，使得"捕食者"的生产总数达到60架。

★"捕食者"无人机

2002年初意大利空军计划采购6架"捕食者"，由意大利"流星"公司组装其中5架。

2002年，该项目已得到美两院批准，但条件限制为出口型"捕食者"不可携带武器，必须遵守美国武器扩散的相关政策。

⊘ 机动性强：安装了赛车引擎的滑翔机

★ "捕食者"无人机性能参数 ★

机长：8米	巡航速度：126千米/小时
机高：2.1米	飞行高度：7927米
翼展：14米	作战半径：926千米
全重：204千克	最长续航时间：40小时
最大升限：7600米	

"捕食者"最大的特点是机动性强，可方便地装载在运输箱内，进行长途运输。

"捕食者"装有光电／红外侦察设备、GPS导航设备和具有全天候侦察能力的合成孔径雷达，在4 000米高处分辨率为0.3米，对目标定位精度0.25米。可采用软式着陆或降落伞紧急回收。

一个典型的"捕食者"系统包括四架无人机、一个地面控制系统和一个"特洛伊精神II"数据分送系统。无人机本身的续航时间高达40小时，巡航速度126千米/小时。飞机本身装备了UHF和VHF无线电台，以及作用距离270千米的C波段视距内数据链。

"捕食者"无人机可以在粗略准备的地面上起飞升空，起飞过程由遥控飞行员进行视距内控制，典型的起降距离为667米左右。任务控制信息以及侦察图像信息由Ku波段卫星数据链传送。图像信号传到地面站后，可以转送全球各地指挥部门，也可直接通过一个商业标准的全球广播系统发送给指挥用户。指挥人员从而可以实时控制"捕食者"进行摄影和视频图像侦察。

⊘ 演绎辉煌："捕食者"承受失利

"捕食者"服役之后就遭到了巨大的挑战。历史证明，美国人的战争思维确实与众不同，他们不信任一种先进武器，而是让两种先进武器相互抗衡，最终达到完美的蜕变。"捕食者"一飞冲天，但诺斯罗普·格鲁曼公司的"全球鹰"也同样优秀，他们为争夺高空无人机市场的主导权而激烈竞争。

★MQ-1"捕食者"无人机

2002年1月，洛克希德公司开始与欧洲的MBDA公司合作，推出"捕食者"的改进型号——"茶隼"（Kestrel）无人攻击机，以参与英国陆军"下一代反装甲武器"（NLAW）项目的竞争。"茶隼"和现役"捕食者"的区别主要是具有使用攻顶反装甲武器的能力。

2001年3月"捕食者"B无人机001号首飞。该项目包括具有不同结构的三架飞机。"捕食者"B001装备一台通用电气公司的TPE-331-10T涡轮螺桨发动机，起飞重量2900千克，能携带340千克的负载，在15 200米的高度以370千米/小时的速度巡航飞行。正在制造的"捕食者"B002号机将使用一台威廉姆斯公司的FJ44-2A涡轮喷气发动机，可在约18 300米的高度以500千米/小时的速度飞行。其飞行试验于2001年秋进行。"捕食者"B系列的最后机种ALTAIR将用于科学和商业用途，需要具有较大的负载能力和15 850米的升限。ALTAIR将装备通用电气公司的涡轮螺桨发动机。它能同时执行各种大气研究任务，并且通过卫星将搜集到的数据实时发送出去。

2001年11月，美空军订购了两架"捕食者"B。由于改换了发动机等，B型号的采购价格要比基型高，而且维护设备不同，但地面站相同。美军经过对比"捕食者"B和"全球鹰"，最后还是选择了"捕食者"B。"捕食者"基型单价在250万美元至450万美元之间，"全球鹰"每架则在4 500万美元至5 000万美元之间。"捕食者"B能够携带八枚"地狱火"反坦克导弹，基型只能携带两枚。B型能够在45 000米高度至52 000米高度之间执行任务，约为基型的两倍。飞行速度为基型的三倍。通用动力公司航空系统分部向美国海军提出了舰载型"捕食者"B无人机的设想。该公司建议美海军航母装备"捕食者"B。目前美海军在开发用于航母的无人作战飞机（UCAV-N）。该公司还强调现有的"捕食者"型号也可以从陆上起飞，然后交由海军舰艇控制，完成海军对陆地目标的侦察攻击任务。

2002年5月17日，美空军在阿富汗"永久自由"行动中损失了第四架"捕食者"，前三架分别是2001年11月和2002年1月坠毁的。这架"捕食者"无人机由设在巴基斯坦的前方操纵基地控制，返回基地时坠毁。自"捕食者"无人机投入使用至今，美空军已损失了20多架。

2002年6月，美国空军正式将携带"地狱火"的RQ-1B命名为MQ-1B。M表示多用途，反映了"捕食者"从侦察无人机发展为多任务型无人机。正式的MQ-1B无人机将装载雷神公司的多频谱瞄准系统，采用一个增强型热成像器、高分辨率彩色电视摄像机、激光照射器和激光测距器。此外还可能装TalonRadiance超频谱成像器，可穿透树叶探测隐蔽的地面目标。同时装有信号情报装置。美国空军已经实现利用"捕食者"直接向AC-130提供图像的试验。"捕食者"还正在计划增加防冰系统，系统采用乙二醇进行除冰，但是要付出载重减小的代价。此外还要解决整体油箱机翼与"地狱火"导弹兼容的问题。"捕食者"B已经被命名为MQ-9。

2002年12月23日，通用原子航空系统公司正式收到美空军总额1570万美元的合同，制造两架"捕食者"B，正式命名为MQ-9"狩猎者"。此外ALTAIR（B型号的改型）计划2003年首飞，将用来支持NASA(美国国家航空航天局)的大气研究工作。

2002年12月23日，伊拉克出动的米格-25战机成功击落了美军一架"捕食者"无人侦察机。在战斗中，"捕食者"的地面操作员和米格-25战斗机飞行员均发现了对方，并几乎同时发射了空空导弹。"捕食者"发射的"毒刺"导弹被米格-25发射的导弹红外信号干扰，偏离目标，而米格-25发射的导弹将"捕食者"击落。

2003年2月27日，一架伊拉克米格-25"狐蝠"战斗机更越境深入沙特领空大约30千米左右。不过，当这架飞机的驾驶员发现自己被高空迎面飞来的美军F-15C战斗机雷达"锁定"后，立刻掉头返航。米格-25成为伊拉克挑战禁飞区的有力兵器。

★正在进行试验的美军"捕食者"无人机

2003年3月，"捕食者"开始携带两枚"海尔法"Ⅱ激光制导反坦克导弹，执行摧毁伊拉克的ZSU-23-4自行高射炮的任务。5月，美军计划开始投产"捕食者"B。B型的投产将意味着"捕食者"的完全成熟，将在各种任务中发挥更为重大的作用。2004年8月，美空军装备司令部航空系统中心授予通用原子航空系统公司一项为期两年的合同，将79架已经服役的"捕食者"无人机改装成MQ1L10+批配置。这项改装除了增加在RQ-1L侦察改型机中引入的改进外，还将增添为"海尔法"空地导弹指示目标的能力。RQ-1L侦察改型机包括采用更高性能的涡轮增压器Rota×914UL发动机和除冰装置，这就使得该无人机能达到大约26 000英尺（7 925米）的飞行高度。此外，它还采用雷声公司AN/AAS-52（V）多光谱瞄准系统，该系统并入到一个激光照射器内。这项单独合同的总额为2640万美元，其中包括提供七架新的MQ-1L无人机和六套地面数据终端。

自"捕食者"无人机投入使用至今，美空军已损失了20多架。但"捕食者"以其低廉的价格，良好的性能，仍然在美空军中起着不可替代的作用。

世界上最先进的无人侦察机
——"全球鹰"RQ-4A

◎ 鹰击长空：为远程侦察的使命应运而生

★正在执行远程侦察任务的"全球鹰"无人侦察机

★"全球鹰"无人侦察机

　　20世纪90年代，人类对侦察机的要求是远程侦察能力，这种标准几乎影响了所有无人机的设计。

　　1992年，为了满足美国空中防御侦察办公室（DARO）向联合力量指挥部提供远程侦察能力的需要，美国空军决定开始对"全球鹰"无人机的设计。

　　"全球鹰"于1994年正式开始研制，"全球鹰"的研制计划分为三部分：设计，研制与试验，部署和评估。相关厂商包括电气系统ES公司，信息科技IT公司，综合系统IS公司，舰船系统和构成公司。

　　1998年2月起，美军进行了"全球鹰"一号原型机的试飞。在计划执行期内完成了58个起降，共719.4小时飞行。1999年3月第二号原型机坠毁，携带的专门为"全球鹰"设计的侦察传感器系统毁坏；1999年12月，三号机在跑道滑跑时出现事故，毁坏了另外一个传感器系统。因此在之后的试飞中，没有加装电子/红外传感器系统。但测试了单独的合成孔径侦察雷达，并获得了侦察影像。2000年3月试飞继续，到6月，一个完整的"全球鹰"系统重新部署到了爱德华兹空军基地。

历经重重磨难，"全球鹰"终于修成正果。2001年初，美军在作战能力评估中正式确定"全球鹰"具有了完整的作战能力。

2001年4月22日，"全球鹰"完成了从美国到澳大利亚的越洋飞行创举，这是无人机首次完成这样的壮举。飞行距离远也使得"全球鹰"可以逗留在某个目标的上空长达42个小时，以便连续不断地进行监视。"全球鹰"的地面站和支援舱可使用一架C-5或两架C-17运送，"全球鹰"本身则不需要空运，因为其转场航程达25 002千米，续航时间38小时，能飞到任何需要的目的地。

RQ-4A"全球鹰"在2001年4月进行的飞行试验中，达到了19 850米的飞行高度，并打破了喷气动力无人机续航31.5小时的任务飞行纪录。这项纪录曾经是CompassCope-R无人机保持了26年之久的世界纪录。

2001年11月"全球鹰"投入到对塔利班的军事打击行动，由此开始了它的侦察生涯。

◎ 长时间监视："全球鹰"可大范围运行

★ "全球鹰"无人侦察机性能参数 ★

机长：13.5米	**自主飞行时间**：42小时
机高：4.62米	**有效载荷**：900千克
翼展：35.4米	**目标区上空悬停高度**：5 500千米左右
最大起飞重量：11 622千克	**装备**：光电高分辨率红外传感系统
最大航程：25 002千米	CCD数字摄像机
巡航速度：644千米/小时	合成孔径雷达

"全球鹰"是一种巨大的无人机，机载燃料超过7吨，可以完成跨洲际飞行。可在距发射区5 556千米的范围内活动，可在目标区上空18 288米处停留24小时。飞行控制系统采用GPS全球定位系统和惯性导航系统，可自动完成从起飞到着陆的整个飞行过程。

"全球鹰"可同时携带光电/红外传感系统和合成孔径雷达。光电传感器工作在0.4到0.8微米波段，红外传感器在3.6到5微米波段。一次任务飞行中，"全球鹰"既可进行大范围雷达搜索，又可提供7.4万平方千米范围内的光电/红外图像，目标定位的圆概率误差最小可达20米。装有1.2米直径天线的合成孔径雷达能穿透云雨等障碍，能连续监视运动的目标。

"全球鹰"更先进的优点是，它能与现有的联合部署智能支援系统（JDISS）和全球指挥控制系统（GCCS）联结，图像能直接而实时地传给指挥官使用，用于指示目标、预警、快速攻击与再攻击、战斗评估。RQ-4A还可以适应陆海空军不同的通信控制系统。既可进行宽带卫星通信，又可进行视距数据传输通信。宽带通信系统可达到274兆字节/秒的传输速率，但目前尚未得到支持。Ku波段的卫星通信系统则可达到50兆字节/秒。另外机上装有备份的数据链。

"全球鹰"也有不少缺点：其飞行时速只有644千米/小时，难以逃脱高速战斗机的追击；喷气发动机仍会产生少量红外辐射信号。正因如此，"全球鹰"装备了红外诱饵弹。"全球鹰"有效载荷只有900千克，携带装备的能力非常有限。

勇创佳绩：不负盛名的"全球鹰"

在阿富汗战争中，"全球鹰"无人机执行了50多次作战任务，累计飞行1 000小时，提供了15 000多张敌军目标情报、监视和侦察图像，并且还为低空飞行的"捕食者"无人机指示目标。

伊拉克战争打响后，"全球鹰"再次出征。战争中，美军只使用了两架"全球鹰"无人机，却担负了452次情报、监视与侦察行动，为美军提供了"广泛的作战能力"的信息评估。

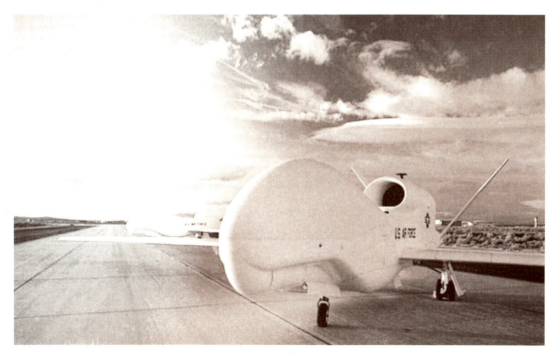

★"全球鹰"无人侦察机在伊拉克战争中表现不凡

★一架"全球鹰"无人侦察机飞行在伊拉克上空

在1991年的海湾战争中，多国部队共损失了38架飞机。因此，伊拉克战争之前，美军对伊军的防空力量忧心忡忡。在伊拉克战争中，为了减少人员伤亡和飞机损失，美军使用了"全球鹰"进行全天候侦察。据报道，在伊拉克战争期间，"全球鹰"执行了15次飞行任务，提供了4 800幅图像。美空军利用"全球鹰"提供的目标图像情报，摧毁了伊拉克13个地空导弹连、50个地空导弹发射器、70辆地空导弹运输车、300个地空导弹箱和300辆坦克（占伊拉克已知坦克的38%）。用于摧毁伊拉克防空系统的时间敏感目标数据中，55%是由"全球鹰"无人机提供的。

"全球鹰"在伊拉克战争中首次用来为F/A-18C战斗机传递数据，攻击伊拉克导弹系统。在一次交火中，"全球鹰"无人机机载合成孔径雷达提示机上的AAQ-16光电/红外传感器对准伊军隐蔽的导弹发射架，数据通过卫星数据链传到地面控制站，在传递给美国海军的F/A-18C战斗机之前进行分析和压缩，F/A-18C利用这一信息瞄准并摧毁在桥下的伊拉克导弹系统。从观察、探测到发射导弹摧毁目标所用的时间仅为20分钟，大大提高了打击力度。

"全球鹰"是一种自动高空远程监视侦察飞行器，具有从敌占区域昼夜全天候不间断提供数据和反应的能力，只要军事上有需要，它就可以启动。"全球鹰"用战场上无以争辩的事实证明，它的确是美国空军乃至全世界最先进的无人机。RQ-4A"全球鹰"是美国空军乃至全世界最先进的无人机。

战事回响

"黑寡妇"之谜：U-2无人侦察机被击落真相

U-2侦察机自服役以来，战功赫赫，可在1962年10月27日，一架美国空军的U-2高空侦察机在古巴上空被击落。事情的经过是这样的：1962年10月27日清晨，美国空军少校鲁道夫·安德森驾驶U-2高空侦察机飞上蓝天。这不仅是他最后一次飞行，也是他生命的最后一天。当地时间8时，他穿越了古巴边界。1小时20分钟以后，他驾驶的飞机遭到一次沉重的打击，接着又是一次，而安德森在第一次打击时就已命归西天。U-2飞机被第二次打击击成碎块，从天上散落下来。

这差点引发了第三次世界大战，因为当时美国空军极为震怒，强烈要求美国总统肯尼迪让他们出动战机，炸毁古巴的导弹阵地。赫鲁晓夫为缓和局势，放风说U-2是被古巴人击落的。那么，究竟是谁击落了U-2呢？

★U-2侦察机座舱里的秘密

对于几十年前的这场悲剧，一直众说纷纭。最普遍的说法为，这架U-2侦察机是被古巴高射炮击落的。美国总统肯尼迪认为，击落这架飞机的命令出自苏联领导人赫鲁晓夫之口。但这都与事实相去甚远。

1961年6月，苏联决定向古巴的卡斯特罗政府提供军事援助，以防止美国入侵古巴。苏联武装力量总参谋部拟订了向古巴运送军队和P-12、P-14中程导弹的行动计划。伊萨·普利耶夫大将被任命为苏联驻古巴军队集群司令，军队集群包括两个师，下设六个导弹高射炮团。

美国人不会知道，苏联高射炮兵已抵达古巴。美国人的飞机经常入侵古巴领空，有时还飞过苏军防空装置上空。

10月25日至26日，局势更趋紧张。莫斯科接到哈瓦那的一封密码电报："从今年10月23日起，美国飞机入侵古巴领空的次数增多。仅10月26日一天，就多达11次。"

古巴人认为，美国人肯定要轰炸古巴的军事设施和政府部门。事实上，美军飞行员也已公然向指挥所询问，何时开始轰炸。当时，卡斯特罗命令古巴武装力量击落国家领空上出现的任何军用敌机。伊萨·普利耶夫大将也接到了这项命令。10月26日晚，他决定，如果美国飞机打击苏联军队，就动用现有的所有防空手段！他打电报向国防部长马利诺夫斯基作了汇报，莫斯科批准了这项决定。

1962年10月27日早晨，热带暴雨降落在古巴的苏军阵地上。格尔切诺夫少校指挥着导弹营在巴内斯地区进行战斗值勤，该地距上级指挥所180千米。1962年10月担任导弹营参谋长的安东涅茨说："我们此前接到一封秘密电报：准备参加战斗行动，美国人可能要入

★U-2起飞执行夜间任务

★美军拍摄到的苏联向古巴运送导弹的舰艇

侵。我们启动了雷达，已允许向空中开火。所有人都觉得，可能要打仗了。不久，我们从雷达部队那里得知，一架美国飞机正朝我们这个方向飞来。雷达马上发现了这个目标。它对'自己人—敌人'信号没有应答。飞机飞行高度为22千米。"

安东涅茨接着说："作战室里一片寂静，与我在一起的有导弹营营长格尔切诺夫、雷达营营长戈尔恰克夫、负责瞄准的军官里亚片科等。我们捕捉到目标，然后使用自动跟踪，不一会儿，目标进入发射区。格尔切诺夫的话打破了寂静：'我们怎么办？开火吗？'他看着我说道。我与指挥所保持着联系，因此立即就问指挥所：'何时下令开火？'接着又重复了一遍。我得到的答复是'等着，马上下令'。很快接到命令：'消灭目标，连续三发！'这就是说，应当发射三枚导弹，每枚间隔六秒。但实际结果却不是这样。"

安东涅茨回忆了接下来的情况："里亚片科报告说：'第一枚，已发射。'一枚导弹飞了出去。又是一片寂静，甚至能听到军官们断断续续的呼吸声。里亚片科打破了寂静。他说：'目标被击中。'但是目标还在运行。格尔切诺夫这时醒悟过来了：应当发射三枚导弹，而我们只发射了一枚。于是，又发射了第二枚。在雷达屏幕上看到，导弹和目标两个小点在接近，接着就汇成一个。里亚片科高兴地说：'第二枚，爆炸，目标被摧毁，方位322，距离12千米。'"

1962年10月27日上午，加尔布扎来到集群指挥所，格列奇科领导着战勤班的工作，雷达中心已经捕捉到侦察机。格列奇科对加尔布扎说，给普利耶夫大将打了几次电话，没有打通。这时，作战值班员报告，目标转向西北方向。格列奇科再次拿起话筒，还是没回音。

格列奇科非常着急，因为要不打它，U-2侦察机将完全摸清苏联导弹部队和防空部队的情况，并顺利逃走。

但是，格列奇科在没有得到集群司令同意的情况下不敢下达命令。普利耶夫大将对防空设备的管理有着严格的规定。他绝对禁止下属擅自开火，并强调命令要由他来下。普利耶夫这时候多半在古巴领导人卡斯特罗那里。

在师指挥所作战值班员多次询问以后，格列奇科倾向于消灭目标。他征求第一副司令帕维尔·丹克维奇中将和集群参谋长帕维尔·阿金季诺夫中将的意见。他们所有人都主张消灭目标，于是格列奇科就下达了命令。

第27防空师指挥所位于卡马圭城郊区，距哈瓦那600千米。作战值班员、师副参谋长尼古拉·谢洛沃伊指挥着战勤班。他回忆当时的情况时说：

"我在1962年10月26日上午9时开始接班。晚上，师长沃龙科夫打电话对我说：'接到密电，明天拂晓要打仗。让全师处于战斗准备状态，但秘密进行。'

"我们26日至27日夜间始终处于战斗准备状态。天亮了，仍然平安无事，雷达没有发现空中目标。但所有人都处在高度紧张之中。早晨8时，又接到一封密电，指示我们减少值班人数，只有在遭到敌人进攻的情况下才能开火。因此师长同一些军官去吃早饭，然后到城里休息去了。因为大家一夜没睡。

"10月27日9时，在空中情况图板上，制图员开始挂上高空目标，它正在古巴领土上空向哈瓦那-圣地亚哥·德·古巴方向移动。从飞行路线和高度可以断定，这是美国U-2高空侦察机，它在拍摄我们的战斗队形。导弹团团长不断问我，何时开火？他们认为这已经是明显的进攻。还有人认为，不能放过侦察我们阵地的敌机，否则阵地将遭到毁灭性的轰炸。所有人都表示，不能再等待，要立即消灭目标。于是，我打电话告诉集群指挥所的格列奇科将军：部队指挥员坚持要消灭侦察机。一切都是从此开始的。

"师指挥所同格列奇科'争辩了'30多分钟。格列奇科后来提出不要着急，等与司令联系上再说。

"而U-2侦察机已接近岛屿的东南边——圣地亚哥·德·古巴，那里是勒热夫斯基指挥的团。我打电话向师长汇报说：'在古巴上空的U-2侦察机在拍摄中国解放军的战斗队形。各团指挥员坚持向它开火，认为这是明显的挑衅。集群指挥所没有下命令，给司令打了40多分钟电话都打不通。'停一阵后，沃龙科夫师长命令消灭侦察机，并说立刻前往指挥所。

"我把师长的决定转告给所有导弹团。这时U-2侦察机已经在古巴领空飞行了600多千米，向大海飞去，已经逃出我们的跟踪范围。怎么办？我向各团下了命令：'U-2飞机再出现，就向它开火。'几分钟后，U-2飞机又出现了。9时20分，格尔切诺夫指挥的营在离巴内斯不远的地方击落了目标。我把情况汇报给了集群指挥所的格列奇科将军，他什么都没说。

"师长沃龙科夫很快来到指挥所，亲自指挥战勤班。40分钟左右后，集群指挥所开始询问：谁击落的？飞机掉在哪儿等？"

普利耶夫大将在哈瓦那听到了关于击落美国侦察机的报告。他下令尽快收集有关材料并向国防部长报告。10月28日，国防部长马利诺夫斯基根据报告向赫鲁晓夫作了正式汇报。

10月28日，集群参谋长帕维尔·阿金季诺夫中将向所有参与此次事件的人传达了国防部长的电报内容。其中主要有两点："你们太着急了。拟订出调整的办法。"

不过，古巴领导人卡斯特罗对击落入侵飞机一事却非常高兴：在古巴领空横行霸道的美国人，第一次受到了惩罚。

2 攻击机

长空战鹰

沙场点兵: 低空飞行的强击机

★A-10"雷电"攻击机是当前美国最好的亚音速攻击机

★被众多地面部队称为"守护天使"的A-10攻击机

攻击机也叫"强击机"，所谓"强击"，是一种专门用于空中近距离支援、攻击地面目标的战术攻击型飞机。作为攻击机要能面对敌军地面炮火强行实施攻击，要求具有良好的低空操纵性和安全性以及搜索地面目标能力，能准确地识别和攻击地面比较小的目标。

这种飞机携带多种武器，自身保护能力强，要害部位如座舱、发动机有装甲防护，可以抵御地面小口径的防空火器。有的强击机还有良好的起降能力，起飞降落时的滑跑距离比较短，可以在1.2千米的水泥跑道或简易跑道上起降。

攻击机的一般速度是每小时700～800千米，有的强击机是超音速的；最大高度在1.5万米，最大航程可达1 500千米到3 000千米。它有两项主要任务：一项是作低空或超低空飞行，突破敌方的防线，袭击敌军的战役后方；另一项任务是执行近距离支援，飞临战场上空，直接配合地面作战，轰炸和扫射敌方的地面部队、火力点，以及坦克、装甲车等目标。

攻击机也是海军航空兵的主要进攻武器，它可以携带鱼雷、空对舰导弹和各种炸弹，攻击敌方的海上舰船，支援自己一方的海军作战。

🌀 兵器传奇：攻击机开始俯冲

最早的攻击机是由德国容克公司研制的容克JI型飞机，它于1915年12月5日首次试飞。它是一种装有铝合金蒙皮和防护装甲的双翼机，也是最早的全金属飞机。

1915年12月5日，首次试飞的JI型攻击机上安有机枪，载有少量炸弹，可低空对地面目标进行扫射轰炸。后来容克公司又研制了更先进的CLI-IV型攻击机，由双翼改为下单翼，速度和机动性也有了提高，机上装有2～3挺机枪。它们在执行危险的低空近距离攻击上，显示了良好的性能和作战效果。

鉴于第一次世界大战的经验，纳粹德国为准备新的大战，在20世纪30年代又研制了新的攻击机容克-87和亨舍尔-123。在当时，它们又称为"俯冲轰炸机"。

第二次世界大战爆发后，苏联和美国、日本也研制了本国的攻击机。苏联攻击机强调对地面装甲防护性能，美、日则发展对舰艇进行鱼雷攻击和俯冲轰炸的攻击机。

第二次世界大战后，攻击机又有了新的进步。20世纪60年代后，虽然由于战斗轰炸

★德国著名飞机设计师容克斯

★ A-6"入侵者"攻击机——因为朝鲜战争而催生的全天候重型舰载攻击机

机的发展，取代了一部分攻击机的作用，但仍出现了多种有代表性并在实战中显示了独特作用的攻击机。

现代攻击机的飞行速度并不快，时速一般在700～1 000千米，它更强调超低空突防和攻击能力。它们一般都装备有机关炮和火箭弹，可挂载精确制导炸弹和空地导弹，具备夜间攻击能力和一定的电子对抗能力。

🦅 慧眼鉴兵：空中刺客

攻击机又被称为"地面杀手"，特点是有良好的低空和超低空稳定性和操纵性；良好的下视界，便于搜索地面小型隐蔽目标；有威力强大的对地攻击武器，除基本武器外，还包括制导武器和空地导弹等；飞机要害部位都有装甲保护，以提高飞机在地面炮火攻击下的生存力；起飞着陆性能优良，能在靠近前线的简易机场起降，以便扩大飞机支援作战的范围。

攻击机用来突击地面目标的武器有：航炮、普通炸弹、制导航空炸弹、反坦克集束炸弹和空地导弹等。

★ 英法联合研制的美洲虎攻击机

现代攻击机有亚音速的，也有超音速的，正常载弹量可达3吨，机上装有红外观察仪或微光电视等光电搜索瞄准设备和激光测距、火控系统等。

目前，在国外，空中战役战术纵深攻击任务一般都用战斗轰炸机，而实施近距空中支援攻击任务，则用攻击机。

攻击机有三种类型：专门进行近距离空中支援的强击机，如美国的A-10，苏联的苏-25，英法合制的"美洲虎"；垂直短距离起降的攻击机，如英国的"鹞"式攻击机；欧洲的教练攻击机，如法国、德国联合研制的"阿尔法喷气机"。

先进的沙漠军刀
——"鹞"式攻击机

⊘ 独树一帜："鹞"式攻击机一飞冲天

自从人类驾驭飞机以来，就一直被客观环境所限制，天气、机场等情况给飞机起飞、降落带来了不少麻烦。固定翼飞机从1903年诞生一直到20世纪60年代，绝大多数都是依赖机场或航空母舰的跑道，采用滑跑起飞方式起飞。对作战飞机来说，这就有一个很大的弱点，即机场跑道如果被敌方破坏，那么就无法升空作战，于是独树一帜的垂直/短距起降飞机便应运而生了。

"鹞"是世界上第一种实用型垂直/短距起落飞机，是英国前霍克·西德利公司（现已并入英国航宇公司）在英、德联合研制的P-1127"茶隼"垂直/短距起落战斗机的基础上单独研制出的。

1959年"鹞"开始进行原型机制造，1960年第一架原型机制造完成出厂。1966年8月31日"鹞"首飞，1969年4月开始装备英国空军。问世几十年来，"鹞"的代表作当推"鹞"式"三兄弟"——"鹞"、"海鹞"和AV-8型飞机。

由于"鹞"式战斗机的退役日期是2015年，英国皇家空军正对"鹞"式战斗机进行一项有限的航空电子系统升级，这将使"鹞"式战斗机具备使用灵巧武器的打击能力，这种新的战斗机将被命名为"鹞"GR9，其中的40架"鹞"GR9战斗机将装备推力更大、更先进的"飞马"改进型发动机。这种新发动机将在皇家空军现有"飞马"MK105发动机的基础上改进而成，新发动机的编号为"飞马"MK107（亦称"飞马"11-61）。由于该项目耗资巨大，所以只有40架英国空军的"鹞"战斗机能够"享受"这一待遇。另外英国皇家海军的10架"海鹞"FA2也将进行类似的改装。

★英国"鹞"式战斗机

"鹞"主要用于近距空中支援和战术侦察，也可用于空战。"鹞"式攻击机服役以来除装备英国空军外，还出口到美国、印度和西班牙。

⊘ 优缺点并存：有陆战队特色的空中力量

★ "鹞"式攻击机性能参数 ★

机长：13.89米

机高：3.45米

翼展：7.7米

机翼面积：18.68平方米

展弦比：3.175

机翼后掠角：34度

空重：5580千克

最大起飞重量：11340千克

最大平飞速度：1186千米/小时

（高度300米）

海平面最大爬升率：180米/秒

实用升限：15240米

转场航程（带四个副油箱）：

3300千米

"鹞"式攻击机的最大特点是采用特殊的垂直/短距起落方式，具有机动、灵活、分散配置、不依赖永久性基地系统等特点。

"鹞"式攻击机垂直起飞时航程短，载弹量小，后勤保障困难。为了弥补载重和航程的不足，可采用短距起飞、垂直降落的方式。

"鹞"式攻击机机载设备有AN/APG-69脉冲多普勒火控雷达、惯性导航系统、前/后视雷达告警接收机、敌我识别仪、全天候着陆接收机以及箔条弹/曳光弹投放器等。

"鹞"式攻击机武器配备更为惊人：机身下装两门30毫米"阿登"航炮；7个外挂点，可挂4枚"响尾蛇"、"魔术"或"小牛"导弹，16颗"宝石路"激光制导炸弹，10个火箭发射吊舱以及AN/ALQ-164电子干扰吊舱等。最大外挂载重2 270千克。

⊘ 大显身手：马岛海空战23：0让人震惊

1969年，"鹞"式攻击机服役后，历经大小战役无数，功勋卓著，随后，被英国皇家空军派往马尔维纳斯群岛（简称马岛），参加了以惨烈著称的英阿马岛海空战。

1982年2月26日，英阿在纽约谈判后，双方关系开始恶化。阿根廷政府决定以武力收复马岛。4月2日和3日，阿根廷由400多人组成的陆、海、空三军突击队先后在斯坦利港和南乔治亚岛登陆。英国政府迅速作出反应，派出包括"无敌"号和"竞技神"号航空母舰在内的特混舰队，不远万里，奔赴南大西洋，决心再夺回马岛。

在这次著名的海空大战中，英军"鹞"式攻击机首次参战，执行截击任务，发挥了很重要的作用。"鹞"式攻击机使用AIM-9"响尾蛇"近距空空导弹击落了多架阿根廷幻影Ⅲ战斗机和其他攻击飞机。在整个马岛战争中，"海鹞"式飞机战斗出动达1500多架次，空战成绩达到23：0。

在空战中，"鹞"式攻击机共击落对方飞机近20架，而本身却无一损失。这次参战的"鹞"式攻击机共有两种型号：陆基型的"鹞"和舰载型的"海鹞"。从性能上讲，这两者并无多大区别。

"鹞"式攻击机是一种具有"特异功能"的战斗机，机上装有四个旋转喷口。飞机起降时，喷口垂直向下排气，飞机就可以像直升机那样起飞和降落。这样，就不需要很长的机场跑道。几次局部战争的经验表明，机场是很容易受到攻击的。跑道炸坏后，一般飞机就无法起飞，只能"坐以待毙"。第三次中东战争中，以色列就是用这种方法，摧毁了阿拉伯国家的大部分作战飞机。"鹞"式攻击机由于具有垂直起落能力，因而在战争中的生存能力就要比一般战斗机高得多。"鹞"式攻击机的喷口呈水平状态时，飞机就可高速向前飞行，其最大时速接近1200千米。而且可通过旋转喷口使飞机突然上升、突然下降、快飞、慢飞、"悬停"在空中，甚至缓缓"后退"。这些一般飞机根本无法做出的动作，曾在国际航空展览会上使观众眼界大开，惊叹不已。

★英阿马岛海空大战中的"鹞"式战斗机

★战斗中的英国"鹞"式攻击机

"鹞"式攻击机的这些"特异功能"可不是只用来表演的花架子，而是在空战中确实发挥了重要作用。当它与敌机战斗的时候，它可以突然减速悬停、或上升、或下降，敌机却因"刹不住车"，而冲到"鹞"式攻击机的前方，这样就可以使"鹞"式攻击机从被敌方攻击的态势中迅速转化为攻击敌机的有利态势。在空战中，阿根廷的战斗机也曾多次用空空导弹攻击过"鹞"式攻击机，但是都没有战果。当阿根廷飞行员在"鹞"式攻击机的尾后攻击，发射导弹后，"鹞"式攻击机尾部的告警器立刻发出警报，英军飞行员便驾机猛然垂直下降高度，这时，向前疾飞的导弹来不及"转弯"，就无目标地向前方飞去，"鹞"式攻击机就这样轻而易举地摆脱了敌机空空导弹的攻击。

"鹞"式攻击机取得辉煌战果的另一个原因是它挂装了性能很好的AIM-9"响尾蛇"空空导弹，这种导弹的性能比阿根廷采用的空空导弹要先进得多。"响尾蛇"导弹早在20世纪50年代中期就开始使用，服役后一直在不断改进，至今已有10多种型号。后期的型号与早期型号相比，性能有很大的提高。AIM-9的最大特点有两个：一是机动性能好，它的转弯能力很强，易于"捕捉"作机动飞行的目标；二是具有较好的"全向攻击能力"，它不仅可从敌机的后方实施攻击，也可从敌机的前方实施攻击。

这次马岛空战，"鹞"式攻击机大占便宜还有一个重要的原因，阿根廷飞行员都是在种种条件限制下"被迫"进行的。阿方飞机的主要作战任务是攻击英国的舰艇和地面部队，从阿根廷本土基地到马岛，单程就达600多千米，又要满载武器弹药，机内油量

★ "卓越"号航空母舰搭载"鹞"式攻击机和"海鹞"战斗机奔赴南大西洋

很紧张，根本没有时间和对手恋战。另一方面，阿根廷飞行员空战经验也不足。他们往往忽视了一条被人们公认的空战原则："永远不要与任何比你所驾驶的飞机转弯更急、转弯速度更快的飞机进行空战。"阿根廷飞行员在空战中，常常"不自觉"地与"鹞"式攻击机进行机动格斗。在这种情况下，"鹞"式攻击机可以用突然减速或急转弯的方法占据有利的攻击位置，使阿根廷战斗机散热的机尾"暴露"给"鹞"式攻击机。这对于红外制导的"响尾蛇"导弹来说，是最好的攻击机会了。阿根廷飞行员为了逃避导弹的攻击，往往打开加力燃烧室以使飞机加速。但这样做，又产生了大量的热量，飞机的红外辐射更强了，这等于为"响尾蛇"导弹打开了一盏"指路灯"，被击毁的可能性自然更大了。

随后，在1991年海湾战争中，美国海军陆战队"鹞"式三兄弟之一的AV-8B歼击机参战，共出动3342架次，有七架飞机被地面火力击落。在阿富汗战争和伊拉克战争中，美国和英国的"鹞"式攻击机也都参加了作战。

海湾战争中，英军的"鹞"式攻击机参加了对伊拉克的空袭。科索沃战争中，英国共派出16架"鹞"式攻击机参战，协同美军执行对南联盟地面重要目标的空袭任务。

2004年，"鹞"式攻击机参与的军事行动是在意大利支援北约和联合国在波斯尼亚和塞尔维亚的行动。这是将英国皇家空军的"鹞"和英国皇家海军的"海鹞"合并成一支部队的先奏，将来空军的"鹞"将经常上舰使用，受海军控制。

"黑暗中的杀手"
——F-117A "夜鹰"

🚫 "夜鹰"出笼：F-117A开创隐身作战的先河

如果飞机能隐形，逃脱人们的视线和雷达的追击，那这种飞机想必可以自由攻击任何一个目标。顺着这种思路，20世纪70年代初，美国国防部高级研究计划局提出了一个被称为"海弗兰"的隐形战斗机研究计划，要求有五家主要合同商参加。起初，洛克希德飞机公司并未被列于这五家之列，原因是该公司缺少现代战斗机的设计经验。

由于洛克希德具有实力，而且在隐形飞机的研究上先行了一步，因此经过努力，终于挤进了"海弗兰"计划，并最后在原型机的竞争中获胜。"海弗兰"计划始于20世纪70年代中期，先搞了两架小型原型机进行可行性试验。这两架小型原型机也叫"海弗兰"，装两台发动机，采用奇特的多面体外形。这种外形设计的依据，主要来源于一个计算飞机雷达反射截面积（RCS）的数学模型。因为计算雷达反射截面积，平面外形比曲面外形要容易些。没想到这一数学模型真的得到了应用。

"海弗兰"原型机的放大型就是F-117A，1978年由洛克希德"臭鼬工厂"开始研制。研制工作进展顺利，1981年6月首飞成功后，1982年8月23日洛克希德"臭鼬工厂"向美国空军交付了第一架飞机。F-117A服役后一直处于保密之中，直到1988年11月，空军才首次公布了该机的照片。

1989年4月，F-117A在内华达州的内利斯空军基地公开面世。

2008年4月，美军服役的最后四架F-117A隐形战机悄悄飞抵位于内华达州的"沙漠飞机养老院"，并且被封存在一座特殊的水泥机库内。从此这种世界上第一种隐身战机退出了美军现役飞机行列，它留下的空间将由F-22来弥补。

◎ 你的就是我的："夜鹰"具有极强的通用性

★ F-117A"夜鹰"隐身攻击机性能参数 ★

机长：20.08米	内部武器载荷：2 268千克
机高：3.78米	最大起飞重量：23 814千克。
翼展：13.2米	最大平飞速度：1 040千米/小时
机翼面积：84.8平方米	最大正常使用速度：0.9马赫
展弦比：2.05	作战半径（无空中加油，带2 268千
空重：13381千克	克武器）：1 056千米

F-117A是一种高亚音速的战术飞机，装两台F404-GE-FID2涡扇发动机。概括起来，有两个特点：一是外形奇特，二是机载武器和设备通用性强。

F-117A的机载设备具有很强的通用性，很多都是其他飞机现成或稍加改进就可以用的东西。其中包括F-16的4余度电传操纵系统，C-130的环境控制系统，F-15的刹车装置，F-15、F-16和A-10的ACES2弹射座椅，以及与其他飞机通用的通信、导航设备和保障系统等。就连动力装置也与海军的F-18具有较高的通用性；这样做，既可降低成本、减少风险、加快研制进度，同时也易于维护使用。

F-117A所有的武器都挂在内置的武器舱内，可以携带美国空军战术战斗机的全部武器，基本配置是，两枚908千克重的炸弹；BLU-109B低空激光制导炸弹或GBU-10/GBU-27激光制导炸弹，还可装AGM-65"幼畜"空地导弹和AGM-88反辐射导弹，也可以携带AIM-9"响尾蛇"空中导弹。

◎ 名扬四海："夜鹰"那短暂而精彩的一生

1980年，美F-117A攻击机服役之后，美国空军在内利斯空军基地组建了4 450战术大队，即F-117A隐身战斗机大队，并为新飞机征招飞行员和地勤人员。飞行员几乎全是从战术战斗机部队招来的，条件是必须要在现有战斗机上飞行过1 000小时。在最初几年的飞行训练中，F-117A的飞行员每月飞行训练不到10小时。由于F-117A是专门用于夜间攻击的飞机，因此飞行员给它的绰号是"夜鹰"。

在1988年11月之前，飞行训练主要是在夜间进行，他们在太阳落山后30分钟才能打开机库门。门在打开前，所有的灯都关掉，地面工作仅靠闪光灯照明。为此飞行员们需把生物钟后拨5～8小时。如果在夏季，则晚上9点以后才能启动飞机，在第二天清晨3点半结束训练，早晨5点左右才能休息。处于战备状态的飞行员约65%的飞行要在夜间出动，每月还要进行2～3次空中加油训练。显然，长期夜间训练，疲劳成了主要问题。一位飞行员说："你可以想象把你的生物钟从5点移到8点的困难，并且是一星期移动两次。"1986年7月11日发生在贝克斯菲尔德机场附近机毁人亡的事故以及次年的一次事故，都可能是因飞行员疲劳引起的。在第一次事故中，罗斯·马尔赫少校的飞机撞到山腰上。第二次事故是迈克尔·斯图尔德少校驾机，于1987年10月14日夜间撞在沙漠地上。当时没有遇险信号，并且事故调查没有发现机械方面的原因。二人都被认为是极好的飞行员。1989年10月，4 450战术大队改名为第37战术战斗机联队。

★ "夜鹰"攻击机在高空飞行

★具备超强作战能力的"夜鹰"攻击机

　　F-117攻击机作为美国第一种用于实战的隐身机，缘起于先进的作战理念，而又在战火中证明了自己。1989年12月20日，美国入侵巴拿马。为了支援美国防军别动队在巴拿马里奥阿托的空降作战，空军首次出动了F-117A隐形战斗机参战。

　　1989年12月20日，美国第37战术战斗机联队的六架F-117A，从内华达州的托诺帕基地起飞前往巴拿马。中途飞行18个小时，经过四五次空中加油才飞到目的地。当飞机飞过里奥阿托上空时，其中两架F-117A轰炸了里奥阿托军营，各投下一枚900千克的激光制导炸弹。这两颗炸弹并没有直接扔在兵营内，而是投在兵营附近的一片开阔地上。这样做据说是旨在使效忠于诺列加将军的军队"惊慌失措，以削弱其战斗力"，而不是为了消灭他们。另外四架F-117A，有两架留做备用，两架中途返回基地。美国军方认为，F-117A的这次行动是成功的，在军事上，该机的轰炸确实在巴拿马国防军中造成了混乱，削弱了对方的战斗力，为美军突击队的空降减少了障碍。另外对飞机而言，经历了一次实战考验。美国空军也认为，这次行动证明F-117A使用装在尾翼上的激光制导装置可精确地轰炸目标。此外，他们还有一种想法，就是利用F-117A的这一次作战来证实美国在隐形飞机研制上投入大量资金是值得的。而经过了海湾战争之后，F-117A所起的不可替代的特殊作用已使它名扬四海。

在海湾战争中，F-117A更是名声大噪。它在"沙漠风暴"期间执行危险性大的任务达1271次，而无一受损。在多种参战飞机中，唯有F-117A承担了攻击巴格达市区目标的任务。F-117A的出勤率也很高，按照小队的任务计划，飞行员值班长达24小时，休息8～12小时，再飞两个夜间任务。每个飞行员每夜只飞一次任务，但一架F-117A则往往每夜要出击两次。据统计，在整个战争期间，F-117A承担了攻击目标总数的40%，投弹命中率为80%～85%。当然F-117A也不是没有攻击失误的情况，主要原因可能是天气、烟尘和有关目标的信息不足所造成的。此外，F-117A并不是完全不会被雷达发现，因此美军在使用F-117A时，同时要派干扰飞机与之配合。

◎ 光荣退役：一个时代的结束

在2006年10月举行的F-117A隐身战斗机服役25周年庆典上，美国空军对外宣布说该机将在2008年之前全部退役，这个消息一经公布便震惊了世界。世界第一种投入服役的隐身战斗机，刚刚服役25年就要退役，其中很多原因都值得推敲，一是美国的F-22战斗机已经服役并开始形成战斗力，该机可以执行F-117A的所有任务；二是F-117A在设计时太过于关注隐身性能，而忽略了飞机的其他性能，飞机的飞行速度，机动性能都无法满足现代

★一个时代的标志——"夜鹰"攻击机

战争的需要；三是现代反隐身技术愈加成熟，F-117A所面临的威胁日益增加。总之，种种原因导致美国空军不得不将该机退役。

在这之前的2006年4月，美国空军和洛克希德公司曾传出消息说要将F-117A隐身飞机改装为无人攻击机，洛克希德公司还表示他们已对此进行了长期的技术摸索，并已经将方案上报给了空军，只是没有透露任何细节。因为此前美国空军曾对洛克希德公司表示，在"联合无人空战系统"（J-UCAS）下马后，美国空军不但需要未来远端攻击系统，还需要一种能够执行战术任务的无人机。然而，人们的想象永远赶不上事情的变化，不久前美国空军又表示他们不会装备由F-117A改装的无人攻击机，而有可能将该机改装为隐身靶机，用于F-22战斗机的拦截和攻击试验，如果真是那样的话，F-117A将是世界上最昂贵、技术含量最高的靶机。

2007年3月12日，F-117A隐身战斗机拉开了退役的序幕，当天六架飞机从霍洛曼空军基地起飞，飞往内利斯空军基地北部的托洛帕试飞中心封存，F-117A真正是从哪儿来，到哪儿去。2008年之前，剩余的46架F-117A也陆续退役。除非有来自五角大楼的命令，否则它们将永远封存在托洛帕试飞中心的一个特殊机库里，美国空军声称将其用作靶机，不过是混淆视听的谎言而已。

当六架F-117A飞越告别仪式现场上空时，这也许意味着一个时代结束了。

载油量最大的攻击机
——苏-24"击剑手"

🚫 神秘的"击剑手"：从"两条腿走路"中脱颖而出

20世纪60年代初，冷战正酣，以美国为首的北约针对苏军强大的地面力量制订出一系列与之对抗的作战计划，并将大量战术航空兵部署在联邦德国境内，准备在苏军发起攻击时利用空中优势摧毁其装甲部队。

对于苏军而言，要保证地面部队的快速推进，必须先将北约空中力量扼杀在地面，因此，需要一种能够突破北约严密防空网，进行远程作战的战术攻击机，但限于当时的航空技术，只有采取低空突防的方式才能有效对抗北约雷达警戒网。为增强对北约纵深目标的打击能力，苏联前线航空兵迫切需要一种新型攻击机取代载弹量小、航程短且速度不快的伊尔-28轻型轰炸机和雅克-28攻击机。

1963年8月，苏联空军正式下达设计要求，计划开发一种能携带小型核弹进行战术核轰炸、具有高速突防全天候作战能力、并可以携带制导和非制导武器对敌方1 000千米以内纵深目标实施遮断攻击的新型战斗轰炸机。

1965年，苏霍伊设计局根据空军的要求，开发出设计编号为T-6的原型机。依照"两条腿走路"的原则，原型机包括两种型号，一种是采用三角翼，安装升力喷气发动机的短距起降型，编号T-6-11；另一种采用可变后掠翼型，编号T-6-21。这种将一种飞机同时设计两种类型的情况，是当时苏联飞机研发的习惯做法，例如，米高扬设计局当时正在开发的米格-23战斗机，也有短距起降及可变后掠翼两种类型。

T-6-11是苏霍伊设计局在苏-15截击机的基础上研制而成的，于1967年6月首次试飞，但是经过一系列测试后发现，该机的载弹量比可变后掠翼型小很多。最后，苏霍伊设计局决定放弃短距起降型，转而全力发展T-6-21。1988年，T-6-11的原型机被送到莫尼诺空军博物馆内保存。

T-6-21是苏霍伊设计局在苏-15的机体上采用前缘40度，后掠三角翼和类似米格-23的进气道发展而成的一种可变后掠翼飞机。1970年1月完成首次试飞，经过一系列性能测试后，被苏联空军采用，并正式命名为苏-24。此后，苏霍伊设计局又对飞机细节部分不断改进，至1974年12月，首批生产型苏-24A型开始交付作战部队，北约将其命名为"击剑手"。

苏-24"击剑手"攻击机除装备独联体各国空军外，还出口到伊拉克、利比亚、叙利亚等国家。

⊗ 全天无休："击剑手"可以随时出击

★ 苏-24"击剑手"攻击机性能参数 ★

机长：24.53米	**有效载荷**：8 000千克
机高：4.97米	**升限**：17 500米
翼展：10.36米（后掠角69度）	**最大速度（110米高空）**：2 180千米/小时
17.63米（后掠角16度）	**海平面爬升率**：180米/秒
空载：19 000千克	**作战半径**：500～1 050千米
正常起飞重量：36 000千克	**起飞滑跑距离**：1 300米
最大起飞重量：39 700千克	**着陆滑跑距离**：950米
内部燃油：10 385千克	

苏-24是一种专门执行对地攻击任务的战斗机，它不仅具有高速突防能力和全天候作战能力，还具有续航时间长、航程远、加速性能好的特点，被出口到伊朗、伊拉克、利比亚和叙利亚等国。

从外观上看，苏-24的体积较大，机身宽而修长，容纳了两台涡轮喷气发动机和一个可以容纳两人的并排座驾驶舱。它的变掠翼有很大的变掠范围，当其全部展开时可以获得很高的机动力。在苏-24的大机鼻中安装了两台雷达，一台用于导航、攻击和地表匹配，另一台用于对空搜索。

苏-24在动力方面也有着良好的表现，动力装置为两台留里卡设计局生产的A1-21F双转子加力涡轮喷气发动机，采用11级压气机，2级涡轮，额定推力8 300千克，最大加力推力12 500千克，机身及机翼挂架还可携带四个1 750千克副油箱。

苏-24在武备方面也很强大，既可以携带制导和非制导武器对敌方500～1 300千米纵深目标实施攻击，也可以携带小型核弹进行战术核轰炸。武器装备方面具有一台GSh-6-2 323毫米六管机炮，九个外挂点、17 637磅载弹量，包括空空导弹、激光制导炸弹、电视制导炸弹、机枪吊舱、核弹和火箭。

苏-24对于苏联空军具有划时代的意义，它是苏军第一种装备计算机轰炸瞄准系统和地形规避系统的飞机，标志着苏联飞机的火控和航电技术水平已登上一个新台阶，作战效能比前一代的雅克-28提高2～2.5倍。

◇ 利剑出鞘：风暴式轰炸显神勇

1974年，苏-24服役，此时冷战正朝着第三次世界大战的方向发展。苏联进行了兵团改制，苏联前线航空兵编入各军区与集团军的战术航空军内，后经过改组，战术航空兵组成17个战术航空集团，其中装备大部分苏-24的部队直属最高统帅部。这种重组的目的是使方面军司令员可以集中指挥远程打击力量，苏-24的远程打击能力也因此得到充分利用。

苏-24首先被部署在苏联西部、波罗的海和乌克兰一带。从这些基地出发，能覆盖西德、波兰和捷克斯洛伐克，并能威胁北约组织的军事要点。随后，苏-24进一步部署到东德、波兰北部和匈牙利南部，从这些基地起飞，可以直接威胁北约的纵深地带，直接攻击美军驻欧地面部队与设施。部署在苏联西部的第24航空军与第4航空军，配备有大量苏-24。

这些航空军于1980年完成部署，分别在白俄罗斯与基辅军区服役。1986年以前，这两个军区共配有约450架苏-24，到20世纪90年代初则增至约550架。每个配属苏-24的团原先拥有30架飞机，到20世纪80年代末扩充到40～45架左右。1978年，苏联派遣一个苏-24团暂时驻防在东德的特德林空军基地，这也是该机首次出现在苏联本土以外。此后，苏-24开始常驻苏联境外，如第24航空军的两个苏-24团分别部署在波兰马波克与沙克滋基地，后又移驻扎刚与斯波塔瓦基地。

★苏-24"击剑手"攻击机

　　1982年，隶属128轰炸师的苏-24团正式进驻东德，自此在东德境内驻扎有两个苏-24团，共计93架飞机。1989年后，根据华约与北约1988年12月签订的裁军条约，驻东德的苏-24全部调回苏联本土，取而代之的是让西方比较放心的米格-29和米格-27。据北约的说法，20世纪80年代初期，曾经有一个隶属第4前线航空军的独立苏-24团部署在匈牙利，但不久后撤回苏联。

　　除欧洲地区外，大约有一个师约135架隶属于第30航空军的苏-24驻扎在太平洋地区。苏-24还曾经广泛出现在阿富汗战场，它们凭借航程远的优点，携带普通炸弹由苏联本土起飞，对阿富汗抵抗组织据点进行中空（约5 500米）轰炸。由于此高度已超过"毒刺"导弹的有效射程，因此在阿富汗战场上没有损失。

　　由于北约防空网的加强，苏军在20世纪70年代中期开始对苏-24进行现代化改进，改进后的机型称为苏-24M，北约编号"击剑手"D，现俄罗斯装备的苏-24已全部经过改装。M型于1977年7月25日首飞，1978年进入量产，1983年正式服役。该型装备改进的PNS-M导航/火控系统，主要增加了一台光电目标指示系统，并用地形跟踪雷达取代了早期的地形回

★两架正在进行空中加油的苏~24战斗机

避系统。在风挡前方中央装有可伸缩的受油管，机头部分加长了约0.75米，使得雷达罩与座舱之间可以增加电子设备。垂尾下部弦长增大，使前缘更弯曲，内装了一个新型通讯天线。机翼外翼翼刀加大，翼套下的挂架延长，可携带几乎所有的苏制战术空地导弹和火箭巢。前起落架舱之后安装带有激光照射/测距仪的辅助攻击系统。苏-24M是首架装有与美国空军F-111的APQ-110/APQ-113性能相当的地形跟踪雷达/攻击系统的苏联飞机。美国认为苏联在设计这套新系统前，曾参考在越战中被击落的A-6及F-111残骸上的地形跟踪雷达。

苏-24M原计划作为战术核武器的运载工具，携带包括TN-1 000与TN-1 200等多种核炸弹，类似于美国的F-105战斗轰炸机。仓机共有九个武器外挂点，机身下五个，内翼翼套下两个，外翼下两个，采用复式挂架。总载弹量八吨，可挂各种普通炸弹（100~1 000千克级）、凝固汽油弹、穿甲弹、高爆弹和子母弹等。前机身下右侧装一门GsH-6-23M型六管23毫米机炮，另一侧为摄像设备。苏-24M通常只携带两个。

　　1995年初，俄前线空军拥有540架各种类型的苏-24，而到1999年只剩下475架，侦察航空兵中的160架苏-24MR也将缩减到120架。西方对苏-24M的有效作战距离时有争论，其中美国情报机构已将"击剑手"的有效作战半径的评估缩小了一些。在携带3 000千克外载、两个副油箱，执行高—低—低—高式的一般攻击任务时的作战半径大约为1 050千米（原先估计为1 500千米以上）。苏联方面则宣称在武器携带量为八吨、执行低空突防任务时的作战半径为560千米。但通常执行作战任务时的武器携带量大约在2～3吨之间。

　　苏-24MR是由苏-24M型改进而来的侦察/电子战机，1979年12月首飞，北约代号"击剑手"E。其基本的探测设备挂在机腹挂架上，为长6米的圆形吊舱，另外可换挂长4米的吊舱，该吊舱侧面扁平，内装侧视雷达。该机保留了空中加油及携带空地导弹的能力，机头罩缩短，在每侧发动机进气道的前段下方有"曲棍球棒"天线。1978年，以苏-24M为

★停靠在机场的苏-24"击剑手"攻击机

基础的战术侦察型战机——苏-24MP研制成功，北约代号"击剑手"F，主要用于替换苏联空军电子战/侦察中队装备的雅克-28E，执行前线战术侦察。其机头下有一小整流罩，加装电子侦察设备。MP型保留携带空对地导弹的能力，其中65架由M型改进，由于加装了外挂物，速度有所下降。

20世纪80年代中期以前，苏联一直拒绝将苏-24卖到外国，甚至对华约国家也不例外，但20世纪80年代中期后，这种政策有所转变。由于苏联武器外销的一些传统重要客户（如伊拉克、利比亚与叙利亚）不断要求苏联提供SS-12之类的中程地地导弹，苏方担心出售这类武器会对中东及北非地区造成不良影响，因此，代之出售少量的苏-24MK，以减少西方对导弹扩散的反应。

利比亚是第一个接收苏-24MK的国家。根据苏联官方报道，向利比亚提供苏-24MK的军售案于1986年决定，首批六架（共订购15架）由一架安-22从苏联空运至利比亚。在利比亚空军完成训练后，这些飞机部署在托布鲁克郊外的空军基地。与此同时，叙利亚也向苏联提出购买12架苏-24MK的要求，随后两国于1987年达成订购协议。1987年，叙利亚开始选派飞行员到苏联接受换装训练。伊拉克在两伊战争期间获得24架苏-24MK，在1991年的海湾战争爆发后，为躲避多国部队的空袭，伊飞行员驾驶苏-24MK全部逃到伊朗，现已装备伊朗空军。

苏-24参加了1994～1996年的第一次车臣战争，但发挥的作用不大，且有一架由于进行低空攻击被叛军的萨姆-7导弹击落。苏-24M与苏-24MR还参与1999年的第二次车臣战争，但具体战果不详。苏联解体后，一批流落到阿塞拜疆的苏–24曾参加了1992～1994年的卡拉巴赫冲突。乌兹别克斯坦和塔吉克斯坦的苏–24也被用于塔吉克斯坦境内的军事行动，1993年5月，被反政府武装击落一架。乌克兰原本也有六架苏–24，但就在该国即将成立之前，这些飞机被紧急调回俄罗斯。

2003年6月，俄罗斯新西伯利亚航空生产联合体与阿尔及利亚签订了总价值约为1.2亿美元的军售合同。根据合同，俄罗斯向阿提供22架苏–24MK，到2005年，22架苏–24MK已全部交付完毕。

美国舰队的超级攻击机
——F/A-18 "大黄蜂"

◎ 合二为一的产物：F/A-18 "大黄蜂" 起飞

F/A-18战斗攻击机，是20世纪70年代美国研制的一种超音速的多用途攻击机。

F/A-18的发展史，几乎就是美国冷战中期轻型战机的发展史。1974年美国空军开始研制轻型战机时候，美国海军也提出了研制多用途战斗机的要求，当时称之为VFAX计划，后来改称海军空战战斗机计划。

★刚从航空母舰升空的 "大黄蜂" 战斗攻击机

★一架正在飞行的"大黄蜂"战斗攻击机

　　当时在参选的诸多团队中通用动力与诺斯罗普·格鲁曼获得最后决选权，分别发展了YF-16与YF-17两种原型机进行测试，在这计划中YF-16中选发展成日后大家熟悉的F-16"战隼"式战斗机，但YF-17"眼镜蛇"式战机却不幸落选。

　　幸运的是诺斯罗普·格鲁曼的工作没有白做。1974年秋天，当美国海军的空战战机计划开始时，由于美国国会要求海军必须自空军的这两架竞争者中挑选，两大集团又再次对垒，不同的是，由于双方都未曾有承包制造航空母舰舰载机的经验，诺斯罗普·格鲁曼与制造海军飞机经验丰富的麦道公司合作，以YF-17为蓝本开发出海军版的原型机，并且由该团队打败对手所提案、衍生自单引擎的F-16战机之舰载机版本。

　　虽然在一开始时，该团队打算开发出战斗机版的F-18与攻击机版的A-18，来分别取代海军陆战队的F-4与海军和陆战队使用的A-7与A-4攻击机。但是海军稍后认为这两种能力的确能够存在于同一架飞机上，但两种型号非常相似，因而将它们统一为一种机型，二合一变成一机双用的F/A-18。因此，F/A-18又被称为战斗攻击机。

　　F/A-18的第一架原型机于1978年11月18日首飞，1980年5月交付美国海军。此后，加拿大、澳大利亚和西班牙等国也采购了这种飞机。

从1986年开始，麦道公司在F/A-18A/B型的基础上改进生产了F/A-18C/D。到1992年1月，各型F/A-18累计生产了1050架。

◎ 可靠性强："大黄蜂"让美国海空军信赖

★ F/A-18"大黄蜂"攻击机性能参数 ★

机长： 11.18米

机高： 4.32米

翼展： 13.72米

空重： 5 842千克

最大起飞重量： 9 480千克

最大平飞速度： 759千米/小时

最大升限： 10 670米

航程： 4 000千米

武器装备： 四门20毫米机炮，可带900千克炸弹

AIM-9L"响尾蛇"空对空导弹

AIM-7"麻雀"导弹

AN／ASQ-173激光跟踪器

"幼畜"(又称小牛)空对地导弹

F/A-18最大的特点便是可靠。从研发时起，F/A-18重视可靠性和维修性，机体的使用寿命按6 000飞行小时设计，其中包括2 000次弹射起飞和拦阻着陆。机载电子设备的平均故障间隔为30飞行小时，雷达的平均故障间隔时间为100小时。电子设备和消耗器材中有98%有自检能力。为减轻重量，发送机动性能，采用了钛合金和复合材料。

F/A-18采用双发后掠翼和双立尾的总体布局，机翼为悬臂式的中单翼，后掠角不大，前缘装有全翼展机动襟翼，后缘有襟翼和副翼，前后缘襟翼的偏转均由计算机控制。停降在舰上时，外翼段可以折叠（副翼位于外翼后缘）。翼根前缘是一对大边条，一直前伸到座舱两侧，据说因此可使飞机能在60度的迎角下飞行。

F/A-18机身采用半硬壳结构，主要采用轻合金，增压座舱采用破损安全结构，后机身下部装着舰拦阻钩。检查盖采用石墨环氧树脂材料。两台发动机间的隔火板采用钛合金。

F/A-18尾翼也采用悬臂式结构，平后和垂尾均有后掠角，平尾低于机翼，使飞机大迎角飞行时具有良好的纵向稳定性；略向外倾的双立尾位于全动平尾和机翼之间的机身两侧。

F/A-18起落架为前三点式，前起落架上有供弹射起飞用的牵引杆。座舱采用气密、空调座舱，内装马丁·贝克公司的弹射座椅，风挡和座舱盖分别向前、后开启。

F/A-18装两台通用电气公司研制的F404-GE-400低涵道比涡轮风扇发动机，单台加力推力71.2千牛。进气道采用固定斜板式，位于翼根下的机身两侧。机内可带4990千克燃

油，还可挂三个副油箱，飞机总载油量可达7 979千克。机头右侧上方还装有可收藏的空中加油管。

初战告捷：F/A-18表现神勇

1980年5月，F/A-18攻击机服役。1985年2月，F/A-18攻击机完成了第一次作战巡航行动。F/A-18攻击机伴随"星座"号航母，前往西太平洋和印度洋地区执行部署任务。

1986年，利比亚领导人卡扎菲将锡德拉湾划入利比亚的领海，其他国家的舰只不得通过。美国总统里根命令"珊瑚海"号航母前往锡德拉海湾展开航海自由行动，航母上的F/A-18攻击机执行作战空中巡逻任务保护航母战斗群。F/A-18攻击机经常对利比亚的米格-23、米格-25和苏-22进行拦截，有时与利比亚的飞机仅相距几米。在1986年3月的"草原烈火"行动中，F/A-18首次参与实战，对利比亚的岸基设备实施打击，其中包括SA-5的导弹基地。1986年4月15日的"黄金峡谷"行动中，F/A-18与A-7E使用哈姆导弹攻击了利比亚的萨姆导弹阵地。

这次"草原烈火"行动让F/A-18"大黄蜂"攻击机大出风头。战役经过是这样的：

1986年，美国精心策划了一场旨在"生理消灭"利比亚领导人卡扎菲的空军和海军航空兵联合空袭行动，五角大楼把此次"斩首"行动总体命名为"草原烈火"，它是现代世界战争史上第一次"外科手术"式精确打击。苏联把这一行动定性为"美国对和平的利比亚城市厚颜无耻的、不宣而战的空中侵略"，而美国则认为行动是有根据的，是为了处罚利比亚在中东及欧洲地区发动的一系列针对美国人的恐怖主义行动。

1986年3月22日，美国海军第6舰队航母攻击群开始在地中海地区举行例行演习，调集了34艘舰船，其中包括三艘航母，共240多架飞机。演习期间，美军舰载航空兵飞行强度大幅提升，仅3月22日至3月27日期间，"美国"号航母上的舰载航空兵飞机编队共完成了480架次飞行任务，"珊瑚海"号航母舰载航空兵336架次，"萨拉托加"号航母舰载机626架次。

3月23日，美军航母攻击群驶入锡德拉湾（苏尔特湾）北部，距离卡扎菲宣布的"死亡线"（北纬32°30'）以北200千米处的海域。为有效保护航母攻击群，美军在距离其战斗核心部位120千米处建立了一层反舰防护网，由3~5艘装备了"宙斯盾"舰空导弹系统的驱逐舰、护卫舰组成，舰艇在舰载航空兵的掩护下机动，情报侦察保障工作由在巡逻区域上空活动的四架E-2C"鹰眼"预警机完成。

美军舰载机攻击了利比亚海军舰艇，3月23日晚21点14分，两架从"美国"号航母上起飞的F/A-18攻击机攻击一艘正向美国海军航母攻击群逼近的利比亚导弹艇，两枚"鱼叉"导弹直接命中，该艇连同27名利比亚海军官兵迅速沉入海底。23日夜23点15分，两架

★F/A-18"大黄蜂"舰载攻击机

F/A-18攻击机从"珊瑚海"号航母起飞，击沉了一艘从班加西港口驶出的利比亚导弹巡逻艇。25日凌晨1点54分，两架从"萨拉托加"号航母上起飞的F/A-18攻击机摧毁了利比亚防空导弹部队刚刚更换的新型制导雷达站，随后又有一枚"鱼叉"导弹击沉了一艘利比亚导弹巡逻艇。

1986年3月24日，美军派出F/A-18歼击机群越过了利比亚领海界线，攻击正式开始。3月24日下午2时52分，部署在苏尔特市的利比亚防空军萨姆-5防空导弹营对美军舰载F/A-18歼击机进行攻击，两枚苏制萨姆-5导弹因受到美军电子干扰机的干扰，没有击中目标。利比亚空军随后出动两架米格-25歼击机升空，结果被F/A-18歼击机拦截，无功而返。傍晚时分，利比亚防空导弹营又先后发射了三枚萨姆-5导弹和一枚萨姆-2导弹，仍然未能击中F/A-18歼击机。之后，F/A-18立即对该阵地进行了打击，两架A-7攻击机在电子干扰的掩护下，发射"哈姆"反辐射导弹，摧毁了苏尔特防空导弹发射阵地。

1986年3月24日至25日"草原烈火"行动初期阶段，美军出动F/A-18歼击机击沉击伤了利比亚五艘导弹巡逻艇，摧毁了两座防空导弹发射阵地，杀伤150余人，而F/A-18歼击机无一伤亡。不过，这只是美军"草原烈火"总体行动中的一部分，是大规模空袭的前奏，更猛烈的打击将来自于随后发动的"黄金峡谷"空袭战役。

★美海军F／A－18E"超级大黄蜂"战斗攻击机

为了增加行动的隐秘性、提高打击效果、减少己方损失，要做到"知己知彼，百战不殆"，详细的情报侦察和周密的行动部署必不可少。美军首先急剧增强了太空、空中和海上的无线电、无线电技术、雷达、光电侦察的强度。五角大楼同时还加强了部署在前沿空军基地的空军侦察机和加油机队伍。部署在希腊雅典空军基地第922空军飞行联队的RC-135战略侦察机和部署在英国米尔德霍尔空军基地的第11侦察中队的SR-71战略侦察机，无论是白天，还是黑夜，一直在利比亚沿岸上空进行不间断的侦察监视。

⊘ "大黄蜂"亮刺：F/A-18锋芒毕露

美军企图首先摸清利比亚指挥机构、防空军部队和兵力行动变化情况，探察在美军预期突破方向上的利比亚防空系统无线电电子设备全天不同时间的工作规律，明确利比亚空军基地导航设备工作规律。此外，考虑到航空兵在夜间战斗条件下的行动特点，提前标注将要打击的目标，制订突击航空兵飞行路线，确定明显地形地标。

RC-135在利比亚沿岸飞行侦察，并在距离海岸线100多千米的上空在单独航段巡逻飞行。1986年4月12日，一架RC-135侦察机从10点10分到23点40分在的黎波里正切方向距离海岸线100～120千米上空进行空中侦察，从4月13日10点40分到14日1点50分，在班加西正切方向距离海岸线150～200千米上空巡逻飞行，飞行高度8 000米，速度700千米/小时。

需要特别强调的是，美军在"草原烈火"初期行动中，对利比亚目标首次进行导弹袭击之后，立即进行"黄金峡谷"空袭战役前的侦察准备工作。通过对经过无线电、无线电中继和对流层通信波道进行的直接通话及情报传递的监听和拦截，美军得到了对航空兵行动结果最有价值的情报。为保障长期空中雷达控制，对利比亚空军可能针对美军第6舰队集群发起的反击进行预警，北约的E-3A预警机也开始在地中海中部上空进行战斗巡逻飞行。在行动准备阶段，美国海军航空兵研究并明确了利比亚防空兵器的战术技术性能，利比亚防空部队雷达侦察系统的构成和特点，防区内防空导弹火力和指挥系统构成和特点，充分考虑了敌方的强项和软肋。

美军决定使用第6舰队舰载F/A-18歼击机和F-111歼击轰炸机发动"黄金峡谷"空袭行动，在1986年4月12日至14日行动前的准备阶段，部署在英国境内空军基地的F-111歼击轰炸机完成了约20架次从基地到亚速尔群岛的飞行演练任务，主要练习航行时的空中加油和进入既定作战地区后对预定目标实施袭击的科目。

其中突击编队约由30架F-111、A-6、F/A-18歼击机组成，加油机编队由不到30架KC-10、KC-135空中加油机组成，行动保障飞机编队由不到100架飞机组成，主要是：E-2C"鹰眼"预警和指挥机、EF-111和EA-6B"徘徊者"电子干扰机、A-7和F/A-18防空设备火力压制战机、F-14和F/A-18掩护歼击机、A-6和F/A-18佯攻飞机。

在"黄金峡谷"空袭前夕，准备阶段内所有主要措施都已经全部完成。美军飞行员还在最大程度地接近实战的条件下，进行了行动预演，利比亚防空系统无论是对美军司令部，还是对即将参加空袭行动的美军飞行员来说，都已不再有任何秘密了。

★轰炸之后的的黎波里

★利比亚向美国飞机发射的苏制SA-5地对空导弹

1986年4月15日夜，"黄金峡谷"空袭战役进入高潮。美军此次行动的主要意图是，使用数量不多的突击飞机，在夜间利比亚方面比较麻痹的时候发起行动，超低空飞行，通过利比亚防空导弹部队雷达场和火力系统盲区，突然而秘密地接近早已选定的攻击目标，使用破片式航空和集束（当时刚研制出的高精武器），对地面目标实施集中精确打击。行动时，美军特别组织第6舰队特种飞机编队和其他兵力，全力协助突击编队成功、安全突破利比亚防空系统。

1986年4月14日21点至21点30分，美军24架F-111歼击轰炸机、5架EF-111电子干扰机、18架KC-135型、10架KC-10型空中加油机，从英国本土起飞。由于法国和西班牙政府拒绝开放空中走廊，美英战机无法直接通过，只好经比斯开湾、沿葡萄牙沿岸、直布罗陀海峡、地中海中部飞抵的黎波里地区，行动后原路返回。当时，很少有军事专家会预测到F-111歼击轰炸机能在空中多次加油，顺利完成如此远距离的飞行"马拉松"，仅此一点就似乎是绝对不可能的。事实上，美军F-111歼击轰炸机飞行员在1986年4月"黄金峡谷"行动中，创造了飞行耐力方面的世界纪录，要知道，仅在F-111战术轰炸机狭窄的座舱中停留14个小时就已经是非常了不起的成绩了。

F-111歼击轰炸机编队在飞抵利比亚沿岸200～300千米时，开始降低飞行高度，直至100米以下，之后分散行动。6架F-111以50～60米的超低空飞行，顺利地从利比亚防空导弹部队雷达场和火力系统的缺口中滑进，从南部方向对贝西纳军用机场和的黎波里市阿普皮耶兵营、军用机场、西迪比拉尔港进行打击。其余歼击轰炸机采用"小队飞行纵队"战斗队形，平均6架飞机，以1.5分钟的间隔，从北部方向飞抵利比亚首都上空，发射1000磅重特种炸弹，轰炸卡扎菲可能的藏身之处。有一个小队6架F-111轰炸机未能完成突破任务。

4月15日零点30分至1点，两个A-6、F/A-18歼击强击机编队，分别从"美国"号和"珊瑚海"号航母上起飞，每队4～6架飞机，从低空攻击班加西地区的目标。

为保障F-111轰炸机、A-6强击机、F/A-18歼击机在6～8分钟内突破利比亚防空系统，在战机飞临预定目标之前，美军实施了主动干扰。在1～2分钟之内，美军火力压制飞机编队发射"哈姆"反辐射导弹，攻击利比亚防空导弹部队和无线电技术部队的无线电电子设备。同时，美军无人机在中空飞行，以吸引利比亚防空部队战斗班组的注意力，诱使利比亚导弹发射阵地雷达开机。E-2C"鹰眼"预警机则进行空中雷达控制，从希腊起飞的RC-135战略侦察机则负责4月14日22点40分至15日7点30分的空中侦察任务。

事实上，美军航空兵对的黎波里和班加西的空中打击是同时进行的，攻击方向也完全相同，分别从陆上和海上两个方向。16架F-111歼击轰炸机对既定目标实施轰炸之后，于4月15日10点30分至11点先后返回英国基地，一架F-111战机于4月15日9点在西班牙罗塔空军基地降落。参与第一次打击任务的美海军舰载航空兵飞机，于4月15日3点至4点，先后全部在各自航母上降落。

三个小时后，美军第6舰队F/A-18企图进行第二次，之后是第三次空袭，但未能奏效，全部被利比亚防空导弹部队集群比较有组织的、坚决的行动所破坏。尽管如此，美军现代化的F/A-18歼击轰炸机还是再次对的黎波里目标进行了攻击。

总之，F/A-18在"草原烈火"行动中堪称主角，此后，1991年的海湾战争中，F/A-18是美国舰队的主力作战飞机，共190架F/A-18参战，海军有106架，陆战队有84架。在行动中，一架损失于战斗，两架损失于非战斗事故。另外有三架受到地空导弹攻击，但是返回基地，经过维修又恢复作战行动。在1991年1月17日，美海军两架F/A-18C与伊拉克的两架米格-21机遇，F/A-18C使用AIM-9击中了这两架米格飞机后，对伊拉克的目标又投放了908千克的炸弹。

2002年11月6日，"林肯"号航母上部署的F/A-18E/F首次参与实战行动，使用精确制导弹药对伊拉克的两套萨姆导弹、一个指挥、控制和通信设施实施了打击。

战事回响

⦿ "超级军旗"用导弹击沉军舰

"超级军旗"攻击机是法国达索飞机公司生产的舰载攻击机，是20世纪60年代"军旗"IVM攻击机的改进型，1978年开始装备法国海军。

在南大西洋，靠近阿根廷东南沿海海区，人们可以找到阿根廷称之为马尔维纳斯群岛，英国称之为福兰克群岛的一群岛屿。这群岛屿人们习惯简称为马岛，英阿对马岛的主权之争由来已久。

1982年3月18日，一些阿根廷人到南乔治亚岛的利恩港，准备拆除一家鲸鱼加工厂的陈旧机器，遭到英驻军的刁难，绝大部分人被阻止上岸，部分阿人则冲破阻拦，登岛并在岛上竖起阿国旗。英国得知后，向阿提出了强烈抗议，并派出40名海军陆战队员前去"恢复秩序"。阿也不肯让步，决心一劳永逸地解决马岛主权之争。

面对英军咄咄逼人的攻势，阿军发誓要报仇雪恨。阿根廷总统加尔铁里把目光投向了从法国购得的五枚"飞鱼"导弹。5月4日上午11时左右，英国"谢菲尔德"号巡洋舰悠闲地游弋在马岛附近海域，这艘当时号称英国皇家海军"最现代化的大型军舰"服役刚刚七年，具有非常先进的雷达系统，阿根廷的飞机只要从其大陆起飞就逃不过它的眼睛。因此，舰上的英国官兵悠然自得，有的在洗衣服，有的在聊天。此时，阿根廷"五月二十五日"号航母搭载的"超级军旗"战斗机利用地球曲线超低空飞行，在300千米以外，已经锁定"谢菲尔德"号巡洋舰的阿军"超级军旗"战斗轰炸机携带两枚"飞鱼"导弹悄悄起飞了。飞机在接近"谢菲尔德"号雷达警戒区时陡然下降到四五十米的高度，然后关闭机载雷达继续飞行。

12时20分左右，"超级军旗"顺利进入到导弹的有效发射区，在距离"谢菲尔德"号32千米处，两枚"飞鱼"导弹被发射出去。其中一枚"飞鱼"成功避过英军的防空系统后准确命中目标。爆炸引起大火，英舰官兵拼命抢救五个小时后，不得不弃舰逃生。就这样，造价高达1.5亿美元的"谢菲尔德"号被造价才不过30万美元的"飞鱼"导弹击沉，这给了骄傲自大的英军以沉重打击。

5月25日是阿根廷的国庆节，阿军向英军发起了大规模空袭行动。这天，两架携带"飞鱼"导弹的"超级军旗"战机从阿根廷大陆起飞，向游弋在马岛东北海面100多海里的英国航空母舰飞去，他们的目标就是要炸毁英军的航母。接近预定目标区域后，阿军飞行员发现飞机雷达的荧屏上出现了一个大的脉冲亮点，他判定这就是英军的航空母舰。于是，阿军飞行员毫不犹豫地按下了导弹发射按钮。两枚"飞鱼"导弹同时向敌舰飞去，其中一枚准确地击中了目标。在一阵巨大的爆炸声后，英舰出现了浓烈的火

★法国"超级军旗"攻击机

★近观法国"超级军旗"攻击机

焰，不长时间之后，就慢慢地沉入了海底。事后阿军才知道，他们炸沉的这艘英舰并不是英国的航空母舰，而是一艘名为"大西洋运送者"号的运输舰，其体积同航空母舰大小相仿。

近代和现代的无数事例证明，在武器发展上，实现装备的国产化至关重要。阿根廷的"超级军旗"攻击机和"飞鱼"导弹都是从英国的西方盟友——法国购买的。马岛战争开始后，法国为了显示对英国的支持，就对阿实施了武器禁运。而战前阿军只得到了14架"超级军旗"飞机和9枚"飞鱼"导弹，且飞机与导弹并不配套。而且，美国人也使了手脚，如阿空军攻击机准确投掷下的美国炸弹在英舰甲板上不能爆炸，大大降低了阿空军的打击效果，事后，英军承认，如果那些炸弹全部爆炸的话，英国舰队要损失大半。

如在6月8日的战斗中，阿军五架"幻影"战斗机向英军的另一艘主力战舰"普利茅斯"号护卫舰发起攻击，四枚炸弹击中该舰，可是一枚也没有爆炸。就具体的战斗来看，阿根廷的武器装备大多依赖进口，使阿军在战斗中十分被动。所以，武器装备的发展必须最大限度地走国产化道路。这是因为从外国购买军火，一方面既会在数量上受限制，又可能会在战时被武器生产国禁运；另一方面，外购武器在质量上难以得到保证，必然在关键时刻起不到应有的作用。由此，装备发展必须坚持以自我研制为主、自成系列的国产化道路。这在未来保卫祖国领土完整的作战中十分必要。

第三章
战斗机
云端穿梭的王者

3

⊙ 沙场点兵: 云中的王者

战斗机按用途分类，大致可分为：制空优势战斗机（前线歼击机），各国家空中格斗主要飞机；截击歼击机，速度快，航程、续航能力相对小短，少量配置；护航歼击机，载弹大，续航能力强，过载机动性能优；战斗轰炸机（中国称之为歼轰机），主要用于近海防御，拦截及摧毁中低空及海面高价值目标，或者执行战略武器投放任务；联合战斗机（多用途战斗机），飞机性能优异，适用大部分战斗要求及任务，如美国F–35。

战斗机过去根据执行任务又可分为"歼击机"（战斗机）和"截击机"（拦截机），战斗机的主要任务是快速地升空之后争取高度，在敌方的轰炸机进入己方空域之前将对方摧毁。由于拦截机是针对高飞行高度的轰炸机群，在设计上特别强调对速度与爬升率的需求，运动性摆在较为次要的地位。

二战结束之后，鉴于原子弹的摧毁威力，拦截机的发展一度成为许多国家与传统战斗机同等重要的机种。不过在导弹逐渐成熟并大量配备之后，拦截机的特性往往可以经由传统战斗机加上导弹来满足。因此现在趋向不再专门发展拦截机种，而是以现役的机种同时担负拦截的任务。

★近海防御中的战斗机

🐟 **战场传奇：** 战斗机的百年风云

★F-117"夜鹰"战斗机

早在1903年，莱特兄弟就发明了飞机，不过发明后很长一段时间都没有用于具体的空战，而是只用它来执行侦察任务，因此双方的侦察员还会友好地招招手，直到后来，一个侦察员用手枪向对方飞机开了一枪，这才有了空中战斗的起源。

在第一次世界大战中，军用飞机首次出现在战场上，主要负责侦察、运输、校正火炮等辅助任务。在战斗中，敌对双方的飞行员用五花八门的各种武器手忙脚乱地互相攻击，比如石头，这就是"战斗空战"的起源。在这个时期影响未来空战颇大的一项发明就是机枪的同步射击装置。这个由荷兰所发明的装置让机枪的子弹能够自转动的螺旋桨的间隙当中射出，飞行员完全不用担心子弹会与螺旋桨相撞，而机枪的设置位置能够接近飞行员的瞄准线，从而提高准确度与火力。

1915年，法国将莫拉纳-索尔尼埃L型飞机装上一挺机枪和一种叫做偏转片的装置，使它真正具有了空战能力，此时世界上第一架真正意义上的战斗机正式宣告诞生。由于它装

★全天候、高机动性的美军F-15战术战斗机

备了法国飞行员罗兰·加洛斯的"偏转片系统"，稍微解决了飞机在机载机枪射击时被螺旋桨干扰的难题，第一次使飞行员可以专心驾驶飞机去攻击对方，同时也不需要另外配备机枪手。

到了20世纪30年代中期，各国最先进的战斗机设计多半具有这些特点：单翼，以金属为主的结构与外壳，后三点收放式起落架或者是有流线型外壳的固定式起落架，采用液冷式发动机的设计多于采用气冷，火力由采用步枪口径的轻机枪提升至重机枪或者是更大口径的机炮。

第二次世界大战中，战斗机不仅仅是作为防卫国土与抵挡敌人轰炸机的力量，在摧毁敌人的空中武力与使用空中武力的能力上也扮演着非常重要的角色。战斗机不仅担任着阻止轰炸机的任务，也推翻了轰炸机可以通过一切防卫的理论。

在大战结束前，战斗机的发展已经到达一个顶峰，并且开启另外一个时代的来临。短短几年之间，战斗机使用的发动机出力从数百匹直在线升到超过两千匹马力，速度直在线升到接近音速的区域，航程超过2 000英里（3 218.8千米），最高升限到达4万英尺（12 192米）。

第二次世界大战末期，喷气式发动机和雷达设备的出现预兆了下一阶段战斗机的发展方向。战后，苏联和西方国家从纳粹德国获得了该技术的研究成果，各自发展出第一代喷气式战斗机。在朝鲜战争中，喷气式战斗机第一次投入实战，标志着螺旋桨式战斗机的终结。在冷战的高峰期，失败就会灭国灭种的恐惧使华约和北约两大阵营都疯狂地发展战斗机。这个阶段各国列装的机型和数量也达到史无前例的顶峰。

冷战后期，由于美国在越南战争中发现了战斗机的另一个发展方向——机动性——仍然主宰着天空，因此后来的战斗机不再要求过快的速度，而把机动性的提高作为战斗力的第一要素。各国纷纷跟风发展机动性优异的机型。垂直起降、随控布局、大推力涡轮风扇发动机和更优秀的机载电子系统以及装备性能更优异的空对空导弹成为该阶段战斗机的共同特征。

到20世纪末21世纪初，列装的典型战斗机有美军的F-14、F-15、F-16、F/A-18、苏联/俄罗斯的苏-27、米格-29等。

21世纪初，新一代战斗机的发展方向是更高的机动性、更远的射击距离、多目标的攻击能力和隐形的外形设计。新技术的出现使21世纪的战斗机成为更冷酷的"空中利剑"。

"隐身"战斗机并不是肉眼看不见的飞机，而是在飞机的外形、涂料等方面作了特殊处理，使用于对空警戒的雷达、红外等现代探测装置难以发现的飞机，这种战斗机可隐蔽接近敌人，达到出其不意攻击敌机的目的。目前许多先进的战斗机已采用了一些抑制雷达波反射和自身红外波辐射的技术，实现了部分的"隐身"效果。

目前，美军已经开始列装了先进的重型隐身战斗机F-22，而其另一款轻型隐身战斗机F-35也即将完成全部的研制。

🌐 慧眼鉴兵：一代天骄

战斗机可以执行除了精确攻击之外的所有空中任务。战斗机可以将地图上的任何己方城市和航空母舰指派成基地。

空军对战争的贡献，首先在于能出动飞机攻击敌人的地面目标，为陆军扫清地面障碍，战斗机对战争的直接贡献，就是保护自己的攻击机、轰炸机不被敌方战斗机所消灭，这就是争夺制空权的作用。造防空炮则属于"以地制空"的战术范畴，历史已经证明单纯靠高射炮和防空导弹来防御敌机，是无法抵挡住敌人的，最终还是要靠战斗机才能有效消灭进犯的敌机，由此可见战斗机在战争中的作用。

空战雄鹰：二战时代的经典战斗机

不列颠的"空战神鹰"
——"喷火"式

⊘ "鹰"佑不列颠："喷火"战机横空出世

20世纪30年代中期，希特勒的战争野心昭然若揭，他在跟英国、法国大玩博弈游戏的同时，也在加紧制造新式武器。新式的战斗机便是其中一项绝密的计划，希特勒要求空军制造一种飞行速度在450千米/小时以上的战斗机。

英国的情报部门获知了这个情报。为了应对德国空军日益严重的威胁，英国航空部决定研制一种新型的截击机。情况很危急，德国正在研制的新型飞机速度在450千米/小时以上，而皇家空军最快的截击机速度仅在350千米/小时左右，如果不在短时间内研制出速度至少达到480千米/小时的截击机，那英国空军极可能遭到毁灭性的打击。

这可愁坏了英国空军和航空部的所有人，再三考虑之后，他们将目光聚集到当时在高速飞机方面颇有研究的雷金纳德·J.米切尔身上。米切尔是超级马林公司的总设计师，他曾设计了不少水上飞机，并在施耐德杯中大获成功。1933年，米切尔第一次尝试设计了以一台蒸汽冷却的罗尔斯·罗伊斯"苍鹰"引擎作为动力的224型战斗机，但由于

★二战中横空出世的英国"喷火"式战斗机

★停靠在机场上的二战英国"喷火"式战斗机

蒸汽冷却系统的可靠性太差，导致224型战斗机动力不足，速度很慢，被英国皇家空军一票否决了。

重压之下，米切尔没有灰心，他重新铺开图纸，采用革命性的机身结构技术，重新设计了一种战斗机。整个1935年的下半年，米切尔都泡在设计中。原型机只被简单地称做F37/34，并于1936年3月5日在南安普敦的伊斯莱尔机场首次升空。米切尔通过计算得出的最高速度是563千米/小时，而试飞中显示的最高时速是561千米/小时，据说米切尔对这个结果非常满意。

1936年剩下的时间里，研制工作仍在进行。这期间，身患癌症的米切尔常常忍受着病痛的折磨去观看试飞。1937年6月，米切尔死于癌症，年仅42岁。接下来，约瑟芬·史密斯成了超级马林的首席设计师，在他的任期内，"喷火"完成了从原型机研制到大批量生产的跨越。"喷火"这个名字本来是为224型战斗机准备的，据说，米切尔生前曾表示过对这个名字的厌恶："他们就会选这种愚蠢嗜杀的名字"，并差点儿把它命名为"泼妇"。很幸运，这没变成现实。

1938年年中，"喷火"才开始量产并交付英国皇家空军。根据战争的需要和在使用中的经验教训，超级马林公司对"喷火"飞机一方面大量生产，一方面不断进行改进改型。

"喷火"式战斗机可算得上二战中作战飞机的大家族，归纳起来可分为陆基型"喷火"和舰载型"海喷火"两大系列，共40余种型别。"喷火"战斗机还曾出口或转让生产，成为不少国家的主战机种。

◎ 世界一流：综合性能"飞"比寻常

★ "喷火"战斗机性能参数 ★

机长：9.1米　　　　　　　　　作战半径：760千米

机高：3.9米　　　　　　　　　实用升限：1 1300米

翼展：11.2米　　　　　　　　武器：2×20毫米机关炮

机重：2 300千克　　　　　　　　　4×7.7毫米机关枪

最高起飞重量：3 100千克　　　　　　1×500磅（约227千克）炸弹

最大平飞速度：602千米/小时

　　从飞机长度上看，"喷火"式战斗机在同等战机中算是比较小的，翼展11.2米，更是小得让人惊讶，这是一款看起来不太起眼的飞机。

　　在速度方面，由于引擎领先，"喷火"式战斗机在所有高度上都占据优势。在水平机动方面，拜"小翼载"所赐，"喷火"以明显优势在中低空全面胜出，其不开空战襟翼时的转弯半径甚至比当时德国王牌战机Bf-109空战襟翼全开时的半径还要小，难怪被誉为"拥有同时期西方战斗机中最优秀的水平机动能力"。

　　"喷火"式战斗机的设计成功之处在于采用了大功率的活塞式发动机和良好的气动外形设计。半纺锤形机头，有别于当时大多数飞机的平秃粗大机头，整流效果好，阻力小。发动机安装在支撑架后的防火承力壁上，背后便是半硬壳结构的中后部机身。机翼采用椭圆平面形状的悬臂式下单翼，虽制造工艺复杂，费工费时，但气动特性好，升阻比大。以上几点使"喷火"式战斗机在速度和水平机动性能上要好于Bf-109，也是当时世界上唯一可以和日本A6M"零"式战斗机在水平机动能力上相抗衡的战斗机。

　　在飞机抗打击能力上，"喷火"式战斗机表现一般，虽然批量生产型的"喷火"都装备了防弹玻璃风挡和驾驶员背部装甲钢板，但抗打击能力依然是"喷火"系列飞机最大的弱点之一。

　　总而言之，"喷火"式战斗机的综合飞行性能，在当时居世界一流水平，与同期德国主力机种Bf-109战斗机相比，除航程和装甲等略有不及外，在最大飞行速度火力，尤其是机动性方面均略胜一筹。由于"喷火"式战斗机的翼载荷比较低，因此与常采用"高速接近，一击就跑"战术的德国战斗机格斗时，可通过机动性好的优势夺取攻击主动权。

◈ 鹰击长空："喷火"大战德军王牌战机

在二战初期的西欧战场，英国空军的王牌"飓风"式战斗机被德军主力Bf-109打得铩羽而归，飞行员们丢盔卸甲，提起德国飞机更是有一种"一朝被蛇咬，十年怕井绳"的情绪，当时，几乎英国人都把希望寄托在综合飞行性能更高的"喷火"式战斗机身上。

1940年5月23日，英、德王牌终于正面交锋了。两架"喷火"式战斗机奉命护送一架小型运输机远航去法国接载一名高级军官。到达目的地之后，英国飞行员发现附近上空有数架德军的Bf-109。一架"喷火"式战斗机飞到高空与德机缠斗，另一名飞行员迪尔则在低空盘旋掩护地面上的运输机。

迪尔发现一架Bf-109从机头前面飞过，说时迟那时快，他立刻扣动扳机，德机马上拉起躲避，但迪尔再一次咬住它，凭借"喷火"式战斗机良好的低空机动性能，追上了德机，将其击落。接着，迪尔驾"喷火"迅速向上爬升，去协助自己的战友。一钻出云团，迪尔便与两架Bf-109相遇。迪尔驾驶"喷火"向左盘旋，同时扣动扳机，将左面的敌机击落。这时，"喷火"式战斗机良好的机动性能便显示出来了，迪尔在瞬间又紧紧咬住了另一架敌机的尾巴。这时，他才发现自己的机枪子弹已经打光了。迪尔俯冲跃升，横滚侧滑，依然保持在德机后方的有利位置上，直至双方所剩油料都不多了，才脱离接触返航。

这一战证明"喷火"式战斗机绝不逊于德国人的

★飞行中的"喷火"式战斗机

★刚刚降落的"喷火"式战斗机

Bf-109，在水平机动性等方面甚至还优于它的对手。同时，在迪尔精神的鼓舞下，英国飞行员也开始改进他们的战斗编队方法，逐渐采用"四指"形四机编队或双机编队。

🚫 以少胜多：不列颠空战的救命稻草

希特勒用闪电战席卷西欧大陆之后，制订了一个入侵英国的"海狮计划"，决定首先发动大规模的空中攻势，旨在消灭英国皇家空军和摧毁其防御体系，为渡海登陆作准备，于是爆发了二战开始以来规模最大的空战。

1940年8月15日，德国出动轰炸机520架，歼击机1 270架，向英国主要目标全面出击。中午刚过，在英国南部上空，英国空军的"喷火"式和"飓风"式战斗机与德军的轰炸机展开了世界战史上空前规模的大空战。在这一地区，轰炸机隆隆轰鸣，爆炸声不绝于耳，战斗机腾升俯冲，穿梭交织，枪炮声惊天动地。德机尽管占据数量上的优势，但空战能力和机动能力却比"喷火"战斗机要差，不一会儿，几十架德国轰炸机便在水平机动性能较好的"喷火"式战斗机的攻击下中弹坠毁。下午4时45分，德军的200架飞机最终还是冲破了英空的阻击，向北部飞去。

这时，在中部地区，170架"喷火"式立即迎击逃脱的德机编队。"喷火"从德机编队上方向下俯冲，刚冲过有效发射阵位便又重新拉起，迅速上升转弯，占领有利位置，准备再次攻击。几十架德机应声坠毁，德机不得不调整密集队形，来应付机动能力强的"喷火"。"喷火"则采用了分别夹击殿后轰炸机的战术，这样一来，德军无计可施，只得转弯躲避，编队被打乱了。"喷火"乘机追击四处逃窜的轰炸机，德军机群顿时陷入了一片混乱的逃亡之中。

★不列颠空战时的英国皇家空军战斗机司令部

恼羞成怒的希特勒在空战中没有占到便宜后，接连对伦敦进行了多次闪电空袭。9月15日，德军再次出动了千架飞机对伦敦进行空袭。英国空军与德军机群展开了殊死搏斗。德军第二航空队第3轰炸团刚到达坎特伯雷上空，英国空军第72、第92中队的"喷火"战斗机不等德机站稳脚跟就如离弦的箭一样冲入德军轰炸机群，英国飞行员猛按炮钮向德机猛烈扫射，几分钟内，德国轰炸机就接二连三地坠入大海。

13点30分刚过，当德国飞机像无边无际的潮水一样再次涌过海岸时，英国空军的数百架"喷火"战斗机在空中盘旋着俯冲着，将一串串炮弹射向德国飞机。整个英格兰东南部，从海峡直到伦敦一带，到处都展开了激烈的空战。战斗持续整整一天。在这一天，英军以损失26架飞机的代价，共击落德机56架。

在这场大空战中，英军出动974架战斗机与2 000架敌机交战，结果以少胜多，使德军损失飞机数百架，损失率高达20%。进入9月之后，重点转入首都伦敦的防空作战，在近50个昼夜的艰苦战斗中，有一大批德军的He-111和Ju87飞机被击落在防区之外，这其中"喷火"式飞机发挥了重要作用。

尤其是9月15日，300架"喷火"和另一批"飓风"式飞机，仅在短短的20分钟内就一举击溃敌轰炸机大编队，此次战斗直接导致希特勒"海狮计划"的破产。"喷火"因此而获得"英国的救星"的美称。难怪当时的英国首相丘吉尔曾深有感触地说："在战争史上，从来不曾有如此大量的人（指人民），从如此少量的人（指飞行员）那里，获得如此多的好处。"

从"喷火"式战斗机列装之日起，英国就不断对它加以改进，以提高其战斗性能。凭着不断的改进，"喷火"式在大战中始终保持着皇家空军最佳战斗机的地位，总产量达22890架，输出到多个国家，其生产线到1952年才最后关闭。

偷袭珍珠港的战斗机
——A6M2 "零" 式战斗机

⊘ 完美产物："零"式吸收了世界上最先进的设计思想

"零"式战斗机是第二次世界大战中日本海军的主力战斗机，因为生产年为1939年，是日本纪年2600年，因此被称为"零"式战斗机。

"零"式的创造者是三菱重工著名的设计师堀越二郎，他吸收了当时世界上最先进的设计思想，在海军的96战舰的设计基础上设计出了这种全新飞机。

★日本"零"式战斗机

　　"零"式战斗机于1937年开始设计，1939年4月1日由三菱重工业公司首次试飞。"零"是日本飞机设计的重要里程碑，它实现了多个第一，如首次采用全封闭可收放起落架，电热飞行服，机关炮，恒速螺旋桨，超硬铝承力构造，大视界座舱和可抛弃的大型副油箱等设备。"零"式21型采用了950马力的中岛荣12星型气冷发动机，最高速度达到了533千米/小时。

　　"零"式设计期间，三菱公司召开的新战斗机性能取向会上军方代表曾有过争论。一派认为：空战能力主要取决于转弯格斗性能，为了格斗性能必须牺牲航程与速度。而另一派则认为：日本战斗机的格斗性能优越，足够对抗世界任何战机，差的就是速度，新战斗机应该着重解决速度与航程的问题，至于格斗性能可以适当牺牲。一时会上出现了两种截然相反的观点，谁也无法说服谁，只得休会。然而出乎意料的是当新战机试飞时，性能竟然同时满足了高速派与格斗机动派的需求。

　　"零"式设计成功的一个关键因素是日本住友金属工业公司当时合成了一种超级铝合金，日本称50风金属，这种铝合金比钢还硬。因为有了这种金属"零"式设计时就采用了很细的飞机框架，并且敢于在上面钻孔减重，此外铆钉尺寸也非常小，在能保证战机强度的情况下大大减轻飞机重量，如果没有住友金属的这种铝合金，"零"式是根本生产不出来的。因为有了超硬铝合金，对飞机主桁梁进行革新，其抗拉强度好，耐疲劳强度更好，而且机体重量极轻，空重（21型）仅1 570千克。"零"式的性能优势最大来源就是轻，特别轻，翼载极小，完全弥补了发动机动力的不足，而且保证了极大的续航力。

◎ 万能战斗机：速度与性能的完美结合

★ A6M2"零"式战斗机性能参数 ★

机长：9米

翼展：12米

空重：1 680吨

巡航速度：296千米/小时

最大速度：518千米/小时

使用升限：10 000米

最大航程：3 000千米

乘员：1人

武器装备：20毫米机炮两门

　　　　　7.7毫米机枪两门

　　　　　60千克炸弹两颗

在第二次世界大战初期，"零"式以出色的爬升率、转弯半径小、速度快、航程远等特点压倒美军战斗机。但到战争中期，美军使用新型战斗机并捕获"零"式后，其弱点被发现，慢慢地，"零"式战斗机的优势也就丧失了，到了战争后期，"零"式成为"神风突击队"的自杀爆炸攻击的主要机种。

从外观上看，"零"式战斗机具有非常低的翼负荷，这成就了"零"式战斗机优异的水平面回转能力。"零"式战斗机爬升率和转弯半径极好，能轻易超过F4F"野猫"战斗机和P-40战斗机，在低空时用这两种飞机和"零"式战斗机进行缠斗无异于自杀。另外，"零"式战斗机的机体线条采用特殊设计，并使用了号称"聪明皮肤"的新型隐身涂料，能够最大限度地减少雷达波反射。

当然，"零"式战斗机也有不足之处，它俯冲速度不快，在战斗中如果被"零"式战斗机咬尾，应立即以高速度俯冲并滚转，通常可以摆脱，但绝对不可使用爬升手段摆脱，也不要追击急剧爬升的"零"式战斗机，否则死路一条。但如果在高空时，"零"式战斗机优异的垂直机动性能开始恶化，原因是副翼的动作出现呆滞，反应变缓。主要是由于机体强度不足，导致高速时易发生副翼反效。"零"式战斗机没有任何装甲保护飞行员和油箱，油箱也没有自封装置和灭火设备，很容易被击中起火。

◎ "零"式灾难：二战初期所向披靡的"零"式

"零"式战斗机在1940年8月19日首次出战，12架"零"式战斗机从汉口起飞，掩护50架G3M2轰炸机对重庆进行空袭。不过这次袭击未能和中国空军接战，首秀没有建功。

　　1940年9月13日，13架"零"式战斗机在重庆以东空域和27架中国空军的I-15、I-16混和机群遭遇。中国空军27架飞机被全部击落击伤（被击落13架，击伤11架），"零"式战斗机则无一损失。这是抗战以来中国空军最惨重的一次损失。在随后的几个月里，一共有99架中国飞机被"零"式战斗机击落击毁，而"零"式仅有两架在地面事故中被焚毁。

　　"零"式战斗机是日本海军航空兵二战期间最著名的飞机，也是二战日本飞机的招牌型号，在太平洋战争中自始至终都是战斗的主力。在太平洋战争初期，"零"式对盟军飞行部队造成了空前的灾难，给予盟军最大的震撼，战争初期日军仅有300架"零"式战斗机，其中250架投入了太平洋战场，就凭借这区区250架"零"式，日军在开战后几个月时间把盟军在太平洋地区的战斗机部队消灭了2/3。当时盟军飞行员驾机起飞迎击"零"式战斗机时，无论飞行员还是指挥官都明白，战机飞出去以后八成是回不来了。

　　1941年12月7日，日本海军航空机动舰队偷袭美国珍珠港。日本航空母舰刚换装的

★机场上的 A6M2"零"式战斗机机群

81架"零"式战斗机，作为护航战斗机参加了两个攻击波的空袭，完全掌握了瓦胡岛上空的制空权，压制任何强行起飞的美军飞机，同时扫射美空军机场，仅有九架飞机没有返航。

珍珠港事件后，驻台湾的日本陆基航空兵也大举空袭菲律宾的美国克拉克等空军基地。"零"式战斗机采用多次训练的低速省油飞行方式，为一式陆攻进行远程护航。美军面对续航力如此强大的日本战斗机，不禁大惊失色。美国在菲律宾的空军力量被打得七零八落。

太平洋战争初期，日本的"零"式战斗机性能超过所有盟军飞机，特别是其机动性和续航力无机能比。当时美国的F-2A水牛、P-40战斗机等飞机，面对"零"式战斗机一筹莫展。在新加坡、菲律

★日本"零"式战斗机掠过美国陆军航空队的P-40B战斗机扫射

宾、东印度甚至印度洋，"零"式战斗机统治了整个天空，为日军的登陆作战打下了良好的基础。

开战六个月后，在珊瑚海海战中，"零"式战斗机受到了F4F"野猫"战斗机的强有力的挑战，其装甲较薄弱、马力较低的弱点逐渐暴露出来。1942年6月，对于盟军打破"零"式战斗机称霸天空所向无敌的局面来说是个重要的转折点。

6月23日，日本对阿留申群岛进行了攻击，意欲牵制美军，掩护日本对中途岛的袭击。6月3日，小贺忠义兵曹长驾驶一架"零"式战斗机从"龙骧"号起飞对荷兰港进行袭

击，返航途中发现飞机燃料发生泄漏，无法返回母舰，不得不紧急迫降在一个荒岛——阿库坦岛的苔原上。松软的苔原陷住了机轮，机身翻倒，折断了小贺的脖子。五星期后，一支美国搜索队发现了这架飞机和倒吊在座椅上死去的小贺。飞机除了燃料箱被地面机枪击穿两个洞外，几乎完好无损。这是美军在太平洋战争期间最重要的缴获品。美军立即将飞机装箱运回美国，修复并进行试飞，通过试飞寻找对付"零"式战斗机的办法和针对"零"式战斗机的特点设计新型战斗机。

当"零"式战斗机的性能解密以后，美军在设计新式战机时就有了针对性的设计。在专门克制"零"式战斗机的F6F设计投产以前，美军飞行员利用"零"式战斗机俯冲能力不好的特点，对"零"式战斗机护航的日军轰炸机采取打了就跑的突击手段，可以避免"零"式战斗机的截击，使得"零"式战斗机的护航效果大大降低，并且通过俯冲逃跑的手段避免了被"零"式战斗机击落，这个战术的应用使美军在F6F与P47/51服役以前，成千的飞行员得以在"零"式战斗机的炮口下逃生，并且给予日军轰炸机部队沉重打击，有效地扭转了空中不利局面，可以说是太平洋战争的转折点之一。

当美军专门对付"零"式战斗机的F6F问世以后，"零"式战斗机的快乐时光就一去不复返了，最后沦为自杀飞机。"零"式战斗机最大的问题是当初设计时没有留下足够的升级空间，飞机设计得太小，无法安装体积较大的发动机，而小尺寸的发动机提升功率在技术上很困难，而且功率提升有限，所以后期的"零"式战斗机在安装了装甲以后，虽然换了功率更大的发动机，但单位功率并没有提高，格斗性能无法因改进而继续提高，反而有所下降。不但如此，"零"式战斗机多数后期型除了俯冲速度得到了提高以外，所有的飞行性能都在下降，后期型"零"式战斗机的爬升率比前期型下降25%以上，航程下降近40%，"零"式战斗机空战性能最好的型号实际是早期的21/22型与最后才出现的54丙型。

战争中后期，随着美军战机格斗性能的不断进步，"零"式战斗机逐渐丧失了技术优势，当美军专门用来克制"零"式战斗机，具有"零"式战斗机水平的格斗性能，而且有更强的装甲、更高的速度的F6F泼妇战斗机出现以后，"零"式战斗机就完全失去了威力。而"零"式战斗机设计之初，三菱公司曾对"零"式战斗机到底是按装小型的瑞星发动机还是大型金星发动机来设计有过争论。后来三菱公司有人提出，如果装金星发动机的话，飞惯了小飞机的军方试飞员在初期肯定不习惯，会有怨言，可能会影响军方的购买兴趣，所以最后"零"式战斗机就按装瑞星发动机进行了设计，如果当初选用了金星发动机来设计"零"式战斗机，那么后果不堪设想。"零"式战斗机装大型发动机的后期型正是以后因东海地震难产的A7M烈风。如果当初"零"式战斗机选用了金星，那么以后就没必要再设计烈风了，烈风战斗机的威力比"零"式战斗机大得多，二战期间没有能与其抗衡的美军战机，如果开战时日军投入的是装金星发动机的重型"零"式战斗机，也许就没有办法对付了。

"零"式战斗机从1939年原型机试飞以后在整个战争期间一直在生产，是日本二战期间产量最大的机型。

在整个二战期间，"零"式飞机共计生产了一万架以上。随着日本侵略者的惨败，横行一时的"零"式战斗机与其设计者堀越二郎一起退出了战争舞台。日本战败后，由于受到和平宪法的限制，堀越二郎未能在战后的喷气时代继续大展宏图。

最好的活塞螺旋桨战斗机
——P-51"野马"

◎ "野马"行空：P-51战斗机得益于英国租借法案

二战爆发后，英国政府向美国求购适用于英国空军的作战飞机，因为美国提供的贝尔P-39"空中眼镜蛇"战斗机和寇蒂斯P-40"战斧"战斗机与德国空军的Me109相比性能已显得落后（其中一部分P-40被中国买下），而英国的"喷火"式战斗机生产又跟不上，所以英国人接触了北美航空公司，寻求一种新的战斗机。

于是，"野马"战斗机出现了。北美公司的"野马"战斗机的设计、制造、试飞是在100天内完成的。"野马"战斗机于1940年10月首飞，飞行测试结果非常令人满意，1940年底前飞机顺利投产。

美国陆军航空队取走了生产线上的第五和第十架飞机用于在俄亥俄州代顿的怀特基地进行飞行测试，被重新赋予XP-51的编号。美国政府订购了头两批超过600架的"野马"式，正式编号为P-51，并依照租借法案供应给了英国空军。美国参战后，有相当一部分P-51转交给了美军。

◎ 性能优秀：早期型号受Me109影响

P-51"野马"战斗机，外形漂亮，线条流畅，飞行速度快，机动性能好，爬升率高，在近距空战中，很容易就能取得优势。而且它的航程远、武器性能好，攻击力强，很适合进行空中格斗。它唯一的不足就是防护力比当时的其他机型稍微弱一点。

P-51战斗机属于轻型战斗机，其机体尺寸与英国的"喷火"式战斗机、日本的

★ P-51D "野马"战斗机性能参数 ★

机长: 9.8米

机高: 4.17米

翼展: 11.3米

机翼面积: 21.80平方米

空重: 3 175千克

最大起飞重量: 4 173千克

最大航程: 1 610千米

巡航速度: 442千米/小时

最大速度: 703千米/小时

最大高度: 12 770米

武器装备: 四挺勃朗宁MG53-2型12.7毫米机枪

"零"式战斗机和德国的M-109战斗机相差无几,但总体性能要优越一些。

P-51战斗机在机头装有一台爱利森V-1710-30直列汽缸活塞发动机,动力为845千瓦(1150匹马力),带一副三叶螺旋桨。P-51战斗机的最大时速为703千米,爬升率为9分钟爬升6 000米,创造了当时战斗机最快的爬升纪录。

P-51战斗机的武器系统强大,装有四挺勃朗宁MG53-2型12.7毫米机枪,分别安装于机翼两侧前缘,各备弹280～350发,还可同时携带112～250千克级炸弹若干枚。

航空史学界对这一机型有很高的评价,认为P-51战斗机达到了活塞式飞机的最完美境界,其飞机机体和发动机都是最成功的。由于飞机的性能极为优秀,P-51战斗机在二战后

★正在空中飞行的北美"野马"战斗机

★近观北美"野马"战斗机

期的空战中屡建奇功，在战争结束后，仍然在许多国家的空军服役多年。P-51战斗机总共
生产了14819架。

◎ 战功赫赫："野马"飞翔半个世纪

1943年秋，P-51战斗机在远东和太平洋战场上参战。中印缅战区的第311战斗机大
队和中国战场上的中美航空兵部队首批装备了P-51战斗机。在抗日战争最后两年中，
中美飞行队的P-51战斗机以广西、湖南西南部地区为依托，发挥其作战半径大的优势，
不断深入到湘北、鄂、粤及沪宁一带日军占领区，猛烈袭击日军的机场、运输船队。在
P-51等飞机的冲击下，日军失去在中国的制空权。1945年春，P-51战斗机对日本本土进
行大规模空袭，立下了大功。

1945年8月，日本宣布无条件投降后，中美混合团第5大队的六架P-51战斗机将一架日
本"百"式运输机押解到湖南芷江机场。日本洽降代表、副总参谋长今井武夫在这里正式
向中国军政当局投降。P-51战斗机与"芷江受降"一道载入了中国抗日战争史册。

在第二次世界大战中，P-51战斗机立下了显赫的战功。据不完全统计，仅在欧洲战场上，P-51战斗机就出动13 873架次，投弹5 668吨，击落敌机4 950架，击毁地面敌机4 131架，被誉为"歼击机之王"。驾驶他的著名飞行员有"查克·耶格尔"、"厄本·爵克"。

英国空军利用P-51战斗机实施"零高度攻击"（在10米高度以下飞机高度表指示为零），猛烈打击德军地面部队和运输线。1943年秋，战斗性能大大超过A型机的P-51B型机问世，它首先装备了美国陆军航空兵第354战斗机大队。1944年3月在著名的柏林大空袭中，P-51战斗机击落德机41架。6月，大批P-51战斗机参加了支援诺曼底登陆作战。1944下半年，P-51已牢牢控制了西欧大陆的制空权。

随着现代科技的高速发展，P-51"野马"战机很快退出了历史舞台。但2009年，美国将P-51"野马"战机重新纳入了服役序列。美军为何要提出这样一项看似倒退的军购计划呢？

有关军事专家道出其中玄机：这是美国执行不对称的反恐作战需求所致的。相对于喷气式战斗机而言，螺旋桨战斗机机身小，转弯半径小，爬升快，适合山地作战；与直升机相比，螺旋桨战机载弹量大，滞空时间长，可对目标持续攻击；另外，螺旋桨战机超低空飞行能力优越，可在距地面几十米甚至是十几米的上空飞行，隐蔽接近敌目标。

在战争成本方面，螺旋桨战机同样具有巨大优势。目前，升级后的P-51"野马"约需600万美元，仅为F-22"猛禽"的4%。另外，螺旋桨战斗机飞行员的培养周期短，一般经过两年培训即能参战。在战场保障上，仅需400多米长的土跑道，螺旋桨战斗机就能够起降。

据了解，从美军拟装备的战机性能来看，它所要购买的绝非当年的"老爷机"，而是脱胎换骨的"新

★正在进行空中训练的北美"野马"战斗机

★美军二战中P-51"野马"战斗机2009年重新服役

野马"：螺旋桨桨叶改由复合材料制成，动力改为使用涡轮发动机，机载设备使用先进的综合显示器，安装了自动驾驶仪和卫星导航系统等。

"尺有所短，寸有所长。"战场上，再先进的武器也有自己的弱点，再落后的武器也有它的长处。

P-51"野马"螺旋桨战机风光再起告诉人们：在大力发展新装备的同时，千万别忽视了挖掘老装备的潜能。

第一代战斗机：喷气式飞机在云中穿梭

史上首架喷气式战斗机
——Me-262"风暴鸟"

🚫 "风暴鸟"出笼：迷惑和失望的结晶

世界航空技术在20世纪30～40年代突飞猛进，当时主宰空中的自然是使用活塞发动机的螺旋桨式战斗机。

在二战初、中期，参战各国都推出了自己的高性能螺旋桨式战斗机。但就在这个时期，各国的航空科学家都感到了迷惑和失望。无论他们如何努力，螺旋桨式飞机的速度也无法突破800千米/小时，最高也只能飞到1万2 000米。既然螺旋桨飞机已经无法继续发展，那么自然必须找到航空中新的领域。

在1913年，法国科学家雷恩·罗兰，首先获得一项喷冲压型气式发动机的专利，但是这只是实验室中的小玩意儿，不具备任何实用价值。

1930年，英国科学家弗兰克·惠特尔发明了燃气涡轮发动机，第一次让喷气式发动机具备一定的实用意义。各国军事高层此时都发现了它的重大意义，开始自己的研究工作。

1937年9月，德国科学家汉斯·冯·奥海因发明了德国第一台实用型的涡轮喷气发动机，让喷气式飞机从理论上的可能，变成了现实的可能。

1939年8月，冯·奥海因在亨克尔公司研制出了一架完全依靠喷气式发动机作为动力的小飞机He178V1，并且试飞成功。德国空军的高层人物对此非常满意，他们在试飞成功的几天后，召开了一个秘密会议，制订了喷气式军用飞机的发展计划。并且在两个月后制订了详细的发展计划——梅赛斯密特P1065。

但是，P1065计划并不顺利。由于该技术对于当时来说是超时代的，相关计划所有的东西都是新技术，很难在短时间内完成。德国众多科学家进行了长达三年的研究，1942年7月18日，首席试飞员弗·文德尔在德国的莱普海姆机场上空举行了一次划时代的飞行，大战中最成功的实战型喷气战斗机Me-262问世了。

Me-262是继世界首架喷气飞机He-178和竞争对手He-280以及英国"格罗斯特"F28/39喷气实验飞机之后，世界航空史上第四种飞行成功的喷气飞机，并且比大战中

★Me-262喷气式战斗机

另一种实用型喷气军用机、英国的"流星"早问世八个月。它是世界上第一种投入实战的喷气式飞机，是一种给盟军造成巨大心理压力的飞机。

◎ 速度快，火力强：插上了翅膀的魔鬼

★Me-262A-1a战斗机性能参数 ★

机长： 10.6米	**爬高能力：** 1 200米/秒
机高： 8.84米	**作战半径：** 1 050千米
翼展： 12.48米	**武器装备：** 两门30毫米MK108机炮（100发／门）
空重： 3 800千克	两门30毫米MK108机炮（80发／门）
最大起飞重量： 6 400千克	两门30毫米MK103机炮或
最大平飞速度： 870千米/小时	两门30毫米MK108机炮
最大航程： 1 050千米	两门20毫米MG151/20机枪
实用升限： 11 450米	

Me-262的最高速度达870千米/小时，超过盟军所有战斗机150到300千米，换句话说，Me-262最高速度超过盟军主力战斗机的1/4～1/3。

从外观上看，Me-262是一种全金属半硬壳结构轻型飞机，流线型机身有一个三角形的断面，机头集中装备四门30毫米机炮和照相枪。半水泡形座舱盖在机身中部，可向右打开。前风挡玻璃厚90毫米，椅靠背铺15毫米钢板，均具备防弹能力。EZ-42陀螺瞄准具或莱比16B瞄准具可用于机炮和火箭的发射瞄准。

Me-262近三角形的尾翼呈十字相交于尾部，两台轴流式涡轮喷气发动机的短舱直接安装在后掠的下单翼的下方，前三点起落架可收入机内。

作为新型动力装置，Me-262采用的是容克公司的尤莫109-004型发动机，海平面静止推力850千克，油耗1650千克/小时，自重720千克，推重比（推力/重量之比）1.181，翻修寿命50小时。虽工艺粗糙，故障率高，但仍不失为航空史上早期喷气发动机中最成功的型号之一。

Me-262具有良好的垂直猎杀能力，火力非常强大，它装备四门30毫米MK108航炮。这种航炮威力相当大，是盟军装备的7.92毫米和12.7毫米机枪根本无法相比的。

但Me-262也具有一定劣势，糟糕的发动机和层出不穷的机械故障是它的瑕疵。Me-262最大的问题还是在于自身技术的不稳定；水平面的机动性较差，Me-262受自身发动机和机身的限制，其在水平面的加速度较低，改变方向速度较慢。

但瑕不掩玉，Me-262在后期对抗盟军的绝对空中优势时，显示出了巨大的威力。

◎ 历史争议：是"空中杀手"还是"空中棺材"？

Me-262战斗机这个名字本身就是一个传奇：有人说它是为人类喷气航空带来曙光的天使；有人却说它是插上了翅膀的魔鬼，也有人说它只不过是一个折衷方案……但可以肯定，无论争论的结果如何，焦点永远聚焦在魅力的所在——Me-262身上。二战中不管德国还是盟国的飞行员有一个共识，如果操作得法，一架Me-262至少相当于三架盟军主力战斗机。

Me-262战斗机服役之后，希特勒便成立了262飞行大队，队长是东线天才飞行员——沃尔特·诺沃特尼少校。所以，第262大队也被称为"诺沃特尼"大队。

1944年7月25日，一架隶属于英国皇家空军第544中队的哈维兰"蚊"式侦察机在慕尼黑附近遭遇了一架Me-262。皇家空军飞行员A.E.华尔中尉随即加大油门并推杆让"蚊"式进入俯冲状态以增加速度，并向左急转弯，通常这一套机动对于摆脱纳粹空军的战斗机非常有效。但这次Me-262却很快就追上了他。华尔发现很难甩脱追击者，在逃入云层之前，Me-262居然从容地对他进行了三轮开火。这就是盟军飞行员第一次遭遇Me-262时的情景，事后华尔在谈到这种德国空军的新式战斗机的时候仍心有余悸。

在接下来的一个月里，"诺沃特尼"大队宣称取得了五个战绩：8日击落了一架

★世界上第一种用于实战的Me-262喷气式战斗机

"蚊"式战斗机，16日击落了一架B-17战斗机，24日击落一架洛克希德P-38战斗机，并在26日击落"喷火"式侦察机和"蚊"式侦察机各一架。

1944年9月，希特勒撤销了关于"所有的Me-262必须作为轰炸机生产"的命令。同期随着Jumo004发动机的大批量生产，使得这一时期德国空军接收的Me-262的数量大增，9月达到了91架。"诺沃特尼"大队在这一时期接收到装备着Jumo004的23架Me-262A-1a，这极大地增强了该部队的实力。9月3日，该联队首次使用了这批新的Me-262。四天后，这支部队被派遣到了德国西部的奇莫和赫斯勃的前线机场，正式进入战斗值班。

刚开始部署到前线机场的时候，Me-262存在一些明显的缺陷，虽然Jumo004B-4发动机比它的前辈们更为可靠，但依然存在许多问题。它的寿命仍然很短，仅能工作17个小时。另外和许多新服役的战斗机一样，Me-262本身还存在着一些结构上的问题。首先，由于资源的匮乏，Me-262的轮胎材料是人工合成的再生橡胶。当时纳粹空军的其他战斗机的轮胎也使用同种材料，但由于Me-262着陆时的速度比其他任何德国战斗机都要快，这种材料经受不了剧烈摩擦，因此Me-262在降落时经常发生爆胎的情况。其次，Me-262采用的前三点式起落架也存在结构强度上的问题。从前线机场上高速起飞以及降落会对它的前起落架造成致命伤，所以经常有Me-262在起降时折断前起落架的情况发生。另外，Me-262飞行时，涡轮喷气发动机尾喷口的震动有可能造成整个平尾的共振从而导致灾难性的后果。

Me-262起飞和降落时非常脆弱的这一软肋很快便被盟军飞行员所发现，因此盟军飞行员常在Me-262起降时，对其发起攻击。为了保护正在起飞和降落的Me-262，每个部署了Me-262的机场都配备了一些强劲的福克沃尔夫Fw190D，另外还在Me-262起飞和降落的航道上布置了大量的20毫米和37毫米轻型防空炮以吓阻盟军的战斗机。

虽然这些措施可以降低Me-262起飞和降落时的危险，但由于这些Me-262部署的前线机场位于盟军战斗机的打击范围之内。因此，自头顶俯冲而下的盟军战斗机始终是Me-262所要面对的严重问题——即使Me-262的爬升速度再快，也比不上盟军活塞式战斗机俯冲时的速度。

1944年10月7日，"诺沃特尼"大队首次一次性出动了五架Me-262拦截轰炸德国中部的美国重型轰炸机编队。当时美国空军361航空队的P-51战斗机正在奇莫机场附近15 000英尺（4572米）高空巡逻，当美国飞行员发现有五架Me-262正在滑跑起飞后，他们在Me-262刚一离地的时候便俯冲了下去，打掉了一架正在加速的Me-262，另外还有两架Me-262在其后袭击盟军轰炸机时被击落。这就是该大队的一次多机行动，以牺牲三架Me-262和一名飞行员的代价击落了三架盟军四架轰炸机。

在西线战斗的第一个月中，"诺沃特尼"大队共击落了四架重型轰炸机，12架战斗机和三架侦察机，而自己也有六架Me-262被盟军击落，另外还有七架毁于故障和事故，这

★诺沃特尼飞行大队队长沃尔特·诺
沃特尼少校

★诺沃特尼飞行大队的Me-262战斗机

样的战绩实在是惨不忍睹。可是缠绕在该大队身上的厄运远未结束：11月8日，诺沃特尼驾机和另外两架Me-262一起升空拦截由P-51"野马"式战斗机护航的B-24轰炸机群。起飞时三架飞机都出了问题，有一架没有起飞成功，诺沃特尼和另一架勉强起飞。但诺沃特尼所驾驶的飞机的一台发动机出了故障，在击落两架美国飞机后，他的Me-262在被一架"野马"战斗机追击时莫名其妙地坠毁了，年仅24岁的诺沃特尼也在这次事故中死亡。美军飞行员一直坚持认为诺沃特尼是在战斗中被"野马"击落的，但事实表明诺沃特尼有可能死于发动机起火或者是德军的地面防空炮火的误击，而非死于战斗。

无论怎样，诺沃特尼之死对整个"诺沃特尼"大队，甚至德国空军高层是一个沉重打击。那天刚好德国歼击机部队司令阿道夫·加兰德准将正在奇莫机场视察，以调查Me-262的表现不尽如人意的原因，他在地面指挥所亲眼目睹了诺沃特尼坠毁的全过程。他意识到诺沃特尼被赋予了一个不可能完成的任务：后者被要求驾驶着这种革命性的新式战斗机在敌方取得绝对空中优势的地区战斗，许多德国飞行员都缺乏必要的训练，而且飞机的状况也非常差，连一天能出勤五架次Me-262的情况都极为罕见。加兰德被迫下令该大队撤到德国境内的利岑菲尔德，进行更多的训练，并且针对Me-262在实战中暴露出来的缺陷作出相应的改进。加兰德意识到将这种并不成熟的新式战斗机小批量投入战斗是一个严重的错误。只有当更多的Me-262装备部队时，才能对盟军的空中优势发起冲击。

在相对安全的巴伐利亚州，以"诺沃特尼"大队为基础组建了第7战斗机联队（JG7），德国空军从各个联队抽调了许多优秀的飞行员加入到第7战斗机联队。原该大队则成为了第7战斗机联队的第3大队，由埃里希·霍哈根少校任指挥官。它成为了世界上第一支全部由喷气式战斗机所组成的联队的核心。这时的第7战斗机联队共装备有90架Me-262，第3大队将其具有实战经验的飞行员分派到了其他两个大队去教授驾驶喷气机作战的技巧。同时，第7战斗机联队也被命名为"诺沃特尼"联队，以纪念诺沃特尼。

🚫 盟军灾难：希特勒的"闪电轰炸机"

1944年6月底，第一支装备Me-262A-2a轰炸机的部队——欣克试飞大队在德国境内的利岑菲尔德组建了，指挥官是沃尔夫冈·欣克少校。这是以第51轰炸机联队"火绒草"的第1大队为班底组建的一个对Me-262A-2a（Me-262的轰炸型）进行测试的试飞大队。7月20日，当飞行员们接触这些新式飞机还不到一个月的时候，欣克试飞大队被派遣到法国奥尔良附近的一个机场。他们装备的九架Me-262（装备小批量生产型Jumo-004喷气发动机）也已经作好准备发起世界上第一次喷气式飞机轰炸行动：对在欧洲登陆的盟军部队实施"闪电轰炸"。

由于德军最高统帅部对盟军登陆地点的错误判断，严重打乱了欣克大队的作战计划。当盟军在诺曼底成功登陆后，欣克大队匆忙投入对在诺曼底地区登陆的盟军地面部队的间歇性轰炸中。飞行员们接到命令严格禁止在13 000英尺（3962.4米）以下的高度执行任务，为的是防止在战斗中有所损失而被盟军察觉这种"秘密武器"的存在。但由于Me-262并未装备中高空水平轰炸瞄准器，所以这一命令致使Me-262投弹精度很差，对于盟军地面目标所造成的损害十分有限。到了8月中旬，法国境内的机场纷纷

★俯视掠过水面的Me-262战斗机

落入盟军的手中，德军不得不将部署在法国的Me-262全部撤到了比利时境内。欣克大队也被正式更名为第51轰炸机联队第1大队。但由于德军对于Me-262的保密工作做得十分到位，以致盟军在法国作战时自始至终都没有察觉这种飞机的存在。

1944年9月上旬，由于西线的战局趋于稳定，第51轰炸机联队第1大队被部署到了位于德国境内的莱茵和霍普斯顿（Hopsten）机场。而关于禁止在轰炸行动中飞到13 000英尺（3962.4米）以下的低空的禁令也被解除。在这一阶段里第51轰炸机联队第1大队针对盟军前线机场和阵地发动了一系列的小规模空袭。其中最具代表性的是10月2日对部署在荷兰葛雷夫机场的皇家空军第421中队的"喷火"的突袭，以下是皇家空军421中队提供的报告：

"11点，来袭的德国飞机在3 000英尺（914.4米）的高度投下了两枚炸弹，炸伤了三名皇家空军飞行员，另有一名军官和六名飞行员受轻伤。中午，第二波来袭。接着，第三波空袭比第一、二波更为猛烈，有一名皇家空军飞行员在轰炸中丧生，另有多名居住在机场附近的荷兰平民在空袭中受重伤。"

三天后，加拿大空军的第401中队为遭袭的英国皇家空军报了一箭之仇：当时中队长鲁德·史密斯正驾驶着他的"喷火"战斗机在奈美根地区巡逻，突然看见正前方有一架Me-262从500米的低空接近。他立即驾着飞机从后面绕到了Me-262的上方，并俯冲开火将企图躲避的Me-262击落，其飞行员当场死亡。

从这次以及其他一些类似的遭遇战中，盟军飞行员发现，虽然他们的飞机在平飞速度上不及Me-262，但假如他们具有高度优势并将其转化为速度还是可以追上Me-262式喷气机的。此外随着新式的瞄准具——诸如英国的Gryo Gunsight II和美国的K-14的装备部队，也增加了盟军飞机与Me-262交战时的胜算。

在1945年2月间，Me-262多次出动拦截轰炸德国本土的盟军飞机，并对推进到德国境内的盟军军队发动"闪电轰炸"，其中规模最大的当数发生在2月14日的空战，第51轰炸机联队第1大队一共派出了55架Me-262战斗轰炸机轰炸推进到克利夫附近的英国军队。尽管尽了最大的努力，但战绩却十分有限——其携带的27吨炸弹并没给盟军造成大的损失，但Me-262却被赶来的皇家空军击落了三架。

2月9日第51轰炸机联队第1大队参与了战斗，10架Me-262袭击了轰炸位于德国中部的美国轰炸机编队。由于参战的飞行员缺乏足够的作战训练，被护航的"野马"击落了六架，有五名飞行员阵亡，其中包括指挥官冯·雷德谢尔中校。而美方仅损失一架B-17。

2月25日，第51轰炸机联队第1大队的第一、二两个大队接连遭受沉重打击：16架被派去袭击美国轰炸机的Me-262刚从云中钻出，"野马"便从天而降一举击落了其中的六架。随后美军袭击了位于塞贝斯塔德的机场，摧毁了五架以上的Me-262，另有两架在事故中报废。这一天第51轰炸机联队第1大队便损失了13架以上的Me-262。随后这支大队就撤出了战斗，以后也极少参加战斗。

Me-262预示着战斗机的发展方向，但它并没有成熟到可以作为一种能扭转战局的武器的程度。飞机制造技术上的不成熟，工厂遭毁坏，大量有经验的飞行员阵亡，作战物资的匮乏，本土制空权的丧失等等，极大地制约了Me-262发挥其作战效能。截止1945年4月底，共有超过1 200架Me-262陆续交付德国空军，但却并未能阻止第三帝国滑向失败的深渊。

当Me-262拖着喷气发动机凄厉的尖啸掠过盟军的千机编队时，宣告了喷气机时代的来临。Me-262成为第三帝国日渐西沉的天空之中最亮丽的一抹余晖。

英国皇家空军著名试飞员艾瑞克·布朗说："在我看来，Me-262是整个战争中最优秀的战斗机，是一个足以扭转战局的杀手。但幸运的是，德国空军始终没能装备足够数量的Me-262。否则，欧洲的天空将在它的翼下颤抖。"

性能最优的第一代战斗机
——米格-17"壁画"

四年磨一剑，"壁画"空中"挂"

米格-17是苏联生产的高亚音速喷气式战斗机，被北约起绰号为"壁画"。

米格-17是在大名鼎鼎的米格-15的使用经验和米格-15LL的试飞经验基础上发展起来的。1947年，米格设计局开始对米格-15作重大改进，改进的结果就是伊-330，定型后称为米格-17。相比米格-15，米格-17飞机的改进之处主要有：加装了推力更大的发动机，动力更加强劲；机翼的后掠角改为45度，比米格-15增大10度；加长了机身并加大了减速板的面积。

1951年开始，米格设计局展开在米格-17上加装机载雷达的工作，基本型升级为米格-17P，P指Poiskovyy，意为搜索。1952年克里莫夫对VK-1发动机加装加力，米格-17升级为米格-17F，F指Forsirovannyy，意为加力。加力的VK-1F发动机的推力达到2275千克，使米格-17的爬升和高空性能得到很大的改善，但由于气动设计的局限，最大速度没有什么提高。装备雷达和加力发动机的米格-17PF最终成为米格-17的主要型号。

米格-17生产量大，据估计各型总共生产约9 000架。苏联、波兰和捷克均于1958年停产。

20世纪60年代末，米格-17在苏联退出第一线。20世纪50年代末至60年代中期，米格-17大量出口，使用国家包括欧、亚、非的20多个国家，如捷克、波兰、罗马尼亚、越南、朝鲜、埃及和乌干达等。

目前，在一些小国空军里，米格-17仍是一支重要力量，除完成截击任务外，主要用来执行对地攻击任务。

🚫 性能比拼：唯有它优

★米格-17战斗机性能参数 ★

机长：11.3米	**实用升限：**16 600米
机高：3.8米	**爬升率：**76米/秒
翼展：9.6米	**最大航程：**1 560千米（带副油箱）；1 020
机翼面积：22.6平方米	千米（不带副油箱）
空重：3 940千克	**续航时间：**2小时50分（带副油箱）
正常起飞重量：5 340千克	**武器装备：**一门有40发子弹的N-37机炮
最大起飞重量：6 070千克	两门各有80发子弹的NR-2航炮
最大巡航速度：800千米/小时	16枚57毫米C-5火箭弹
最大平飞速度：1 145千米/小时（1.0马赫）	或两枚240毫米C-24火箭弹

★美丽的"壁画"米格-17战斗机

★米格-17 的机翼前缘有不大容易看出来的一个转折，外翼段的后掠比内翼段略小。

米格-17战斗机前机身采用桁梁式，后机身为单块式结构，总体为复合式结构。前机身由于大开口多，采用桁梁式，由四个截面为W形的桁条作为主要纵向受力件，与桁条及横向的隔框组成机身骨架。从前至后，1~4框间，上为设备舱，下部为前起落架舱。4~9框间为驾驶员座舱，9~13框间为油箱舱，内有防弹软油箱。第13号框为机身最重要的加强框，中部为横梁，梁的两端有与机翼相连接的接头，有与后机身连接的周缘连接接头（共20个），对接用的限动齿板。发动机用撑杆式发动机架固定在13框上。发动机架上有可供调节的球形接头。后机身为桁条式结构，桁梁较密，蒙皮较厚，第23号框为斜框，23框后段安装尾翼，尾翼承受的力传至斜框由机身承受。后机身的下部有开口，为装拆后油箱（硬油箱）处。

米格-17的航空电子包括一个ASP-2N面罩。SRO-1敌我识别器、OSP-48仪器降落系统和ARK-5无线电测向仪、RW-2无线电高度计和MRP-48P收发机。为了记录武器射击效果，还装有一台S-13摄影机，还装有一台潜望镜来观察背后的情况。

◎ 越南鏖战：米格-17大战"鬼怪"

20世纪50年代，米格-17开始了光辉而漫长的飞行旅程，它经历了太多的空战，也背负了太多的荣辱。米格-17和自己的对手F-4C"鬼怪"战斗机展开了长达数十年的空中争霸战。

　　米格-17的优势在战场发挥得淋漓尽致。米格-17在低速时非常灵活，经常有F-4C"鬼怪"的飞行员发现在自己从后方靠近米格-17并准备用导弹进行攻击时，米格-17会陡然拉起，然后以快得令人不可思议的速度做一个筋斗绕至自己的后方并用航炮开始攻击。由于F-4C"鬼怪"战斗机都没有航炮，一旦米格-17战斗机靠得太近则导弹都无法使用，因此F-4C"鬼怪"的飞行员必须注意控制速度，以保证和米格的距离；而导弹也很难锁定这种灵活的米格-17。因此在与米格-17的交锋中吃尽了亏，有不少F-105对米格-17的击落纪录是飞行员靠肉眼估算提前量击落的，但是大量的F-105则丧生于米格-17的三门航炮之下。

　　米格-17不能携带导弹，这在很大程度上减小了它的威胁程度，美国飞机有时候会干脆扔掉炸弹然后逃跑，因为美国飞机速度快，所以米格-17往往追不上逃走的美机。一旦美机陷入和米格-17的近战，那么米格-17则会逐渐降低高度和速度，使美国战斗机进入飞行性能低下的区域并与其进行盘旋占位，然后用两门23毫米和一门37毫米航炮对其进行攻击。37毫米炮弹威力巨大，通常命中一发便能摧毁一架战斗机，而且37毫米炮比美国的20毫米"火神"航炮射程远，因此美国飞行员戏称米格-17常能捡一个"金娃娃"，指米格-17即使从远处随便打一炮就可能捡个大便宜。

　　不过，虽然米格-17的炮弹火力比美国战斗机强，但是携弹量有限，通常只能作2～3次射击，加上米格-17油料有限，所以一般也不可能长时间作战，一次袭击未果便也只能返航，有很多美国飞行员在被米格-17咬住觉得已经没有希望逃脱的时刻却发现米格突然自行消失了。

　　1967年6月3日～5日，越南空军用米格-17战胜第二代超音速的F-4C的战例让它一战成名。

★米格-17机尾下有一个腹鳍

★参加美国对越战争的F-4C战斗机

　　1967年6月3日下午，越航空兵指挥所命令克夫机场四架米格-17于15时37分起飞，当四机编队刚起飞到机场南侧，高度500米，即与美军12架F-4C战斗机相遇，美机主动向越机发起攻击，越机在不利情况下，被迫与美机展开空战。双方在1 000米以下低空缠斗5分钟，美机发射"麻雀Ⅲ"空空导弹多枚，均因越机大幅机动而未命中目标。此时，越地面指挥所命令退出战斗，到就近的内排机场着陆。越空中编队接到命令后，且战且退，在退出战斗过程中，又被美F-4C多架围攻咬尾，4号机因只作方向机动摆脱未成，被"麻雀Ⅲ"空空导弹击落，其余三机降落内排机场。

　　越地面指挥所在命令克夫机场起飞四架米格-17的同时，还命令嘉林机场于15时37分起飞米格-17四机，15时42分起飞米格-17四机，均预定先后到北江桥至答求桥之间地域上空，主要是截止美F-105战斗轰炸机。第一队米格-17从嘉林机场起飞后，在高度700米以小间隔对头态势与美F-4C四机编队相遇，美机高度2 000米，分成两个双机组向越机俯冲攻击，越机向美机来向作水平急转摆脱F-4C的夹击，又发现四架F-105战斗轰炸机，高度2 500米，正在对北江大桥轰炸，越机准备打击该机编队时，该F-105已利用速度优势向海防方向退出战场。越四机在盘旋待战过程中，又发现高度3 000米有一批四架F-105，由于美机高度高未打上。接着便与四架美F-4C护航机相遇，美机主动投入战斗，越机被迫与之空战，双方在1 000米以下高度缠斗七分钟，美机发射"麻雀Ⅲ"导弹八枚，均被越机用高度与方向相结合的机动方法摆脱，越机也无攻击机会，双方皆无损伤，越机降低高度至300～500米返航。

　　在嘉林机场起飞的第二个米格-17编队，按时进入预定作战空域，在北宁东南与美四架F-4C战斗机对头相遇，越3、4号机在长机指挥下，分别转至美机尾后，各咬住一架

F-4C战斗机，越3号机逼近美机400米，瞄准开炮，将美军2号机击落。越机4号机在750米距离开炮，将美1号机击伤；但在退出战斗时，在500米高度上，被美另一F-4C编队侧后偷袭，美机从侧方90度进入，发射"麻雀III"空空导弹两枚，将越方3号机击落。当时越编队中的飞行员均未发现美机。其余三机返回嘉林机场着陆。

1967年6月5日下午，越地面指挥所命令内排机场四架米格-21飞机于15时28分起飞，高度5 000米，到三岛至太原地区掩护米格-17作战。越米格-21编队进入三岛以北时，发现美F-105战斗机四架，在尾追航向2～3千米距离上，当即向美机编队发射两枚导弹，击落F-105飞机一架，其余三架低空大速度逃走。米格-21未再遇美机，遂返航降落。

与此同时，越地指还命令嘉林机场在15时28分和15时33分起飞两个米格-17四机编队，到三岛至太原地区打击美F-105战斗轰炸机。第一编队四架米格-17进入预定战区，高度5 000米，速度700千米，发现美F-4C战斗机群，其中四机向越机编队急转，主动攻击越机。越机被迫与美F-4C水平缠斗，越2、3号机在缠斗中抢先切半径进入攻击，各击落美F-4C飞机一架，随后美机从不同方向围攻越机。越机分成两个双机组与美机缠斗8分钟，高度从5 000米打到200米，美机共发射"麻雀III"空空导弹24枚以上，均被越机采取航向与高度综合机动所摆脱，由于美机越来越多，越机采取边缠斗边向机场撤出的方式，退出战斗，但由于双机组之间距离拉得过远，失去严密搜索警戒，在距离机场25千米时，4号机被F-4C对头发射的一枚"麻雀III"导弹击落。第2编队米格-17四架，在距离内排机场15千米处，与美F-4C四机相遇，越2号机被美机对头发射的两枚"麻雀III"导弹所击落，其余三机未战返航。

以上两次空战结果：越军被击落米格-17战斗机四架；美军被击落F-105战斗机一架，F-4C战斗机三架，击伤F-4C战斗机一架。

美军使用的F-105战斗轰炸机和F-4C战斗机均是第二代超音速飞机，机载武器主要是半主动雷达制导的"麻雀III"和红外线制导的"响尾蛇"导弹。F-4C所使用的"麻雀III"导弹不仅可以尾追攻击，而且可对头和侧向攻击。越方主要使用的是第一代高亚音速飞机米格-17；少量使用米格-21超音速飞机，但采用的空空导弹是第一代红外线型。所以美军的飞机和机载武器的性能均处于优势地位。

F-105战斗机主要任务是对地面突击，只有在不外挂的条件下，才敢与越机空战，通常均尽量避开与越机空战，且有大量F-4C战斗机掩护。F-4C是第二代战斗机中性能较优异的飞机，具有全向攻击能力，性能与火力均优于越机，因此在空战中处处主动寻机与越机空战。

美空军采用"波洛"战役的战术方法，以大量F-4C战斗机伪装成F-105战斗机，用迷惑的手法欺骗和引诱越机大量升空作战。越军由于飞机数量有限，飞行员技术水平与作战经验有限，尽管每次升空作战总是想方设法寻找F-105作战，尽量避开F-4C，而在实际战

★美军投放到越南战场的F-105战斗轰炸机

斗中，总是事与愿违，往往是先与F-4C作战。主要是越方每次出动，总是采用从两个机场出动三个四机编队的战术方法，被美军识破，因而美空军采用"波洛"战术，将越机引出来打，往往达到掩护F-105战斗轰炸机完成轰炸任务的目的。

越军米格-17飞行员两次空战都发挥了飞机低空水平机动性能好的长处，空战均控制在1 000米以下。而F-4C和F-105都是大速度飞机，在低空条件下，不仅速度受到限制，其机动性能也变差。越方飞行员充分运用了以己之长，击敌之短的战术，以水平机动为主，与美机长时间缠斗，结果在两次空战中，击落四架美机，其中三架是米格-17飞行员，充分发挥飞机性能，在水平盘旋机动中击落的。

越方飞行员在空战中，大胆采用低空奇袭和逼近美机空战的战术，这不仅显示了以弱胜强的决心，而且迫使对方机载导弹无用武之地。因越方飞行员采用这种战术，使美机在发射导弹时有误击自己飞机的顾虑，同时在水平机动中，很难构成较好的发射条件，因而命中率低。在两次战斗中，美机发射空空导弹32枚以上，在格斗中无一命中，越飞行员说："只要机动得当，空空导弹并不可怕。"被美机击落的四架越机，有三架是在投入战斗前或退出战斗后，未发现敌机的情况下，被偷袭击落的。在现代空战中，最危险的是在没有发现敌机的情况下被偷袭。"麻雀III"导弹是雷达半主动制导，可全向攻击，被击落的四架越机，有两架是对头发射击落，一架是侧方90度被击落的，只有一架是尾追击落的。因此，对半主动雷达制导的导弹必须采用高度与方向相结合的综合机动方法才能有效。

⊘ 一锤定音：米格-17一战定乾坤

1967年9月19日，美空军出动F-105战斗轰炸机16架，在四架F-4C掩护下利用复杂气象隐藏出击，企图轰炸河内以北在号公路的中野桥，切断太原至河内的交通。

越南防空部队根据敌情通报，决定使用内排机场的米格-21双机截击美空军掩护机F-4C，使用两批八架米格-17以空中待战方式截击F-105战斗轰炸机。

1967年9月19日上午7点15分，越航空兵地面指挥所命令内排机场起飞米格-21飞机两架，高度6 000米，航向270度，向青山方向出航。按规定时间到达空域，即发现F-105四机编队，正右转弯向夏和方向飞去，并开始下降高度。由于空中能见度差，米格-21双机在跟随转变后，难于目视跟踪，指挥所命令其在空中待战，准备抗击F-4C。但此后再未与美机相遇，即奉命返航。

7点18分越地面指挥所命令内排机场米格-17四机起飞，高度1 000米，直飞永安上空待战。当米格-17编队到达永安上空时，很快发现并咬住美军F-105战斗轰炸机四架。越米格-17编队在距美机300米至400米时对F-105编队中一架飞机射击，发射炮弹116发，F-105当即着火坠落在三岛山地区，飞行员跳伞被俘。越三号机对美机编队中另一架射击一次，距离400米，目视命中，但找不到飞机残骸。越四机安全返航。

在内排机场的米格机出动的同时，地面指挥所命令嘉林机场起飞米格-17飞机四架，高度1 000米，到多福上空待战。编队到达指定空域后，由指挥所引导至太原以北，由美机编队左侧进入接敌占位。当转至太原北时，即与美两架F-4C战斗机对头相遇，F-4C从高空俯冲对米格编队进行攻击，其1号机发射"麻雀III"导弹两枚，但由于高度差大，均未命中。F-4C发射导弹后，即左转拉高退出攻击。越机随后又于对头态势发现F-105战斗机四架，正俯冲准备投弹。越机当即发起攻击，美机被迫与越机盘旋缠斗，并寻机逃跑。当F-105在增速上升脱离时，越1号机在距F-105战斗机800米处射击一次，因进入角较大，距离较远未命中。3号机在距F-105战斗机800米处射击一次也未命中。4号机在距F-105战斗机400米处射击一次，耗弹18发，进入角和瞄准都较好，判读射击胶卷也命中，但未找到美机残骸。四机即返航着陆。

此次空战，在复杂气象条件下，越三个编队均发现美机，其中五人开炮射击，当场击落F-105飞机一架，俘飞行员一名，另外两架美机未找到残骸，未计战果。除四架F-105战斗轰炸机完成投弹外，其余12架飞机均提前投弹退出攻击，达到保卫地面目标的目的。

作为冷战时期世界上最优秀的喷气式战斗机，米格-17除苏联生产外，波兰和捷克等国进行仿制。米格–17生产量大，据估计各型总共生产约9 000架。苏联、波兰和捷克均于1958年停产。

第二代战斗机：超音速战斗机飞上高空

西方制造量最大的第二代战斗机
——F-4"鬼怪"

◎ "鬼怪"诞生：从海军走向空军的战机

F-4是美国原麦克唐纳公司（现并入波音公司）为海军研制的双座双发舰队重型防空战斗机，后来美国空军也大量采用，成为美国海、空军在20世纪60～70年代使用的主力战斗机。

美军给它的绰号是"鬼怪"，F-4战斗机是20世纪60年代以来美国生产数量最多的战斗机，型别众多。F-4于1956年开始设计，1958年5月第一架原型机试飞，生产型则于1961年10月开始正式交付海军使用。

冷战时间，由于受到当时美国国防部长期望海空军采用共通机体的压力，美国空军在1961年同意测试之后与美国海军陆战队和美国海军同时采用，成为美国少见的同时在海空军服役的战斗机。

越南战争期间，F-4除了作为海空军的主要的制空战斗机以外，在对地攻击、战术侦察与压制敌方防空系统等任务方面也发挥了很大作用。

◎ 性能一流：机载系统独领风骚

在20世纪60年代，F-4"鬼怪"称得上是一种十分先进的战斗机。

F-4"鬼怪"装备了全高度轰炸系统、惯性导航系统、雷达寻的和警戒系统，这些机载系统在当时来说都处于领先地位。

F-4"鬼怪"式战斗机有两个后掠翼，一个可迅速向下拉动的水平尾翼，尖尖的机头，肥大的机身尾部悬挂着两个动力强大的J79发动机（通用电气公司生产），这种涡轮喷气发动机的加力燃烧可以产生17 000磅（7711千克）的推力。最初该型飞机上只配一名飞行员，但后来在越南战争的实战中，美国人认识到配备两名飞行员可以多一双眼

★F-4"鬼怪"战斗机性能参数 ★

机长： 19.2米	**最大平飞速度：** 2 414千米/小时
机高： 5.02米	**失速速度：** 294千米/小时
翼展： 11.77米	**最大爬升率：** 251米/秒
机翼面积： 49.24平方米	**实用升限（超音速）：** 16 580米
空重： 13 760千克	**作战半径（挂副油箱，四枚导弹）：** 1 200千米
起飞重量： 18 820千克	**航程：** 3 200千米
最大起飞重量： 28 030千克	**武器装备：** 一挺20毫米的M61A1"火神"机枪
最大着陆重量： 20 875千克	AIM-4D"猎鹰"导弹
最大载弹量： 7 250千克（内部满油）	"响尾蛇"导弹
巡航速度： 960千米／小时	

睛，一对耳朵，增加了首先发现敌人的机会，所以改为两名飞行员。到1969年，两名飞行员又改成了一名飞行员和一个雷达操作员小组。飞机装有两部发动机，是为了增加被炮火击中时的生存概率。

最初，F-4E型战斗机上没有安装航炮装置，因为五角大楼认为使用导弹的时代已到来了。结果这个悲剧性的错误使得美国飞行员在河内上空与米格战斗机的近距离遭遇战中，留下了最为惨痛的教训。后来，美国人在机头下安装了一挺20毫米的M61A1"火神"机枪。

★扬威中东战争的米格杀手——F-4"鬼怪"式战斗机

★拥有精确射击目标能力的F-4"鬼怪"战斗机

它装备了雷达系统和先进的火力控制系统，在这两个系统的控制下，空对空武器和空对地武器可以十分精确地射向目标。

它起初只装备了AIM-7"麻雀"雷达导引空对空导弹和AIM-9"响尾蛇"红外线导引空对空导弹而缺乏了航炮。这种对于导弹的过度信任，加上初期版本的AIM-7/AIM-9妥善率与命中率偏低，导致它于越战前期的滚雷行动当中无法有效地对付北越少量的米格-17、米格-19和米格-21。

所以从20世纪60年代末开始，F-4动了几次"换心术"换装发动机和机载设备，加强对地攻击能力。

F-4"鬼怪"典型的作战方式为空对空截击、制空战斗和F-4C/D对地攻击。

🚫 "鬼怪"出战：中东战场上大出风头

F-4B/C/D三型战斗机都参加过越南战争，在空战中F-4战斗机总共击落107架米格战斗机，占被击落飞机总数的78%以上。

F-4D于1966年开始参加越南战争。在空对空作战中，1967年6月5日，F-4D在河内近郊首次击落米格-17，在整个战争期间共击落了44架米格战斗机，其中有12架米格-17、4架米格-19和28架米格-21。在空对地作战中参加了攻击桥梁等重要目标的战斗。

★F-4"鬼怪"战斗机蓄势待发

★携带武器的F-4"鬼怪"战斗机

在1967年第三次中东战争之后，中东地区陷入了一场持久的消耗战。在这种形势下，以色列国防军急需一种前线战斗机。1968年1月，美国将在战前就已承诺的48架老化的A-4"天鹰"战斗机全部交付给以色列。美国总统约翰逊还答应以色列总理艾沙克尔再给以色列20架该型战机。但耶路撒冷要求提供更新的战斗机，美国面临的压力开始增大。1968年12月27日，即将正式就任总统的尼克松宣布向以色列出售50架更先进的"鬼怪"式战斗机，总价值2亿美元。

这批飞机于1969年9月开始陆续交付以色列，1970年1月7日开始参加战斗。第一次执行任务是在王牌飞行员塞缪尔·切特兹中队长的带领下，打击在达哈苏的苏制"萨姆"地对空导弹和雷达设施。切特兹以富有攻击精神而出名，后来在对"萨姆"导弹发射阵地进行低空打击时被击落而阵亡。

在这场消耗战中，空中力量帮助以色列弥补了在苏伊士运河沿岸炮兵火力的不足，"天鹰"战斗机和"鬼怪"式战斗机打哑了埃及的导弹和高射炮。

对被围困中的以色列来说，价值400万美元的F-4E型"鬼怪"式战斗机的到来是非常及时的。以色列飞行员驾驶这些飞机对埃及的防空网实施了猛烈的低空打击，逐步将其撕得四分五裂，其他的F-4E型战斗机则瞄准了埃及的内陆目标。

1970年7月30日，埃及人在苏联飞行员的协助下，与以色列"鬼怪"式战斗机在苏伊士湾上空展开了一场激烈的空战。在这场空战中，E型"鬼怪"式战斗机首次使用了机载加农炮。以色列击落了五架米格-21战斗机。此后不久，在对2 000海里外的巴纳斯角进行的打击中，"鬼怪"式战斗机击沉了一艘"蚊子"级导弹艇和一艘2 500吨重的Z级驱逐舰。

1973年2月发生了一件有争议的事情。以色列"鬼怪"式战斗机拦截了一架利比亚的波音727客机，当时飞机正在穿越以色列占领的西奈沙漠，两名以色列飞行员向利比亚飞行员示意跟随他们飞往比尔吉夫贾法空军基地，但没有成功。以色列飞行员开火以示警告，利比亚飞行员先是把起落架放了下来，但接着又收了回去，企图逃走。以色列飞行员随即将这架客机击落，机上112名乘客中的105名死亡。坠机事件使中东局势更加紧张，许多人担心不久就会爆发新的冲突。

1973年3月13日，美国国务院官员宣称，除了已经投入使用的F-4E"鬼怪"式战斗机外，华盛顿还将售与以色列四个中队的战斗轰炸机。其中一个A-4"天鹰"和改进型F-4E战斗机混合编队将于1974年1月交付使用。这种改进型的F-4E"鬼怪"式战斗机增加了机翼前沿机动挡板，电子光学目标识别系统等。电子光学目标识别系统是诺斯罗普公司研制的一种远距离电视接收机，安装在"鬼怪"式战斗机左翼的圆柱形附件上。不过，这一系统当时还没有经过空中战斗的检验。

这些计划于1974年1月交付的战机本会极大地增强耶路撒冷的军事力量，但可惜为时已晚。1973年10月6日，第四次中东战争爆发，以色列遭到了来自埃及、叙利亚和其他阿拉伯国家军队的猛烈打击。

据一份以官方公布的消息说，当阿拉伯国家对以色列发动突然袭击时，以色列空军共出动了150架"鬼怪"式战斗机率先迎击。在战争刚开始的几小时内，埃及的图-16轰炸机携带防空区外发射的AS-5空对地导弹，压制以色列的火力，并一直深入到以色列境内。战争的第一天即10月6日，一架图-16突入特拉维夫，但被以色列的F-4E"鬼怪"式战斗机击落。

投入战斗的以色列"鬼怪"式战斗机不仅要两线作战，还要对付种种新的威胁，包括车载式萨姆-6和肩扛式萨姆-7地对空导弹。10月7日，以色列对叙利亚的萨姆导弹发射阵地实施了决定性的打击，并承认损失了一架"鬼怪"式战斗机。

在叙利亚前线，苏制米格-17和苏-7，在米格-21等战机的掩护下，执行对地攻击任务。以色列于10月9日开始反击，派出"鬼怪"式战斗机轰炸大马士革市区。以色列证实在10月11日的战斗中又损失一架"鬼怪"式战斗机。此后在10月12日~24日期间，尽管战斗异常激烈，但以色列当局强调在空对空作战中再没有损失"鬼怪"式战斗机。

在作战中，以色列的F-4E"鬼怪"式战斗机主要是在幻影-III的空中掩护下实施远程攻击。在多数空战中，主要使用红外热寻的导弹，很少动用枪炮。在近距离作战中，当发现对手是机动性很强的米格和战斗力较弱的苏式战斗机时，以色列飞行员往往运用"能量机动性"的原理来作战。这种最早由美国人在越战时设计出来的作战思想强调三维立体作战，而不注重战场上空的位置。在特定的机动情况下，F-4E"鬼怪"式战斗机水平飞行时7.3∶1的推力重量比，可以提高到更有利的比率9∶1或更强。在这种情况下，通过密切注意能量机动性，F-4E甚至可以在更近的距离内和持久战中胜过米格-21。

在1973年"十月战争"爆发前，美国每月向以色列交付两架"鬼怪"式战斗机。战争爆发后，美国开始将本国机库中的F-4E直接运往以色列，并立即投入战斗。有些飞机上甚至还带有美军的尾码就升空作战了。战时共有34架美国"鬼怪"式战斗机加入了以色列的战斗机编队，加上1973年战争结束后购买的，以色列总共接收了204架"鬼怪"式战斗机。

◎ "鬼怪"传说："鬼怪"战机武装伊朗空军的后果

★伊朗空军配备的F-4"鬼怪"战斗机

★在两伊战争中表现英勇的F-4"鬼怪"战斗机

当时从表面上看，海湾地区的局势基本稳定。位于这一地区的伊朗受益于飞涨的石油价格，正在逐渐将自己武装到牙齿。伊朗国王曾公开表示，他想成为控制这一地区的决定性力量。

就像华盛顿与德黑兰达成的许多交易一样，伊朗购买"鬼怪"式战斗机也是尼克松总统和伊朗国王巴列维一对一会谈后的结果。1968年，伊朗购得32架F-4D"鬼怪"式战斗机。这种型号的战斗机没有装备枪炮，但可以携带航炮吊舱。紧接着在20世纪70年代初期，第一批177架配置枪炮的F-4E"鬼怪"式战斗机和16架RF-4E"鬼怪"式侦察型战斗机也交付伊朗皇家空军使用。

伊朗皇家空军逐步建立起11个"鬼怪"式战斗机中队，如果照这样发展下去，伊朗不仅可以保护自己，抵御苏联对其北方的威胁，还可以维持其在海湾地区稳固的地位。

虽然伊朗的飞行员和空军人员不如以色列那样名声在外，但是伊朗空军得益于与美国的密切关系，因而拥有一些非常出色的飞行员，有为数不少的伊朗飞行员在美国和德国的基地接受过训练，而且是在美国军事顾问团的指导下训练。

1979年1月，伊朗爆发革命后成立了伊斯兰共和国，原伊朗皇家空军改称伊斯兰共和国空军，一直忠于伊朗国王的最优秀的飞行员和空勤人员被清洗。

★训练归来的F-4"鬼怪"战斗机

★F-4"鬼怪"战斗机机群

　　1980年9月23日，当两伊战争爆发时，伊拉克飞机对伊朗发动了猛烈攻击并摧毁了在德黑兰地面上的一架F-4E，这架"鬼怪"式战斗机的机头像瓶颈一样被折断。美国情报部门确信，控制伊朗空军的革命卫队缺乏保障"鬼怪"式战斗机飞行的知识和装备，也缺乏解决雷达等电子设备问题的专门知识。因此，伊斯兰革命卫队永远无法维修J79喷气发动机或是威斯汀豪斯公司生产的APQ-120雷达火控系统这样复杂的东西。在这种情况下，伊朗空军有可能被迫停飞F-4E，这样战期就会大大缩短。

　　但是美国情报部门在所有问题上都失算了，包括为什么"鬼怪"式战斗机在空中难于控制的问题。在西方对伊朗实施禁运的情况下，以色列却帮助伊朗解决了这方面的问题，使得伊朗的"鬼怪"式战斗机在战争中得以发挥重要作用。耶路撒冷和德黑兰在保证"鬼怪"式战斗机飞行方面的合作，成为近代历史上最不寻常的合作之一。

　　当其他国家空军对其"鬼怪"式战斗机没有作出任何未来规划，只能留做博物馆展出之用时，以色列却在倾全力实现其"鬼怪"式战斗机的现代化。"超级鬼怪"式战斗机改进计划包括将F-4E型战机的发动机更换成普拉特和惠特尼公司生产的PW1120涡轮风扇发动机，使飞机性能大幅提升。装有一部PW1120发动机和一部传统的J79发动机的改进型"鬼怪"式战斗机于1987年4月24日开始飞行。紧接着，装有两部PW1120发动机的改进型"鬼怪"式战斗机开始进行实验飞行，并参加了1987年6月的巴黎航展。

批量生产的"鬼怪"式2 000型配备了先进的新型多用途雷达，一部宽视野机前显示器，为两名飞行员准备的多功能显示器，一部新式电子计算机控制的武器投射系统和改进的无线电通信设备。20世纪90年代，以色列取消了以前制订的"幼狮"战斗机的改进计划。以色列空军将依靠F-15C"鹰"式战斗机来承担防空任务，F-16"战隼"式战斗机用于空地作战，而获得新生的"鬼怪"式则用来执行战斗机攻击任务。

"鬼怪"式战斗机在中东的作战经历远没有结束，在世界局部战场上的战争也远远没有结束。

生产数量最大的超音速战斗机
——米格-21

◎ "鱼窝"飞机：遍布世界的米格-21

★米格-21战斗机主要用于制空作战

★米格-21战斗机武器挂载能力小、航程短，作战能力有限。

★米格-21战斗机具有高空、高速、轻巧、爬升快的优点。

米格-21战斗机是一种单座单发超音速轻型战斗机，是苏联空军20世纪50年代末和60年代装备的主力制空战斗机。其主要任务是高空高速截击、侦察，也可用于对地攻击，北约称其为"鱼窝"。

米格-21于1953年开始研制，1955年装备苏联空军，自20世纪60年代起出口至世界37个国家和地区，捷克斯洛伐克和印度等国还进行了特许生产。现已停止生产，总产量超过6 000架。仅在20世纪60年代，苏联空军就装备了2500余架米格-21战斗机。

米格-21是世界上生产数量最多的超音速战斗机，与西方同级别的同代战斗机相比，它的价格是很低的。米格-21有20余种改型，除几种试验用改型，其余的外形尺寸变化不大，虽然重量不断增加，但同时也换装推力加大的发动机，因而飞行性能差别不大。由于机载设备不同和武器不同，各型号的作战能力有明显差别。

⊘ 机动性强：低空爬高能力弱

★ 米格-21战斗机性能参数 ★

机长： 15.76米

机高： 4.13米

翼展： 7.5米

最大起飞重量： 9.1吨

实用升限： 19 500米

最大速度： 2 185千米/小时

最大作战半径： 380千米

最大航程： 1 600千米

续航时间： 2小时

武器装备： 一门23毫米双管机炮（备弹200发）
四个武器挂架可挂载P-3C近程空空导弹

高空、高速、轻巧、爬升快，能截击入侵的敌轰炸机和高速目标，作为国土防空截击机使用。针对这一设计思想，米格-21战斗机采用了很薄的大后掠角三角翼，全动式增尾，细长机身和带进气锥的头部进气道，使得该机跨、超音速阻力小，高空高速时发动机推力较大，因而得到很大的平飞速度。但由于高速时方向安定性减弱，飞行中严格地限制速度不得大于规定。这种气动布局在当时是新颖的，实现了研制目的，足以与当时西方主力战斗机F-104相抗衡。

但米格-21战斗机除了大速度、减速性能好以外，其机动性能不好，加上机载设备过于简单，武器挂载能力过小和航程过短，因而作战能力有限。

⊘ 鏖战越南：米格-21拦截"同温层堡垒"

米格-21价格低廉，对第三世界国家很有吸引力，曾广泛使用于越南、中东、印巴和两伊等局部战争。由于该机轻小、设备简单、操纵灵便，越南战争中越方飞行员曾多次击落名声赫赫的美军F-4"鬼怪"战斗机。

越南战争后期，美军希望尽快体面撤军，逃离美国历史上最大的"死亡与伤心之地"。在与越南进行谈判过程中，美军采取朝鲜战争后期的做法："边谈边打，以打促谈。"1972年12月中旬，预期的停战谈判破裂后，恼羞成怒的美军从1972年12月18日至12月29日，发动了越南战争中最大规模的"后卫-2"空袭战役，动用200多架B-52战略轰炸机、70架F-111A歼击轰炸机、1 200架战术航空兵飞机(以F-4为主)、150架SR-71、RA-5C、EB-6B等各型侦察机、电子干扰机，连续、集中、大规模、高强度地轰炸河内、海防、太原等战略要地。越南人民空军的米格-21战斗机奋起反击，在越南北部上空对B-52轰炸机及F-4战机进行拦截作战，双方进行了多次空战。

★停放在越南建安机场的米格-21战斗机　　★参加过越南战争的米格-21战斗机

越南人民军空军共拥有四个战斗歼击航空兵团、一个训练歼击航空兵团、一个军事运输航空兵团，分别部署在五个机场。战斗歼击航空兵团主要装备米格-21、米格-19和米格-17战机，主要集中在越南民主共和国中部和北部省份，分别部署在建安、内排、安沛、克夫四个机场。当时，越南人民军空军战斗序列中共有187架歼击机，其中只有71架（占38%）有战斗准备能力，能进行拦截和空中格斗的只有47架歼击机（31架米格-21、16架米格-17），仅占战机总数的26%。

越南人民军歼击航空兵当时共有194名飞行员，其中有75名（约占40%）是年轻飞行员，没有飞行作战经验。他们都经过了白天简单和复杂气象条件下双机作战及编队（3～5架）作战培训，只有13名米格-21飞行员和5名米格-17飞行员接受过夜间简单和复杂气象条件下的空战训练，整体空战能力不强。越南人民军歼击航空兵的主要任务是摧毁美军B-52战略轰炸机，拦截F-4战机，集中防护首都河内、海防港、重要军事、工业设施、中部和北部基础设施。

考虑到美军拥有战场上空的绝对制空权及美军航空兵空中力量的绝对数量优势，越南人民军空军司令部明确了歼击航空兵的战斗使用原则，制订了游击战式的拦截格斗战术：战术突然性、秘密接近、集中火力猛烈攻击、发射导弹后迅速脱离战斗。歼击航空兵的战斗任务，主要由处于昼夜战备状态的2号米格-21值勤飞行员完成，白天空中作战飞行时间为5～6分钟，夜间为6～7分钟。

"后卫-2"战役期间，越南人民军空军歼击航空兵对B-52"同温层堡垒"战略轰炸机实施战斗拦截。1972年12月27日夜间22时02分，一架米格-21战斗机机从安沛机场起飞，对B-52轰炸机编队进行拦截。当时的气象条件为，云量10级，云层下端高400米，上端高2 000米，能见度10千米。根据中心指挥所的指令，米格-21战斗机沿200度航向飞行，以最大速度爬升至5 000米高空后，飞行员扔下外挂燃油箱，开加力增速，开始向10 000米高空爬升，到达6 000米高空时，发现左侧有一架B-52轰炸机在开着导航灯飞行，进入目视能够发现导

★作战中表现优异的米格-21战斗机

航灯的距离后，继续爬升，同时向左转弯，倾斜35～40度，以1 200千米/小时的速度飞行，到10 000米高空后沿70度航向以1 300千米/小时的速度向目标俯冲，在距目标2 000～2 500米时，通过平行光管瞄准镜锁定目标，发动攻击，一次发射了两枚导弹。两枚导弹全部命中这架B-52轰炸机，米格-21歼击机迅速脱离攻击区域，半转弯后，在2 500～3 000米高空水平飞行，顺利返回安沛机场，安全着陆。此次空战成功，主要是因为战术得当，引导和攻击时合理利用了飞行航线，机动灵活，利用B-52的暴露特征（导航灯）达成了战术突然性效果，发射导弹时准确保持了飞行参数，保障了命中精度。

12月28日21时28分，一架米格-21歼击机在寿春机场北部12千米处的战地机场起飞，对B-52战略轰炸机进行拦截。当时的气象条件为，云量5级，云层下端高800米，上端高

1 200～1 500米，能见度10千米。米格-21战斗机在地面引导站引导下，开足马力，以最大速度爬升至4 000米高空后，接到中心指挥所的指令，弃掉外挂燃油箱，开加力增速，沿350度航向往10 000米高空爬升，爬升至7 000米高空时，飞行员发现航线前方有一架B-52轰炸机，开着导航灯，在自己上空飞行，向引导站报告后，继续爬升至9 000～9 500米高空，距离目标8～10千米时，米格-21歼击机被B-52轰炸机机尾防护雷达发现，轰炸机机组乘员紧急关闭机载导航灯，歼击机飞行员迅速向地面引导站报告了这一情况，这也是米格-21飞行员最后一次向地面报告。

根据越南军事专家事后对B-52轰炸机和米格-21歼击机飞机残骸的分析，可以确定这两架飞机是在空中相撞后双双坠毁的。据越南人民军透露，是米格-21歼击机主动撞上B-52轰炸机的。

通过对越南人民军空军歼击机拦截美军B-52轰炸机的空战情况分析，可以发现，越南人民军空军夜间拦截作战的基本战术力量是单机，通过使用初级宇宙辐射瞄准和发射导弹来保障攻击的战术突然性。基本战术要求是，为完成攻击，歼击机必须进入导弹可能发射空域，从高空机动到B-52轰炸机的尾部，发射前必须严格保持飞机飞行参数（速度超过300～400千米/小时，发射距离1 800～2 000米），采用排射方式发射多枚P-3C导弹。

越南人民军空军米格-21歼击机在拦截、攻击B-52轰炸机的行动中，效率较低，主要原因是无法顺利进入目标空域，战机和地面引导站受到美军电子干扰机的干扰，10次升空拦截中，有6次飞行引导都因导航雷达遭到严重干扰而失败。

🚫 火线较量：米格-21与F-4的殊死格斗

"后卫-2"战役期间，越南人民军空军歼击航空兵在拦截B-52轰炸机的同时，也积极与美军战术航空兵和侦察航空兵进行斗争，为此共有11架次的米格战机起飞作战，其中米格-21升空九架次，米格-17起飞两架次。空战结果是，米格-21歼击机共摧毁了美军五架飞机（四架F-4"鬼怪"式战机、一架RA-5C侦察机），米格-17歼击机的战斗行动没有取得任何战果。

在同美军战术航空兵的战斗中，人民军空军的主要战术力量是歼击机双机，11次空战中有8次（占73%）是双机作战。由于美军飞机在空战中具有绝对的数量优势，人民军空军飞行员几乎没有进行过持久空战，只有12月28日的空战例外，当时飞行员成功完成攻击任务后，没有敌军兵力占优势的明确概念，继续战斗，结果被美军F-4战机击落。所有空战都是目视条件下的近距离作战，主要武器是空空导弹。飞行员采取的主要空战战术是：秘密接近敌机、集中火力猛烈攻击、发射导弹后立即脱离战区。用越南人民军飞行员的术

★具备多途径作战方式的米格-21战斗机

语，在空战中，他们最大限度地采用纵深渗透、一次性打击、持续杀伤、反航线飞行机动、分割攻击、利用敌机"剪刀"形机动破绽发动攻击等空战方法。

越南人民军空军飞行员最常用的空战方法是"分割攻击法"，这在12月23日的空战中最为明显。两名人民军飞行员各自驾驶一架米格-21歼击机与美军F-4编队进行空战，成功使用了"分割攻击法"，其实质是，在完成攻击任务后迅速脱离战区，不给敌机占据有利攻击位置的机会。处于被攻击位置的美军F-4编队（四架）通常分为两组，各自双机作战，一组开始爬高并向右战斗转弯时，另一组向左俯冲并进行战斗转弯。

为了保障攻击成功，人民军空军双机要么分开各自作战，要么追逐准备攻击的一组敌机，一切行动都要视F-4编队（以尾机为准）开始分为两组机动时与自己的距离而定，如果距离不足3 000米，人民军空军米格双机就会分开，各自独立完成攻击自己锁定的F-4双机目标的任务，如果距离大于3 000米，米格双机会共同完成攻击一组F-4双机的任务。在任何情况下，米格双机的战斗序列都保持右梯队或左梯队。在飞行引导和搜索（越南飞行员称为"被动模式"）时，米格双机保持400～600米距离，200～400米间隔，僚机在长机上空50～100米处飞行，在空战（"主动模式"）时，采取更加疏散的战斗序列，距离和间隔都增大到800～1 000米。在个别情况下，为了改善机尾视线，加强对长机机尾的防护，人民军空军歼击机采用"蛇"形机动方法，长机在偏离相对航线1 000米时，进行45～50度转弯，倾斜角60～65度。

越南民主共和国在美军发动"后卫-2"战役期间政治军事局势比较复杂，人民军歼击航空兵的实力和空战规模有限，在反击美军航空兵空袭中的作用也不是很大，但是，尽管只使用有限力量进行反空袭空中作战，还是迫使美军司令部投入了相当规模的战术航空兵力量来对B-52突击轰炸集群进行空中掩护，从而实质性地削弱了美军航空兵轰炸越南目标时的突击实力。

整个战役期间，歼击航空兵共完成了31架次的飞行任务，其中米格-21歼击机27架次，共进行了八次空战格斗，击落了七架美军飞机，其中包括两架B-52战略轰炸机，四架F-4战机，一架FA-5C侦察机，仅占人民军空军和防空军各种装备击落美军飞机总数的9%。不过，人民军空军损失并不大，仅三架米格-21战机被击毁。在这里，也足以看出米格-21的优秀了。

米格-21战机如此优秀，在20世纪60年代曾是前苏军的主力机种，最多时装备了2 500架以上。20世纪70年代以来，逐渐被米格-23等机种所取代。到20世纪80年代中，前苏军仍使用着780架左右，多数是后期的新改型，其中包括60架侦察型。

米格-21还被苏联大量销往国外，至少有50个国家和地区的空军装备了这种飞机。苏联解体后，俄罗斯空军中的米格-21已退役。尽管米格-21退役了，但它的身影至今仍留在空战史上，后人评价说："20世纪60年代，如果没有米格-21战斗机，那么天空将被美国人的飞机占据。"

★曾经是苏军主力机种的米格-21战斗机

飞得最快的战斗机
——米格-25 "狐蝠"

⊘ 应时而出：米格-25不辱使命

作为世界上第一种速度超过3马赫的战斗机，米格-25的研制主要是为了对付美国当时研发中的XB-70 "瓦尔基里" 轰炸机与A-12/SR-71 "黑鸟" 高空高速侦察机，北约组织给予的绰号为 "狐蝠"。

米格-25战斗机于20世纪50年代末开始设计，据米高扬设计局的型号副总设计师列·格·申格拉娅透露，米格-25的预研工作是在1958和1959年进行的。1960年，用米格-21改装的发动机试飞验证机E-150，对米格-25的动力装置R-15-300加力式涡喷发动机开始试飞。次年4月第二架验证机E-152上天。随后装生产型发动机R-15B-300的第三架验证机E-152M试飞。1961年3月10日，米高扬签署研制米格-25原型机E-155的指令。1962年侦察机全尺寸样机审定委员会开审定会。

1963年12月米格-25的第一架原型机（侦察型）E-155R-1出厂。1964年3月6日，苏联著名试飞员费多托夫首次驾机升空。同年9月9日第二架原型机（截击型）E-155P-1开始试飞。随后第三架原型机（侦察型）E-155R-3也参加试飞。三架原型机各装两台R-15B-300发动机，并在1965～1977年间，以E-266代号创造过八项飞行速度，九项飞行高度和六项爬升时间的世界纪录。

1967年7月，在莫斯科土希诺机场举行的苏联航空节检阅中，四架米格-25预生产型首次作公开飞行表演。1984年，米格-25停产。

⊘ 快速飞行："狐蝠"的魔力

从外观上看，米格-25的气动布局与以前的米格式飞机的传统风格有较大差别，采用中等后掠上单翼、两侧进气、双发、双垂尾布局型式。这是该设计局与苏联中央空气流体动力学研究院共同的研究成果。

米格-25机翼的后掠角为42度，下反角5度，相对厚度4%，展弦比3.2，翼面积61.9平方米。翼面积满足在20 000米高空作巡航飞行的要求，而小展弦比和中等后掠角则为了保证机翼的刚度。原型机的机翼原来无下反，试飞后发现机翼有严重上反效应，遂改用5度下反角。

★ 米格-25战斗机性能数据 ★

机长： 21.55米

机高： 5.7米

翼展： 13.42米

空重： 15 000千克

正常起飞重量： 36 000千克

最大起飞重量： 41 200千克

载油量（机内）： 14 000千克

动力： 两台P-31单轴涡轮喷气发动机

载油量： 15 245千克

最大速度： 2.83马赫（带导弹）

实用升限： 23 000米

最大航程： 1 835千米（超音速不带副油箱）

2 130千米（超音速带副油箱）

1 865千米（亚音速不带副油箱）

2 400千米（亚音速带副油箱）

起飞滑跑距离： 1 380米

着陆滑跑距离： 2 180米

作战半径： 1130～1300千米

由于布局方案的尾臂很短，为保证航向稳定性，米格-25战斗机采用双垂尾和尾部腹鳍。经过多次修改后，加大了垂尾面积，减小了腹鳍，克服了原尾腹鳍过大对着陆的不利影响。米格-25战斗机采用矩形二元进气道，用水平调节斜板进行调节，这是米格式飞机首次采用两侧进气布局，但尚未解决在土质跑道上起降时外物进入的问题。

★尾臂很短的米格-25战斗机

★米格-25战斗机的正面英姿

★刚刚升空的米格-25战斗机

在一次高速飞行中偏转副翼时因机翼严重扭转而出现副翼反效，米格-25坠毁，试飞员丧生。查明原因后规定在高速下不用副翼，改用差动平尾进行操纵。但因全动平尾的转轴位置安排不当，在个别飞行状态下助力器的功率不足，再次机毁人亡。经分析后将平尾转轴向前缘移动了140毫米。

高温是米格-25研制中面临的另一挑战。最大速度下机体表面驻点温度高达300摄氏度以上，铝合金只能承受140摄氏度，必须选用新材料和新工艺。当时钛合金的开发和应用尚处初期。而且苏联在这方面还落后于美国。米高扬设计局选用了不锈钢和焊接工艺来制造机体的主要结构，与美国的F-108和B-70选择同样的技术途径。选用的是塑性好、不易开裂和便于补焊的不锈钢VNS-2、VNS-4、VNS-5，占机体结构重量的米格-25战斗机80%，其余11%为高温铝合金D-19和8%的钛合金。除机翼采用焊接的整体油箱外，机身的焊接整体油箱结构占其容积的70%，机体上的焊缝长达4 000米，焊点多达140万个。整体油箱结构使飞机的总贮油量高达14.5吨。侦察型还采用垂尾油箱，使油量增加574千克。

发动机在某些工作状态下，个别部件的温度超过1 000摄氏度，为防止热传入机体，发动机舱用镀银的防热隔板包住。镀层厚30微米，镀层吸热系数为0.03~0.05，每架飞机耗银5千克。所吸的5%的热量又借助于玻璃纤维隔热毯防止传给机身油箱。

米格-25的驾驶舱和设备舱采用通风冷却。飞行员借专用的空气喷头提供的冷却空气降温，风挡由导流环喷出的空气冷却。虽然舱内温度仍较高，但飞行员认为可以接受，只是必须带手套才能工作。

米格-25冷却系统的设计功率为18千瓦～24千瓦。从发动机压气机引出的700摄氏度的空气，通过进气道内的空气-空气热交换器、燃油系统的热交换器（用耐高温燃油T-6做热沉）和空气/蒸气热交换器（蒸发水-甲醇混合液）后，至设备舱入口处时温度已降为-20摄氏度，从而使舱内工作温度保持在50～70摄氏度。

◎ "狐蝠"展翅：导弹都追不上的速度神话

"狐蝠"米格-25曾是中东战争中最新最先进的米格战机，首次参战是在1969年的阿以战争中，在埃及前线用作侦察机，在叙利亚前线用作侦察机和截击机。

曾参与中东战争的苏军试飞员戈尔季延科回忆米格-25侦察机的作用时说："米格-25在飞行性能上远远优于当时的歼击机，被拦截的可能性只是理论上的，我们对此深信不疑，于是开始执行具体的空中侦察战斗任务。飞机胜任了所有任务，机载无线电电子战设备也经受住了考验，不止一次地在似乎濒临绝境的局势下挽救了我们的性命。米格的武器系统可以保障高效攻击空中和地面目标，必要时可从2万米高空以2300千米/小时的速度对目标实施轰炸。"

戈尔季延科回忆称，以军F-4飞行员拦截米格-25，通常采用设伏或空中巡逻的方式，但都无济于事。有一次在苏伊士运河地区，以军同时出动数十架歼击机拦截米

★蓄势待发的米格-25战斗机

格-25，仍被后者竭尽所能摆脱追逐，成功返航。米格-25进入以色列领空执行任务时，先在己方领空爬升至18 000米以上高空，等以军"霍克"防空导弹系统发现目标后，虽然能及时发射导弹进行攻击，但射高有限，无法将其击毁。F-4也不能阻断米格-25的高空飞行路径，亦无法成功拦截。

米格-25再次参战是在1982年的黎巴嫩战争前夕。1981年2月，叙利亚空军司令部想实战检验米格-25高空截击机的性能，以军也想试验刚从美国采购的F-15新型歼击机的威力，实战演练拦截米格-25的战术。以军新战机率先行动，炫耀武力、主动挑衅，从海岸线上空10 000～12 000米高空侵入叙利亚领空。

1981年2月13日，以军两架RF-4C侦察机飞至黎巴嫩上空，开始沿北部方向上升边界飞行，高度12 000米，速度1 000千米/小时。一架米格-25接到中央指挥所命令后升空到值勤空域拦截，到8 000米高空时开始加速，然后占据距离目标110千米位置。目标转弯往回飞行，后边留下厚密的偶极子反射体云层，在引导雷达屏幕上形成反射信号亮点。米格-25继续追踪向南退出的以军侦察机，一分钟后，干扰云层中又出现一个目标，飞行高度3 000米，这是以高山为掩护在此设伏的以军F-15战机。当F-15和米格-25之间的距离缩短到50千米时，叙利亚飞行员因机载雷达下半球扫描限制，未能发现从下面接近的敌机，同时受到强烈的无线电噪音干扰，亦未能接收到地面下达的转弯指令，对面临的致命危险一无所知。F-15在飞至迎向接近距离25千米时迅速爬升，发射一枚AIM-7F空空导弹击毁米格-25。

就这样，以军F-15战机完成了空战史上首次迎向导弹攻击。据黑匣子记载，米格-25受到了强烈的复合电子干扰：以军计划伴动的RF-4C侦察机和负责战斗保障的专用无线电电子战飞机实施了被动干扰，在海岸线上空值勤的"鹰眼"空中预警机实施了噪音干扰，结果破坏了米格-25的有效指挥。此次战斗充分表明，能够直接影响空战结果的新型装备已经投入战场，空战本身的性质和内容已发生变化，必须及时作出适当应对。

1981年7月，以空军再次入侵叙领空，编队兵力部署和行动队形都进行了改变，改由F-15单机实施伴动，两架F-15作为攻击编队在叙利亚地面雷达探测范围之外设伏。叙空军指挥所此次更快地掌握了战前不可预测的局势，计算出了更有利的位置，由空军参谋长亲自制订反击行动计划并现场指挥。叙空军派出米格-21双机编队升空拦截云层上面的F-15，派出两架米格-25升空在"鹰眼"空中预警机扫描盲区内设伏。结果F-15上钩了，一架米格-25在地面引导下实施迎向拦截，另外一架米格-25开始机动，准备从右翼发动攻击。F-15保持航向，突然下降，引诱米格-25。地面指挥所引导米格-25接近敌机，飞行员在40千米处发现目标并在25千米处锁定，在18千米处发射第一枚导弹，命中目标，在11千米处发射第二枚导弹，击毁敌机。以军飞行员跳伞落到海面，被己方护卫艇成功营救。米格-25随后顺利返航。第二架米格-25未能从侧翼发动攻击，以军攻击机也未能及时赶到空战区域。

第三代战斗机：高空中全天候的格斗战

享誉全球的"国际战斗机"
——F-16"战隼"

◎ 低档飞机："战隼"的完美转身

1975年，美国空军第一种第三代战斗机F-15服役。这是一种研制得很成功的飞机，但是这种飞机的价格较昂贵，即使是美国也难于承担购置大量F-15飞机的费用。美国空军为了解决经费与所需战斗机数量之间的矛盾，提出了"高低搭配"的原则，即数量较少的高性能飞机与数量较多、性能和价格较低的飞机配合使用。F-16飞机就成为这种"低档飞机"的候选对象。

其实，F-16一开始并不是作为与F-15搭配的"低档飞机"来研制的。它是美国空军"轻型战斗机原型机研制计划"的竞争机。1972年1月，美国空军正式提出"轻型战斗机"研制计划，目的是验证在战斗机上采用新技术。

1972年4月，美国选中了通用动力公司和诺斯罗普公司的方案，并签订合同要这两家

★一架掠过海面的F-16战斗机

★正在执行作战训练任务的F-16战斗机

公司各研制两架原型机进行试飞竞争。通用动力公司方案的军用编号为YF-16，诺斯罗普公司方案的军用编号为YF-17。1974年4月，美国政府决定从YF-16和YF-17两种原型机中选择一种投入生产，与F-15飞机搭配使用，即充当"高低搭配"中的低档飞机。1975年1月，美国空军宣布YF-16中选，正式确定飞机的军用编号为F-16。

F-16主要用于空战任务，也可执行近距离空中支援。虽说它是一种"低档"飞机，但这是与F-15相比而言的，从F-16本身的性能水平来看，应当说是相当好的。"低档"的低，主要是指价格和一些性能，从技术水平来讲，F-16不仅不低，有些方面比F-15更先进。

先进的电子设备：机载雷达为成功增添助力

F-16是一架单引擎、多重任务的战术飞机。它配备有内建的M61Vulcan航炮，可装备空对空导弹。如果需要的话，F-16也可以执行地面支援任务。对于这种任务，它能配备多种导弹或者炸弹。机载武器有一门20毫米六管航空机关炮，外挂响尾蛇空空导弹、空地导弹、激光制导炸弹和各种常规航空炸弹等，最大挂弹量6 894千克。

F-16是世界上第一种采用电传操纵系统的战斗机，主要机载设备有：具有上视和下视能力的多普勒跟踪雷达、火控计算机、惯性导航系统、敌我识别器和自动驾驶仪、导航系统、雷达光电显示和敌我识别器等。

★ F-16战斗机性能参数 ★

机长：15米

机高：5米

翼展：10米

空重：8500千克

最大平飞速度（高度12200米）：2马赫

实用升限：17200米

最大爬升率：330米/秒

转场航程（带副油箱）：3890千米

作战半径：370～1320千米

武器装备：一门20毫米六管航空机关炮多枚"响尾蛇"导弹

F-16装备的诺斯罗普·格鲁门公司制造的AN/APG-68雷达可以提供25种单独的空对空和空对地模式，包括远程全向探测和跟踪、同时多目标跟踪，以及高分辨率地面扫描绘图等。该雷达的平面天线阵列安装在机头复合材料雷达罩内。

F-16战斗机还装备了洛克希德公司制造的LANTIRN红外导航及瞄准吊舱。该吊舱可以与BAE系统公司提供的全息显示器组合使用，向驾驶员提供各类导航及战术信息。

F-16是第一种可接收GPS（全球定位系统）数据的美国作战飞机。该机拥有一套惯性导航系统。该机的通信系统包括雷锡昂公司制造的AN/ARC-164超高频收发信机和罗克韦尔·柯林斯AN/ARC-126甚高频调频/调幅电台，以及其他敌我识别和加密/保密通信系统。

◎ 战神的荣耀：F-16大战米格-29

F-16问世不久，美国就把约40架F-16A式歼击机卖给了其中东盟友以色列。素以英勇善战著称的以军飞行员很快就将这款飞机的性能发挥得非常出色，以两次远程奔袭作战使F-16名扬四海。

9·11事件后，F-16在美国的全球反恐作战中起到主要作用。在海湾战争中，美国空军在实战中首次使用了F-16。F-16是在这场战争中部署量最多的一种飞机，为251架，共出动了13480架次，在美军飞机中出动率最高，平均每架飞机出动537次。F-16执行了战略进攻、争夺制空权、压制防空兵器、空中遮断等任务，是"沙漠风暴"等行动中的一大主力。1992年12月27日，一架F-16C战斗机在伊拉克南部的"禁飞区"内用AIM-120导弹超视距击落了一架伊拉克的米格-29飞机，这也是AIM-120导弹第一次用于实战。

在科索沃战争中，F-16执行了大量任务包括压制敌防空系统、防御性空战、进攻性空战、近距离空中动摇和前沿空中控制任务。摧毁了南联盟大量雷达阵地、地面坦克和车辆、建筑物和南联盟空军的米格战斗机。

1999年3月24日至26日，南联盟空军在面对数十倍于自己的北约入侵者时毫不示弱，先后多次起飞拦截或者主动出击侵入祖国领空的敌机。尽管交战的结果使南联盟先后损失了六架最先进的米格-29战斗机，但南联盟空军飞行员的表现迄今仍让那些曾与他们交战过的北约战斗机飞行员们心惊肉跳。

1999年3月24日晚19时，在南联盟中南部的尼什机场，南联盟空军的伊寥·阿里扎诺夫少校和德扬·伊里奇上尉各自驾驶米格-29B型战斗机一前一后紧急起飞，准备迎击入侵祖国领空的北约机群。

阿里扎诺夫少校的战机刚一起飞就通过雷达发现了一批北约的战斗机。这个由美国空军F-16CJ型战斗机和F-15C型战斗机组成的机群正在掩护一个由F-117隐形战斗机和B-2隐形战略轰炸机组成的轰炸机群，准备对南联盟的战略目标发起攻击。在此次偷袭前举行的秘密通风会上，指挥官为参战的飞行员们鼓劲说："南联盟的空军早被吓破了胆，我敢用人格向你们担保，绝对不会碰到一架南联盟战机。"这位指挥官说的似乎还真不错，当浩浩荡荡的机群从南部入侵南联盟领空一直到中部的尼什机场前确实没有碰到一架南联盟战斗机。美军飞行员们提到嗓子眼儿的那颗心似乎放下了不少。

然而，就在他们胆子越来越大的时候，美国飞行员们做梦也没有想到南联盟两架战斗机的雷达已经一前一后地锁定了侵略者的机群。阿里扎诺夫少校用雷达锁定了最先发现的目标并立即发射了一枚导弹。这枚导弹当即打伤了一架猝不及防的美国战斗机，迫使它离开了机群返航逃命去了。然而，这枚导弹同样暴露了阿里扎诺夫少校的战斗机，数架美国F-16战斗机如同一群恶狼一般猛扑了过来。少校还来不及发射第二枚导弹，他的米格-29战斗机的机尾就蹿出猛烈的火焰，少校不得不跳伞逃生。

伊里奇上尉也准备向入侵者的机群发起导弹攻击。然而，他没有发现击落少校后从侧后向他发起偷袭的F-16战斗机，所以当米格-29上的SPO警告雷达红光闪起来的时候，上尉已经听到美国人的高级中程空对空导弹（AMRAAM）发出的死亡呼啸声。在几乎没有任何躲避时间的情况下，米格-29被击中后发生了剧烈的爆炸，连座舱盖都被震碎了。然而，奇迹发生了，伊里奇上尉发现他的飞机居然没有失控，于是赶紧以0.5马赫的速度成功地在普里什蒂纳机场迫降。伊里奇上尉后来回忆说："当时确实没有想到破成那个样子的座舱盖居然能承受那么大的风压。"更令人咋舌的是，伊里奇上尉第二天一早居然驾着这架座舱盖破损、一个引擎被击毁的战斗机顽强地再度起飞，靠剩下的一个引擎吓跑一架美军侦察机后成功降落在黑山共和国境内的格卢博维奇机场。

3月24日晚20时，当入侵的美国和荷兰机群逼近贝尔格莱德的时候，尼科里奇、库拉幸和米卢蒂诺维奇各自驾驶米格-29战斗机起飞进行第二道防线的拦截。尼科里奇当即锁定第一架北约的战机，并且在击中它后，转而向第二个目标发起攻击。然而，他自己也成为荷兰空军六架F-16战斗机同时攻击的目标。尼科里奇成功地躲掉了第一枚导弹，但却连续被第二、第三和第四枚导弹击中。尽管他的米格-29已经失去了作战能力，座舱内烟雾弥漫，但北约的战斗机仍然无情地用导弹继续攻击他，尼科里奇仍想把飞机开回机场，但最终不得不跳伞。

★两架在空中大展雄姿的F-16战斗机

库拉幸是尼科里奇的僚机，他刚一起飞就发现自己的雷达遭到干扰，在肉眼无法找到长机的情况下决定孤军奋战。突然，他警觉地发现自己的飞机被雷达锁定，于是来了一个漂亮的急转动作，成功地摆脱了两架美国F-15战斗机的攻击。米卢蒂诺维奇在起飞18分钟后飞机上的"某一重要装备"突然发生故障，这使他无法知道自己是否被敌方雷达锁定。尽管如此，他还是决定冒着生命危险瞄准最近的目标，

★刚刚升空的F-16战斗机

在自己被击落前尽可能击落敌机。然而，他在向荷兰的F-16发射了一枚AA-11小导弹后自己也被击落。

那么，美国空军的秘密作战记录是如何描述这场空战的呢？根据所获得的绝密作战记录显示，击落击伤南联盟米格-29战斗机的是驻意大利空军基地的美国空军第48战术战斗机联队第493中队的美军飞行员罗德里克和肖尔。当天晚上，两人驾驶着F-15战斗机和其他六架荷兰人的F-16战斗机组成一个护航机编队，负责为10架F-117隐形战斗机和两架B-2隐形轰炸机护航。当时天气晴朗，有月亮。战斗机侵入到南联盟中部空域的时候，他们就听到无线电通信中有人声称击落了南联盟的米格战斗机（事后证明这是子虚乌有），美国战斗机飞行员们的神经顿时紧张了起来，生怕所保护的隐形战斗机有一点闪失。然而，保护隐形战斗机的麻烦就在于：连美国战斗机飞行员都不知道他们在哪里，所以很可

能自己就撞上他们。过于紧张的肖尔率先发射了两枚AMRAAM导弹，这两枚导弹不但没有击中任何南联盟空军的战斗机，还差一点把自己的一架F-117隐形战斗机打了下来！肖尔发射了第三枚导弹，这才把阿里扎诺夫少校驾驶的米格-29战斗机击落。这时，F-117隐形战斗机的飞行员才借着导弹的火光看清为其护航的F-15和就在他正下方的米格-29战斗机。

这时，肖尔的长机罗德里克向北约空军总部报告说，他也击落了一架南联盟的米格-29战斗机，但实际上这架由伊里奇上尉驾驶的米格-29却迫降成功。此后，荷兰的F-16战斗机在贝尔格莱德附近发现了三架南联盟的米格战斗机，并且向其发射了多枚AMRAAM导弹，击中了其中两架，但只能眼睁睁地看着第三架熟练地躲过攻击的导弹，平安降落在机场上。

3月26日，损失了四架战斗机的南联盟"骑士"中队决定给入侵者一个教训，派波里奇和拉多萨维奇分别驾驶米格-29B型机准备偷袭美军的预警机或者加油机。这两架南联盟战斗机在击落美军的一架F-15E之后相继被击落。南联盟和北约方面都没有透露这次空战的详细情况。然而，在这次行动中击落南联盟战机的美国飞行员杰夫·黄事后给朋友写了一封信，描述了空战的情景，这封信后来被朋友公开在互联网上，加上匈牙利的一位无线电爱好者截获的当时预警机与杰夫·黄的通话，这两份珍贵的资料足以描绘当时空战的情景。

★正在试射导弹的F-16战斗机

当天下午16时02分，美空军第48战术战斗机联队第493中队的杰夫·黄和麦克穆雷分别驾驶F-16战斗机在波斯尼亚上空执行巡航任务。杰夫所驾的86-0156号机的代号为"爪"，而麦克穆雷所架飞机的代号是"红松鼠"。杰夫首先发现70千米外有目标向南飞行，他们赶紧与预警机取得紧急联系，但预警机却告诉他们"西边"有"敌机"，让他们一定注意（事后得知，那些"敌机"实际上却是北约自己的飞机）。无奈之下，杰夫只好自己带着僚机向东飞。过了60秒钟，他们俩不约而同地发现可疑的目标突然转向波斯尼亚！这时，预警机总算也发现了这两个目标。随后发生的空战情景还是听听匈牙利无线电业余爱好者截获的美军战斗机与预警机之间的通话吧：

"魔术77"（预警机代号）：注意，目标可能为敌机，方位020，距离45，朝向西边，高度20 000英尺，雷达跟踪！

"爪"（杰夫飞机代号）：我已发现两架敌机，方位014，请求"紫洋葱头"（战斗机请求预警机准许攻击的密码）。

"魔术77"：请稍等（此时，预警机显然仍在犹豫不决）。

"爪"：敌对威胁，敌对威胁！准备迎战！！（杰夫显然已经不理会总是慢半拍的预警机）。

"红松鼠"：方位055，高度20 000英尺。

"爪"：一级战斗状况（丢弃所有不必要的外载），打开武器保险（这是杰夫下令僚机作好交战准备）！

两分钟后，杰夫兴奋的声音清晰可见。

"爪"：两架米格机被击落，两架米格机被击落！

目前，F-16仍是美国空军的主力机种之一，且向多个国家出口，国外用户有比利时、丹麦、荷兰、挪威等四国，以及以色列、埃及、希腊、土耳其、巴基斯坦、韩国、泰国、印尼、新加坡、巴林和委内瑞拉等，前四国还与美国合作生产，外国用户订购总数超过千架，难怪F-16有"国际战斗机"之誉。

单座双发全天候的"纪录突破者"
——苏-27"侧卫"

◎ "侧卫"出世：在对抗中诞生并超越

20世纪60年代中期，美国率先开始研制第三代先进战斗机，也称为"FX"计划，后演变为F-15战斗机。苏联为与之对抗，很快相应提出了"先进战术战斗机"（PFI）计

★展翅升空的苏-27战斗机

划。1971年，计划分为两部分，其中苏-27重型空优战斗机被称为"TPFI"计划。

苏-27的前身为T-10试验机，在众多"先进战术战斗机"（PFI）方案中获胜。随后苏霍伊公司又进一步对T-10试验机进行修改，比如起落架后移、雷达舱加大、主翼翼型变动等，产生"侧卫-A"原型机，整体性能先进并采用飞行线控技术。

1977年5月20日，一架代表当时世界最先进军用飞机技术的苏制新型战机成功完成首次飞行。在世界各种航展频繁亮相的同时，也使当时的苏联引以为荣，因为这标志着他们终于实现了赶超西方国家先进战机的目标。

苏-27战斗机于1979年投入批量生产，1985年进入部队服役。苏-27的主要任务是国土防空、护航、海上巡逻等，北约组织给予的绰号是"侧卫"（Flanker）。

苏-27战斗机的出现，使全世界为之一震，而其优异性能表现来自苏霍伊及西蒙诺夫这两任总设计师的远见卓识。首先坚持采用最新技术，而且许多新技术还处于实验室开发阶段，虽然技术上风险较大，但这样才能超越其他机型；采用大机身设计，充分考虑未来的升级改进空间，因此苏-27系列战斗机能够不断升级改进和应用到广泛领域，而且也是世界上航程较远的战斗机型之一。

1996年4月2日，苏-27系列最先进机型苏-37原型机成功首飞，具有世界上性能最佳的超机动能力，作战性能惊人。苏霍伊设计局不断推出性能优异的新机型，始终使苏-27系列保持强大的优势。

◎ 机动能力强大：作战性能惊人

苏-27的主要任务是国土防空，为深入敌后进行攻击/轰炸的飞机护航、海上巡逻和拦截，其主要特点是机内载油量大，续航时间长达五小时，可在远距离内截击入侵的轰炸机。

★ 苏-27战斗机性能参数 ★

机长: 21.93米	**最大航程:** 3 900千米
机高: 5.93米	**续航时间:** 5小时
翼展: 14.7米	**起飞滑跑距离:** 650米
最大起飞重量: 30 000千克	**着陆滑跑距离:** 620米
动力: 两台AL-31F涡扇发动机	**作战半径:** 1 500千米
载油量: 9 400千克(机内)	**载弹量:** 6 000千克
最大速度: 2.36马赫(高空)	**武器装备:** 一门30毫米GSh-301-1航炮
实用升限: 18 500米	AA-8、AA-9、AA-10、AA-11空空导弹

苏-27战斗机的发动机加速性好,使飞机具有良好的机动性,苏-27可在3～4秒内从小速度平飞推力达到最大加力推力,可做"普加乔夫眼镜蛇"机动等高难度动作,失速操纵能力较好。

苏-27战斗机机载多普勒雷达具有上视/下视能力,可同时攻击两个目标,最大搜索距离240千米,最大跟踪距离185千米,抗电子干扰能力较强。

苏-27战斗机机载武器多样,可超视距攻击,空战能力强,机内空间较大,改装余地大。

苏-27战斗机隐身性能较差,尾喷口红外辐射明显,整机雷达反射截面大。

🚫 空中手术刀:扬威北非战场

苏联以及俄罗斯约制造了680架苏-27(这只是指苏-27,并不包括之后的衍生型号)服役之后,参加了很多实战。

1987年9月13号,北约成员国挪威空军一架P-3B反潜机在侵犯苏联领空进行空中侦察时,遭遇一架奉命驱逐的苏-27"侧卫"战斗机。P-3B的机组成员已经拍摄了大量的照片,但是迟迟不肯离开苏联领空,迫使苏-27驾驶员做出了一系列惊险动作,警告北约P-3B机组停止继续侵犯领空。苏-27先是突然减速,后加速从P-3B机腹下方通过,用后垂直尾翼划破了P-3B右边机翼靠外的发动机,使发动机停机。这导致P-3B瞬间失去动力,急速下降了上千米后终于阻止了坠毁,被迫返航;而苏-27战斗机也因为尾翼严重损坏被迫返航。这是苏-27战斗机第一次出场,给西方留下了深刻印象,被称为"空中手术刀"。

1999年巴黎航展,一架苏-27战斗机进行一连串特技表演,当飞机机头向下垂直俯冲表演时，在离地极低的高度迅速改平快速飞离，飞机突然失控，飞行员在最后一秒依靠K-36IIM弹射系统成功逃生，但飞机在离观众仅1 000米的地方坠毁。

可以这么说，苏-27是苏联20世纪80年代中期部署的先进的战斗机，外销一些发展中国家。其中，埃塞俄比亚是世界苏-27战斗机家族中唯一大量实战的国家。在1999～2000年埃塞俄比亚与厄立特里亚的边境冲突中，埃塞俄比亚苏-27战斗机多次打败厄立特里亚的米格-29战斗机，成为闻名非洲的现代"空战之王"。在对索马里教派武装空中作战中，埃塞俄比亚苏-27战斗机再次发威，使教派武装闻风丧胆、四处逃窜。

埃塞俄比亚位于非洲东北部，战略位置十分重要，东为浩瀚的印度洋，北部是连接地中海和印度洋的红海和亚丁湾，自古以来就是兵家必争之地。埃塞俄比亚虽然是非洲最贫穷国家之一，但高度重视空中现代化建设。1997年，埃塞俄比亚耗资约1.5亿美元，从俄罗斯购买了八架现代化的苏-27战斗机。1998年12月，埃塞俄比亚开始部署苏-27，得到了俄罗斯的技术支持，包括协助战斗机的组装和进行人员培训等。由于飞行技术复杂以及边境局势紧张，埃塞俄比亚政府不得不雇请一些俄罗斯退役飞行员驾驶苏-27，以确保空中飞行安全。然而，埃塞俄比亚苏-27部队还没来得及投入实战，就损失两架。其中，就在部署当月，一架苏-27进行夜间训飞，突然坠毁，飞行员阿巴尼耶死亡。这是埃塞俄比亚损失的第一架苏-27战斗机。

★埃塞俄比亚苏-27双机编队对地攻击

1999年1月6日，俄罗斯飞行员梅津驾驶一架刚组装的苏-27空中试飞，战斗机突然坠毁。眼疾手快的梅津跳伞逃生，活了下来。

厄立特里亚是在1998年夏购买10架米格-29战斗机的，得到了乌克兰教官的技术支持。米格-29是与苏-27同期部署的苏联高性能战斗机，配备两台RD-33涡轮风扇发动机，空重大约11吨，最大载弹量为四吨，可以携带六枚导弹空战格斗，最大航速为2400千米／小时，实用升限为1.8万米，最大航程为1500千米。1999年2月25日上午，四架米格-29战斗机空中巡逻，突然发现两架苏-27战斗机，便开始拦截作战。两架苏-27是由埃塞俄比亚飞行员驾驶的，正进行空中巡逻。

苏-27先进的雷达探到米格-29战斗机飞近。埃塞俄比亚飞行员试图返航脱离。然而，求战心切的米格-29战斗机编队不顾距离远，迅速发射了多枚苏制AA-10导弹。AA-10是雷达制导的中距离空战导弹，可以追杀大约40千米范围内的敌机。然而，苏联该型导弹早在1985年就投入使用，电子技术性能很一般。

苏-27属于重型战斗机，但机动性能比米格-29强得多。埃塞俄比亚苏-27编队发现导弹杀来后，立即发挥自己的长处，机动规避，成功地逃脱了AA-10的追杀。

苏-27战斗机长机决定反击。长机飞行员瞄准目标后，向米格-29编队连续发射了几枚AA-10导弹。然而，由于距离远等原因，AA-10导弹没击中一架米格-29战斗机。虽然如此，米格-29战斗机编队也不得不终止进攻。这时，苏-27编队再次开始了导弹攻击。机动性欠佳的米格-29编队终于支撑不住，其中一架被一枚AA-11近距离格斗导弹击落。这是埃塞俄比亚苏-27战斗机部队第一次击落米格-29战斗机。

四架米格-29编队反遭两架苏-27编队打击。然而，厄立特里亚米格-29战斗机部队没有气馁，继续寻找战机。次日，一架米格-29战斗机为米格-21战斗机编队对地攻击提供空中护航，遭到一架苏-27战斗机拦截。双方再次发生空战。米格-29战斗机再次被击落。

在两次空中遭遇战中，苏-27战斗机全部获胜，自己没被击落一架。在其后很长时间里，灰心丧气的厄立特里亚空军很少出动米格-29拦截苏-27战斗机。

埃厄边境的冲突仍在继续。2000年5月16日，厄立特里亚空军展开反击，不顾苏-27战斗机的技术优势，毅然派出米格-29战斗机编队支援对地作战。苏-27战斗机编队发现空中目标后，展开空中拦截。其中一架苏-27发射了一枚AA-10中距离导弹，成功击中了一架米格-29。那架米格-29受到重创后，不得不摇摇晃晃地往基地逃去，最后通过摔机着陆方式迫降阿斯马拉基地。

5月17日，厄立特里亚防空部队发现埃塞俄比亚米格-21战斗机编队，急忙命令两架米格-29升空拦截。米格-29编队升空后，长机发射了多枚AA-10导弹，但性能差得很远的米格-21没有被击落一架。双方开始进行近距离格斗。米格-29使用30毫米航炮成功地击落一架米格-21。几分钟后，埃塞俄比亚两架苏-27战斗机编队赶来增援。然

★苏-27战斗机双机编队起飞

而，一架苏-27还没来得及空战，就与一只大鹰撞上了。这架受了重伤的苏-27不得不退出战斗，开始艰难的返航。这是苏-27战斗机第一次在空中作战中受到重创。剩下的一架苏-27虽然势单力薄，但威力依旧，使用一枚AA-10导弹击落了一架米格-29。从此，屡战屡败的厄立特里亚米格-29战斗机部队越来越谨慎，很少与屡战屡胜的苏-27战斗机进行空中厮杀。

此后，苏-27成为了非洲地区最现代化的战斗机之一。在埃塞俄比亚与厄立特里亚整个边境冲突中，埃塞俄比亚苏-27战斗机多次进行空中作战，一直保持着空战不败的纪录，成为闻名非洲的"空战之王"。

2006年，埃塞俄比亚苏-27再次挥杀非洲东北部战场，但不是空战，而是对地攻击，成为"攻击机"。2006年12月24日，埃塞俄比亚苏-27战斗机开始协助索马里政府军空袭教派武装，成功地迫使教派武装解除对退缩南部城镇拜多阿政府军的围剿。这时，埃塞俄比亚总共拥有大约15架苏-27战斗机，成为非洲地区空中作战实力极强的拳头部队。在为期一周左右的时间里，苏-27和其他作战飞机一起协助埃塞俄比亚地面部队击溃教派武装在首都摩加迪沙周围地区的抵抗。索马里政府很快回到摩加迪沙重新执政。

苏-27战斗机主要对索马里地面战略目标，包括机场、弹药库、兵营、车队、交通枢纽和通讯设施等实施空袭作战。作为游击力量，教派武装没有现代化的战斗机，只有少量防空炮和肩射防空导弹，根本拦不住苏-27战斗机的空袭。2006年12月25日，教派武装在摩加迪沙占据的机场遭到埃塞俄比亚苏-27的空袭。这是教派武装2006年6月控制索马里首都后第一次遭到战机轰炸，意味着教派武装不可能从其他地方向首都降落飞机进行增援。苏-27随后飞到首都摩加迪沙西部大约100千米空域，对索马里最大空军基地进行了空袭，以防止教派武装利用该基地进行空中作战支援。

2000年10月～11月，美国和日本在日本海举行代号为"利剑-2 000"的"美日联合军事演习"，由苏-27战斗机和苏-24侦察机双机编队低空直接从"小鹰"号航空母舰上空掠过，第一支编队低空掠过时，航空母舰上的美军误以为是自己参加演习的飞机，有些人还挥手致意。不久，另一支俄军双机编队再次低空掠过，看清飞机俄军红星标志的美军立即处于混乱状态，当时情景被苏-24侦察机拍下。

第四代战斗机：超音速巡航的隐身航空器

世界上最先进的飞机
——F-22"猛禽"

◎ 最贵战机："猛禽"集五个特点于一身

F-22战斗机（猛禽）是美国新一代重型隐形战斗机，也是专家们所指的"第四代战斗机"，是当今世界上最昂贵的战斗机。

1971年，美国战术空军指挥部提出下一代战机的研发计划。当年美国战机的设计重点是对地攻击为第一优先，只要求空战时有足够自卫的能力。

1979年时，美国空军将对地攻击和空战性能的重要性提升到同一层次。

1982年，美国空军面对苏联战斗机的快速发展，以及美国空军准备使用F-15E与F-16担任对地攻击的任务、F-117进入试飞阶段，对地攻击的需求已经不是那么重要。1982年10月，最终定案的计划正式在最后一次公开会议上提出。ATF的技术要求将以下五个特点

★F-22"猛禽"战斗机

集在一架飞机上，即低可侦测性（隐身性）、高度机动性和敏捷性、不需使用后燃器即可作超音速巡航（而不是只满足于以往使用后燃器短时间超音速冲刺）、有效载重不低于F-15和具有飞越包括第三世界战区在内的所有战区的能力。面对如此先进的设计要求，F-22必须采用一切已有的世界级航空顶尖技术。与YF-23竞争试飞后，F-22被美国空军选中继续研发。

1986年10月31日，洛克希德、波音和通用动力三家公司联合研制小组的YF-22中标，并按要求制造两架原型机。1990年9月29日，第一架YF-22首飞，10月26日进行了第一次空中加油。10月30日，第二架原型机进行首次飞行。11月3日Y，F-22原型机进行了不使用加力的超音速飞行。随后于11月28日在加州的美国海军武器试验中心首次发射了未装弹药的"响尾蛇"导弹，12月20日在加州的太平洋导弹试验场发射未装弹药的AIM-120"阿姆拉姆"导弹。

1991年8月2日，美国空军正式授予洛克希德公司一份95.5亿美元的工程发展合同，制造13架试验型飞机。1991年12月16日，空军确定了F-22战斗机的外形，并制造了风洞试验和测定雷达反射截面使用的模型，开始准备内部设计和飞机制造用的工具。

1992年6月4日，洛克希德公司完成了F-22的设计修改。

1994年10月6日，洛克希德公司开始制造第一架F/A-22的部件。1995年6月，F-22的关键设计评审工作全面完成，至此F/A-22飞机机身的详细设计阶段的工作完成。

1997年3月6日，第一架F-22基本组装完毕，开始进行加注燃料和发动机试车。4月9日洛克希德公司首次公开了F-22战斗机，并正式公布了"猛禽"的绰号。

1997年9月7日，该机在罗宾斯空军基地进行了58分钟的首次试飞。随后，该机于1998年春返回爱德华空军基地，交由空军试验。

2001年8月，F-22研制成功10年后，美国终于下定决心投入巨资批量生产F-22战斗机。

2009年4月6日，奥巴马政府国防部长盖茨宣布，国防部将向国会建议删减许多大型武器采购计划，包括在制造生产的187架F-22战机完成后，减少乃至停止生产这一昂贵战机。

🚫 世界第一：具有超音速巡航/盘旋能力的"猛禽"

★ F-22"猛禽"战斗机性能参数 ★

机长：18.9米	**最大速度**：2.25马赫
机高：5.08米	**巡航速度**：1.82马赫
翼展：13.56米	**飞送航程**：2 960千米（加挂两个外部燃料箱）
翼面积：78.04平方米	**最大升限**：18 000米
翼负荷：322千克／平方米	**着陆滑跑距离**：914米
前后轮距：6.04米	**最大俯冲速度**：2.5马赫
空重：14 379千克	**作战半径**：2 177千米
一般起飞重量：25 107千克	**武器装备**："阿姆拉姆"中距空对空导弹
最大起飞重量：36 288千克	"响尾蛇"近程空对空导弹

F-22配备了可以不发射电磁波，用敌机雷达波探测敌机的无源相控阵雷达和探测范围极远的有源相控阵雷达。

F-22的最大特点是合成了捷变光束控制，它允许一部雷达同时履行搜索、跟踪和目标瞄准任务。捷变光束控制同样使雷达搜索其他空域，而同进可能继续跟踪优先打击的目

★美国F-22"猛禽"战斗机机群

标。另外，雷达的低截获率能力使F/A-22在瞄准装备有雷达警报接收机和电子干扰设备的敌机时，而敌机还不知道其已被瞄准。

F-22可以携带"阿姆拉姆"中距空对空导弹、"响尾蛇"近程空对空导弹、联合直接攻击弹药和小口径炸弹，根据不同的作战任务，F/A-22携带不同的弹药：F/A-22以内挂方式携带两枚450千克联合直接攻击弹药，在主武器舱内侧与两枚AIM-120并排悬挂。

F-22正面雷达反射率为0.0 065平方米（俄制苏-27正面反射为10平方米）。F-22使用了先进的红外隐身技术，通过喷流冷却矩形喷口，垂尾、平尾、尾撑向后延伸，可遮蔽发动机喷口的红外线辐射，蒙皮采用波音公司的TopCOAT红外抑制涂料，有效降低了超音速巡航时产生的红外辐射。F119发动机也才有了红外抑制措施，在推力下降2%～3%的情况

下就能将红外辐射强度下降80%，可使红外辐射波瓣宽度变窄，有效缩小了红外制导导弹的可攻击范围。F-22采用了新式隐身设计，使得雷达波散射中心和红外辐射中心改变，使得敌方的雷达制导导弹和红外制导导弹脱靶量增加，此外F-22也装备了新式智能红外诱饵弹和先进的拖拽式雷达诱饵弹。

◎ 超视距作战：命运多舛的"猛禽"

武器史上有句俗话：越先进的武器越是神秘。F-22便是此话的佐证。F-22被公认为世界上最先进的飞机，但它也是世上最神秘的战斗机，有过纪录的实战很少。

2007年11月22日：F-22"猛禽"战斗机第一次出现，他们拦截两架俄罗斯图-95MS熊式H型，这也是F-22战机第一次奉北美航太防卫司令部之命执行拦截任务。

2003年，一架正在执行测试飞行的美军F-22在加州爱德华空军基地以北6千米的地方坠毁，一名飞行员牺牲。爱德华空军基地位于洛杉矶市以北约100千米处。事故原因可能是多方面的，据内部知情人氏透露，很可能是飞行员操作不当或机载设备故障引起的。

进入21世纪，美国空军、海军以及海军陆战队使用的战斗机在进行更新换代，取代旧战机的是F/A-18E/F、F-22和F-35联合战斗机。按照计划，美军将采购2500架新战机，但是战机的购买和更新速度恐怕会赶不上旧战机到期退役的速度了。

2009年，美国国会预算局公布了一份对空军的研究。研究将空军目前的规模、战斗力同国防部现代化计划和另外几个造价不同、目标也相异的计划进行了对比。

美国国会预算局的分析包括国防部计划与后备计划在战机数量、战机种类和技术复杂性以及可携带的对地、对空导弹数量上的对比。

美国国会预算局的研究发现：按照国防部的采购计划，战斗机采购数量可能难以达到预计目标。但是，其战斗力能够维持在现有水平或有所发展，因为最新的技术将被整合进新一代战斗机。不过，其中一些技术进步可能会被潜在对手的科技发展所抵消。

后备计划选择购买次先进但是不那么昂贵的战机，避免采购数量不足，节省国防支出，或同时达到上述两个目的。后备计划选择的战斗机没有达到新式战机如F-35的战斗力，但足以与现在相当或更强。

国会预算局还发现，如果将空军结构进行调整，把一部分战斗机替代为飞行半

★四架进行训练的F-22"猛禽"战斗机

★返航归来等待检修的F-22"猛禽"战斗机

径更长、载弹量更大的强击机，花费同现在差不多。但是，混编后的部队战场持久性和灵活性更强，不足是，对空能力有所下降。

可惜的是F-22虽然是极其先进的战机，但由于其造价昂贵，工艺复杂，维修和保养困难，难保证安全性，着重隐身性而放弃大载弹量的原因，美方现已否决F-22改进成轰炸机的计划。再加上F-22下设能力有限，不及雷电-2型攻击机，使得其在中东地区难以巡航。因此美方盖茨已决定撤销F-22继续生产的计划，他表示F-22是冷战时期的产物，不具有充分改进的价值，在当今以"和平"为主旋律的时代，注定了F-22只不过是为美国士兵助势的命运，F-22的真正价值已失去。

2009年，"参议院以58票赞成、40票反对的表决结果，决定支持奥巴马政府关于停产这一机型的计划，并决定从该院的2010财政年度国防开支授权法案文本中删去有关拨款17.5亿美元用于再添置七架F-22战斗机的条款。"

参议院上述表决尽管对奥巴马政府有利，却并非国会的最后决定。根据程序，国会参众两院将先分别就各自版本的国防开支授权法案进行表决，然后通过两院协商形成统一文本。这一文本在两院分别表决通过后，才能成为送交总统签署的法案最后文本。此前，众议院在6月25日通过的2010财政年度国防开支授权法案该院文本中，不顾奥巴马政府反对，批准拨款3.69亿美元，作为在2011财政年度购置12架F-22战斗机的预付款。

2010年4月，奥巴马政府在公布国防预算计划时宣布削减部分大型武器项目开支，包括在美军拥有的F-22战斗机达到187架的数量后停止生产这一机型，并计划从2011财政年度起不再购置此种战斗机。但一些国会议员在军工企业的压力下，反对削减这些项目的开支。

白宫曾威胁说，如果国会在送交总统奥巴马签署的法案最后文本中仍然拒绝停止生产F-22战斗机，奥巴马可能会动用否决权。

尽管如此，F-22战斗机，仍然是世界上第一种也是目前唯一一种投产的第四代超音速战斗机，它所具备的"超音速巡航、超机动性、隐身、可维护性"（即所谓的S4概念，也有资料将"短距起落"包含在内，称为S5）成为第四代超音速战斗机事实上的划代标准。

美军21世纪的主力战斗机
——F-35"闪电"

🚫 "闪电"惊空：F-35千呼万唤始出来

F-35联合攻击战斗机（JSF）是美国准备在21世纪使用的主力战斗机之一，被西方一些军事家冠上了"世界战斗机"的美名，意为这是一种顶尖的独一无二的超强战斗机。

F-35的形制，吸收了F-22、B-2隐身轰炸机及欧洲战斗机的生产经验，计划取代美空军的F-15E、F-16、A-10和F-117，海军的F-14、海军陆战队的AV-8B，英海军的"海鹞"式和空军的"狂风"、"鹞"式等飞机。

1996年JSF美国国防部项目刚招标时，只有麦道公司、诺斯罗普·格鲁曼公司和洛克希德公司三大航空集团提出方案，后来增加了波音公司。美军方经过审查决定由波音公司和洛克希德公司各自研制两架验证机，编号分别为X-32和X-35。

2001年10月26日，美国国防部空军部长罗希宣布根据实力、设计的优缺点以及风险程度，洛克希德公司的X-35方案最终战胜了强有力的竞争对手波音公司的X-32方案，赢得了有史以来最大的军火合同，负责研制开发下一代先进联合攻击战斗机，也就是JSF（JointStrikeFighter），新一代的联合攻击战斗机也被正式定名为F-35。

据称，在未来战场上，F-35战斗机将与F-22"猛禽"战斗机联手形成类似F-15战斗机与F-16战斗机的高低搭配。当F-22战斗机清除了敌方战机以及地空导弹的威胁后，F-35战斗机以机载导弹对地面、海面目标实施精确打击。另外，F-35战斗机分为三种型号，其A型机给空军使用，B型机可短距离起飞、垂直降落，给海军陆战队和英军使用，C型机可垂直起降，是航空母舰的新型载机。

◎ 世界战斗机：高新技术汇聚

★ F-35A战斗机性能参数 ★

机长： 15.47米

机高： 4.57米

翼展： 10.7米

机翼面积： 42.7平方米

空重： 12 020千克

推力： 165千牛

最大武器载荷： 大于5 897千克

最大翼载荷： 530.7千克/平方米

最大内部燃油： 大于8 165千克

最大起飞重量： 27 215千克

最大平飞速度： 1 700千米/时

巡航速度： 740千米/时

作战半径： 1 111千米

武器装备： 两枚空空导弹

两枚JDAM炸弹等

F-35的电光瞄准系统（EOTS）是一个高性能的、轻型多功能系统，它包括一个第三代凝视型前视红外（FLIR）。这个FLIR可以在更远的防区外距离上对目标进行精确的探测和识别。EOTS还具有高分辨率成像、自动跟踪、红外搜索和跟踪、激光指示、测距和激光点跟踪功能。

★一架正在起飞的F-35A战斗机

★F-35A战斗机的正面英姿

F-35的蒙皮上覆盖了一层由洛克希德公司和3M公司共同研制开发的"3M"材料。这种新式的"涂层"与常规飞机上所漆的涂料有很大差异。严格地说，这并不是一种"涂料"，而是一种用聚合材料制造的薄层。这种材料可直接粘贴覆盖在蒙皮上，所以就不需要再进行喷漆。这样做最大的好处就是可以节省经费，而且还可以减轻飞机因喷漆而附加的重量。

F-35战斗机研制的航空电子系统被称为"多功能综合射频系统"（MIFRS）。综合化水平是世界上所有战斗机中最高的，该系统集雷达、通信、导航和射频电子战功能于一身，共享天线和处理器等硬件，使JSF飞机成为美国21世纪真正具有全频谱自卫能力的、全天候隐身攻击平台。可以将各种不同的传感器交联起来，并自动对比各种传感器探测到的威胁目标，经过信息过滤后，自动将最佳结果显示给飞行员，这极大地减轻了飞行员的工作负担。如此高的自动化水平使飞行员更为高效地掌握战场态势，从而大大缩短了飞行员实施电子对抗措施的决策和反应时间。

F-35战斗机使用的250磅小直径炸弹（SDB）将使其精确打击能力达到"战斧"导弹的标准。武器基本为内置，标准的武器配备是两枚空空导弹和两枚JDAM。另外在机翼上还有四个挂架，F-35的总载弹量为6～7吨。

此外，F-35战斗机的隐形水平不低于F-22"猛禽"战斗机，雷达反射面积更小。

🚫 "世界最先进"的光环为它戴：首席试飞员试飞经历

当你第一次坐进F-35的驾驶舱的时候，你将看到安装在原来老式战斗机上的仪表盘和各种仪表都完全消失了，取而代之的是一块大型的彩色数字式触摸式液晶显示器。

★在跑道上滑行的F-35"闪电"战斗机

★一架掠过山峰的F-35"闪电"战斗机

　　飞行员只需要用手指触碰多功能显示器（MFD）上的相应区域，就可以随意调整各种信息的显示方式和显示顺序，或者重新启动显示系统。以前老式战斗机座舱内部各种让人眼花缭乱的开关和按钮在F-35的先进座舱中几乎完全消失了，这些开关和按钮的功能大部分已经转移到F-35先进的触摸式平板显示器上。当然，你在F-35的座舱偶尔也能找到少数几个老式的开关和按钮，但是，F-35座舱的整体环境已经大为改善，给人一种"简约"的感觉。

　　F-35战斗机的首席试飞员乔·比斯利说道："F-22'猛禽'战斗机的座舱内同样布置了三个多功能液晶显示器。它是战斗机座舱界面从传统的机械仪表式到今天F-35战斗机上先进的触摸式平板显示器的一个重要的技术过渡。"乔·比斯利是洛克希德公司的资深试飞员，他曾担任过F-117隐身战斗机和F-22原型机的试飞员，他是第四位试飞YF-22（F-22的原型机）的飞行员，并且是第二位试飞量产型F-22A的飞行员，因此他对F-22飞机座舱的技术演变过程非常了解，他说道："在F-22的原型机YF-22上，洛克希德公司就已经尝试过使用先进的触摸式显示器技术，并且在试验中得到了许多有益的经验。但是遗憾的是，出于降低研发风险的考虑，这项革命性的技术并没有应用到量产型的F-22A战斗机上。"但是，现在洛克希德公司关于先进的触摸式显示器的技术积累终于在F-35战斗机上得到了应用。

　　F-22A"猛禽"战斗机装备有三个液晶多功能显示器，座舱界面中间的那个MFD的尺寸是20厘米×20厘米，而座舱两边的MFD的尺寸是16.5厘米×16.5厘米。比斯利解释道："如果时间倒退20年，F-22战斗机座舱内的这套显示系统确实是非常先进、非常简约的。但是，现在F-35的座舱界面才是'少即是多'的简约主义的最完美表达。"

　　比斯利首次坐进F-35座舱的反应和多数资深飞行员首次看到F-35座舱界面的反应一

★喷力强大的F-35"闪电"战斗机

样。他解释道："F-35座舱内部极少的开关和按钮数量给人留下了极其深刻的印象，当然，其最显著的特征就是那个取代了仪表面板的20厘米×50厘米的大型触摸式液晶多功能显示器，随着计算机技术的飞速发展，在过去若干年里，触摸式显示器控制技术已经相当成熟，F-35的研发成功，标志着这一先进控制技术首次在战斗机上得以应用，这将极大地减轻飞行员的工作负担。"打个比方，F-35上的飞行员不仅可以通过触碰显示器来切换飞机的空中加油模式和飞行控制系统测试模式，而且还可以在触摸式显示器上控制各种机载无线电系统、任务系统计算机、敌我识别系统和导航系统。

比斯利指出：F-35座舱内的20厘米×50厘米的大型平板多功能显示器可以按照飞行员的意愿来定制不同显示窗口的尺寸大小和排列方式。其"人机界面设计"非常优秀。通过触碰显示屏，飞行员可以将显示屏划分为两个20厘米×25厘米的显示窗口、或者四个8厘米×12.5厘米的显示窗口。飞行员可以任意划分显示窗口的大小或组合方式，直到这套显示系统以最令人满意的方式向飞行员显示各种信息为止。

比斯利补充道："F-35的显示系统能够简化复杂数据的显示过程，其灵活、多变的数据显示方式和尺寸可调的显示窗口是其他任何战斗机上都没有的。"

F-35座舱内的大型平板显示器是由左右两个20厘米×25厘米的平板显示器拼接而成，两个显示器的工作互不影响，互为备份，如果其中一个显示器出现故障，那么所有信息会自动转移到另外一个20厘米×25厘米的显示器上进行显示。比斯利继续说道："作为一种多用途战斗机，F-35战斗机可能将要执行其他人难以想象的最为复杂的作战任务——从争夺制空权到近距离空中支援，再到摧毁敌方的防御体系。所以工程人员在F-35的人机界面设计上花费了巨大的心血，使得F-35的显示系统可以从对应于一种任务类型的显示模式很自然地转换到对应另外一种任务类型的显示模式。同时对战斗机座舱内的其他系统作出有效的调整，以便飞行员能够很快适应新的作战任务类型。"

可以这么说，F-35具有和F-22相同的隐身性，但F-35价格低廉，是21世纪初美国最先进的联合攻击机。

战事回响  ‹ ‹‹‹ ‹‹‹ ‹‹‹

◎ 敦刻尔克撤退大空战

敦刻尔克本是一个名不见经传的法国港口城市，在二战期间，它却以世界上最大一次撤退的发生地而闻名于世。从1940年5月26日至6月4日，近34万英法联军在这里奇迹般地逃脱了德军的三面重围，回到英国本土，从而为英国后来的反攻保存了实力。

在这场血与火的生死较量中，英德双方兵员损失惨重，美丽的敦刻尔克港也变成了一座人间地狱。空中、地面、江河硝烟滚滚，弹雨如梭，海滩、堤道、港口陈尸遍地，血流成河。到处都是飞机的轰鸣声，子弹的狂啸声和炸弹的爆炸声，法兰西在燃烧，在流血，在呻吟……

在敦刻尔克大撤退中，英国皇家空军为掩护地面撤退，与占绝对优势的德国空军展开了殊死的搏斗，在空中谱写了一曲曲反法西斯侵略的动人乐章。

希特勒闪击波兰，获得巨大的满足感和雄心，但在他眼中，西欧才是最肥的肉。1939年10月9日，希特勒就指示陆军总司令部制订入侵西欧的"黄色方案"。

1940年5月，在北海至瑞士边境800千米长的西部防线上，希特勒集中了训练有素的136个师，其中包括拥有3 000辆坦克的10个坦克师，7个摩托化师，在大批重型轰炸机、战斗机、伞兵运输机和满载突击队的滑翔机的配合下，闪电般攻占了丹麦、挪威两国。英、法仓促对德宣战。就在英国首相内维尔·张伯伦令人宽慰地断言希特勒已经错过时机之后五个星期，德国又对荷兰、比利时、卢森堡三国发动了

★撤退当天，加来港随处可见的沉船、破船。

闪击，同时以10个装甲师为先头部队越过阿登山区，直逼法国腹地，将法军苦心经营的马其诺防线置于无用之地。

冯·伦斯德将军率领势不可当的德国装甲部队拦腰切断了法国北部战线英法联军与李姆河以南法军主力的联系，而后挥师南下，追击节节败退的英法联军。英法联军虽然也实施过多次反突击，但终因兵力不足、行动迟缓而失败。近34万英法联军和部分比利时军队在短短10天内就被围困在敦刻尔克至比利时边境海滨的狭小地域内，命运危在旦夕。

德国停战：希特勒战前出昏招

盟军在敦刻尔克受苦，希特勒在统帅部里暗笑，纳粹军官们更是歌舞升平，把酒言欢。

此时，阿道夫·希特勒狂热的日耳曼民族自豪感又升腾起来，他为他强大的德意志军队而欣喜若狂。他兴奋地吼叫着，全身的血液都在沸腾，叫嚣着让进攻部队发动更猛烈的攻击，一举歼敌于敦刻尔克。就在这时，帝国元帅、纳粹空军头子赫尔曼·戈林坐不住了，他有自己的一番打算。敦刻尔克的盟军显然已成了瓮中之鳖，他不能容忍强大的帝国空军在这个时候无所作为，而把功劳全部记在装甲部队头上。

"出击，出击，坚决要出击"的欲火促使他迫不及待地拨通了元首的电话。

希特勒与作战局长约德尔少将商议了戈林的方案，约德尔十分赞同戈林的建议，他认为将装甲部队用于敦刻尔克周围的沼泽地带是不明智的，而应将这股铁流融入对巴黎的进攻。但是这一建议却遭到了古德里安等前方装甲部队指挥官的激烈反对。

他们认为：在对敦刻尔克已达成三面包围，但海上退路并未切断的情况下，任何给予

★德军士兵在查看被潮水冲上法国北部海滩的巨型鱼雷

敌人喘息机会的行为都可能导致功亏一篑。他们的意见与参谋本部取得了一致。戈林得知这一消息后怒不可遏，大骂他们根本没有把强大的帝国空军放在眼里，这是对他本人的污辱。终于，凭借戈林在希特勒党内不可动摇的副领袖地位，使得参谋本部最后与空军达成了"共识"。

5月24日，德国围攻敦刻尔克的坦克突击兵团接到希特勒的命令："停止攻击行动，消灭敦刻尔克敌军的任务改由地面炮兵和步兵配合空军完成。"

英军计划：丘吉尔的代号"发电机"

早在德军以排山倒海之势向法国西北部挺进之时，英国人就已经发现：德军进攻的目标并不是巴黎，而是英吉利海峡一线。非常明显，德军意图将英国远征军包围在法国大陆，使之孤立无援，陷入绝境。

英国远征军最高指挥官戈特勋爵焦急不安地向英国战时内阁报告说：他也许将不得不在德军包抄他们后路前使英国远征军脱身。然而，他接到的命令却是要他向西南方向的亚眠进发，与法军主力会合。

1940年5月20日，形势急转直下，德军装甲部队先于英军抢占亚眠，并且抵达海滨。至此，英法联军被南北割裂的事实已成定局，南部英军的命运不容乐观。

就在这时，英国战时内阁接到了新任首相丘吉尔的指令："作为一种预防措施，海军部队应征集大量运输船只，时刻准备驶向法国沿海的港口和海湾。"海军中将伯特伦·拉姆奇爵士奉命制订一项代号为"发电机"的撤退计划。该计划预计在法国沿海的加来、布伦、敦刻尔克三个港口，每天各渡送一万人回英国，以保存远征军实力；而且在可能的情况下，泽布腊赫、奥斯坦和纽波特港口也要加以利用。海军很快便筹集了30艘渡船，12艘海军扫雷船和其他可以利用的船只，其中包括横渡海峡的一日游游艇、六艘小型沿海商船以及部分前来英国港口避难的荷兰渔船。

与此同时，拉姆奇爵士建议战时内阁给英国远征军加强适当的空中力量，因为远征军现有的老式飞机数量有限，攻击力不强，很难担负如此庞大的撤退掩护任务。遗憾的是他的建议遭到了空军战斗机司令部司令休·道丁上将的反对。休·道丁认为在国内担负保卫本土任务的作战飞机绝对不能少于现有数量。必要时，可派飞机越过海峡支援远征军的行动。

5月23日，德军装甲兵先头部队突破英军临时设置的最后一道防御阵地，情况万分紧急。戈特急忙下令打开敦刻尔克至加来一线的水闸，大水淹没了周围的低地，暂时挡住了德国人的进攻；同时，戈特发布命令，号召全体将士誓死固守城池，直到最后一兵一卒，一枪一弹。

5月25日，戈特向战时内阁发出了一封措辞强硬的电报：如果不想使英国远征军全军覆没，现在唯一要做的事就是利用还在我们手中的敦刻尔克港，将远征军撤离法国。

5月26日下午6时57分，丘吉尔命令拉奇姆中将开始实施"发电机"计划，并特别说

★英国远征军遗弃在敦刻尔克海滩上的枪支

明被困于敦刻尔克的法国官兵同样应分享撤退的机会。但是，"发电机"计划中的三个港口只有敦刻尔克一处可以利用，况且空中掩护、地面运输等多种设施均很薄弱。因此，凭借现有的力量，在短时间内营救出30余万大军几乎如天方夜谭。

海军部急忙派出官兵到各大造船厂筹措船只。焦急已经使英国人顾不上保守秘密，在无线电广播里大声向全国呼吁，号召所有拥有船只的人都来加入这支前所未闻的"舰队"。数以千计的业余水手和游艇主驾驶着各式各样的船只闻讯而来，它们大到数千吨位的货轮，小到仅能载数人的游艇。这支奇形怪状的"舰队"很快在英国东南部港口汇集起来。

通往敦刻尔克的航线总共有三条。航程最短的是Z航线，仅需两个半小时，但它位于德国大炮射程之内，不能启用；第二条是较短的X航线，但它几乎被英国的布雷区全部封锁，要扫清这些路障至少需一周时间；那么唯一能够选择的就只有Y航线了。Y航线由奥斯德港出发，绕过克温特的水雷浮标向西南折行，最后到达敦刻尔克港，全程近六个小时。这条航线可以躲避德军大炮的射击，但暴露在德军轰炸机下的时间却无疑延长了。

当晚，第一批救援船浩浩荡荡驶向敦刻尔克港。考虑到德国空军没有把敦刻尔克当做主要攻击目标，英国空军没有为船队提供空中护航。

德国轰炸：戈林空军初战告捷

1940年5月25日晚，目空一切的戈林在空军司令部召开作战会议，对敦刻尔克的空中作战作最后部署。

戈林穿着自己设计的样式奇特的军服，在圆形会议厅的中间显得格外醒目。他细细地环视了一周之后，忽然习惯性地挥起了拳头，猛地砸在了桌上。

"各位将军"，戈林以他特有的腔调说道，"亲爱的元首已将最后的决战交给我们完成。我们必须证明：帝国空军同地面装甲部队一样势不可当，可以将英国佬置于死地。要让全世界都知道，德国空军是不可战胜的。"他开始嘶喊起来，尖厉的声音在大厅里震颤。在场的人显然已经习惯了这种开场白，瞪大了眼睛，紧闭着嘴巴，倾听着戈林的训话。

参谋长开始报告轰炸敦刻尔克的作战计划。他的讲话不断被戈林打断，戈林对计划中仅使用五个航空团的兵力十分不满，他要求把德国西部和驻守荷兰的第2航空队的兵力也全部用上，实施一场庞大的轰炸计划。

5月27日清晨，夜幕还没有收起，万籁俱寂。执行第一波次轰炸任务的两个轰炸航空团和两个歼击航空团从德国西部直飞敦刻尔克，目标是轰炸敦刻尔克港口和主要码头。途中，它们没有遇到任何英法飞机的阻拦。

当施瓦茨上校率领他的俯冲轰炸机团首先抵达敦刻尔克上空时，天空已经发亮，通往港口的道路上挤满了各种各样的车辆和惊慌的人群。随着施瓦茨一声令下，一架架俯冲轰炸机猛地扑向毫无防备的英法士兵。霎时间，炸弹像雨点般倾泻在挤满士兵的码头和堤道上，地面上火光冲天，血肉横飞。大海里不时掀起数米高的巨浪，将码头边上的人流无情卷入海中。施瓦茨兴奋得狂叫起来："太棒了，棒极了。"

紧接着，像乌云一般的又一个黑压压的机群铺天盖日，蜂拥而至。它们忽而向下俯冲，进行低空轰炸，忽而投下威力巨大的高爆弹又急速爬高——这种惊险的垂直俯冲起到了咄咄逼人的恐怖效果，很多缺乏经验的英法士兵似乎感到每一次俯冲都好像是对着自己胸膛开火，以致呆呆地站在空旷的海岸上，居然忘记了卧倒。

由于敦刻尔克第一次遭到这样猛烈的轰炸，地面上的人群乱成一团。英军指挥官大叫着，命令士兵跳入战壕，利用各种轻重武器对空还击。混战中，一架德机被击中，拖着浓烟栽进海里，顿时，码头上发出一片欢呼。士兵们似乎到此时才反应过来：生与死的交锋又一次摆在了眼前。

接到报告后的英国空军立即出动了两个中队的"喷火"式战斗机和"飓风"式战斗机。但当英国飞机赶到敦刻尔克上空时，德机早已消失得无影无踪。英机漫无目的地在敦刻尔克上空盘旋，企图拦截住德军的某个轰炸机群，但直到油料耗尽也未见到一架飞机的影子，只得飞回本土加油。

然而，就在英国战斗机离开敦刻尔克几分钟以后，德国进行轰炸的第二波次机群出现了。它们杀气腾腾，如入无人之境，肆无忌惮地对毫无保护的英军舰船进行密集的轰炸。紧靠码头的几艘大型运输船几乎同时起火，并开始慢慢下沉，船上的士兵无望地纷纷跳入漂满死尸的水中。一些小船企图驶离岸边，但德机对它们也丝毫不放，落在船边的炸弹将一艘艘小船掀翻，撤退工作陷入了混乱，被迫暂时停止。为了躲避轰炸，已经开到海上的运兵船忽左忽右地作"之"字形航行，高速驶过弹雨如注、恶浪滔天的海面，军舰上的大炮一刻不停地开火，猛烈回击。大约一小时以后，英军比·希金上校率领两个中队的40余架"飓风"战斗机再次越过海岸，飞向敦刻尔克。英机刚刚到达敦刻尔克上空，便发现了远处正在逼近的德军又一波次的轰炸机群。几乎同时，担任护航的德军战斗机也发现了英国机群。顷刻之间，一场空中恶战开始了，一架架战机盘旋翻滚，追逐混战，发动机尖锐的啸叫声此起彼伏，不绝于耳。只见一架"飓风"战斗机紧紧咬住一架德国轰炸机不放，突然传来"轰"的一声，仓惶逃遁的德机不幸与另一德机相撞，漫天飞舞的飞机残骸碎片落入茫茫大海之中。

被激怒了的皇家空军誓死作战，惊恐的德军轰炸机仓惶投下炸弹，掉头就逃。这次轰炸，德军没有达到预定效果，大部分炸弹丢到海里或沙滩上。但英军为此也付出了沉重的代价，11架"飓风"式战斗机被击落。

德军的轰炸几乎持续了一整天，总共投下了1.5万枚高爆炸弹和3万枚燃烧弹。当夜色降临，德机的轰炸停止了的时候，敦刻尔克地面依然是火光一片、浓烟滚滚。这一天，英军只有7 669人被输送回国，大约有40余艘船只被击沉；德军损失了23架飞机，比10天以来德军损失的飞机总数还要多。

当天晚上，戈林接到了轰炸报告，他激动地将这一喜讯报告给元首，但对于损失却只字未提。

天公作美：海运盟军

1940年5月27日深夜，德国东部和荷兰境内的各机场灯火通明，各种车辆往来穿梭，忙着为机场上的飞机进行加油挂弹和临时维修，为第二天的轰炸作最后的准备。

28日凌晨，德国空军参谋长耶顺内克少将接到侦察飞机和前线地面部队的报告：敦刻尔克上空大雾弥漫，加上地面浓烟覆盖，空中看不清目标，无法继续进行空袭。耶顺内克赶紧将这一情况报告给戈林。

"不行，我要的是轰炸！轰炸！！再轰炸！！！你明白吗？绝不能让英国佬从海上跑掉，你不能以天气来掩盖你的无能。"话筒里传来戈林疯狂的吼叫，百般无奈的耶顺内克只好命令飞机照常起飞。

★当时的德军正在把炮口对准英吉利海峡对岸的英国

5月28日上午，德军派出的两个轰炸机大队由于敦刻尔克上空能见度极低，只好带弹返回。

此时，盟军的撤退正在紧张地进行。他们运用了一切可以动用的船只，甚至驱逐舰也改成了运兵船。除了利用仅剩的几处码头外，海滩也被充分利用起来。他们用绳索牵着渡过海峡的小船，让等候在海滩的士兵乘小船渡到海上的大船旁边。岸上的士兵被分成50人一组，每组由一名军官和一名海员指挥。每当有救援船靠岸，他们便一组组地被带到海边，涉过没踝、没膝、齐腰、齐胸的海水，小心避开不断漂到身边的同伴的尸首，艰难地爬上小船。

下午，气象情况仍然很差。耶顺内克少将在办公室里焦急地踱步，戈林一次次的电话催促使他感到一阵阵耳鸣。他早已命令轰炸机群挂弹待发，但面对敦刻尔克恶劣的天气却无计可施。这时参谋为他送来了气象报告，预计近几天内法国东南部仍将持续阴雨天气。耶顺内克有些紧张，他明白如果这几天时机错过，英军将很可能把被围困部队全部撤回本土。他命令气象部门拿出更详细的气象报告，同时接通了作战室的电话。

"各机场待战飞机，立即以三至五架小型编队对敦刻尔克实施连续轰炸。不管目标上空能见度如何，炸弹必须投下去。"无奈之时，他只能出此下策，以求扰乱英军的撤退部署。

敦刻尔克上空又响起了轰炸机发出的隆隆声。新集中起来的几支高炮部队开始漫无目的地对空射击，士兵纷纷跳进附近的战壕。然而，投下的炸弹几乎没有造成什么伤害，不是投进了距岸滩很远的海里，就是投在无人的空旷地，偶尔有几颗落在士兵聚集的沙滩，柔软的沙子也像坐垫似的把大部分爆炸力吸收掉了，哪怕是炸弹就在身旁爆炸，也不过是扑一脸泥沙而已。

这种无目的的零星轰炸一直在不间断地进行。但撤退的士兵很快便对之习以为常了，他们纷纷爬出战壕，做他们要做的事情，排在后面等候上船的士兵，甚至玩起了沙滩排球，就像在英格兰岛欢渡周末一样悠闲自得。

29日早上，撤退行动的总指挥拉姆奇海军中将收到来自本土的电报：29日共有6.5万人安全返回。但拉姆奇心中却没有丝毫的轻松感，在敦刻尔克岸边等待撤离的部队越来越多，在敦刻尔克西部和北部的德军地面部队又加强了攻势，防御圈在不断地缩小，他只有祈求上帝让这种大雾天气能多持续几天。但遗憾的是上帝并不总那么遂从人愿，大约下午两点钟，阳光又洒满了敦刻尔克的海滩。

还不到一个小时，德军三个大队的"施图卡"重型轰炸机编队便赶到了。一架架德机像饥恶的鹰鹫一样扑向地面的猎物，仿佛要夺回这几天的损失。这次德机只把大型运输船只作为主要轰炸对象。一架俯冲轰炸机追上已经驶离港口的"奥洛国王"号大型渡船，从高空直插下去，在机身就要触到船上的烟囱时迅速打开弹仓，炸弹几乎全部落在了甲板上，在一声声震耳欲聋的爆炸声中，"奥洛国王"号很快便沉入了水中。距岸50米远的另一艘英国先进的驱逐舰也未能逃此厄运，两架德机同时向它俯冲下来，舰炮还来不及瞄准，几枚炸弹就已经命中了舰后的动力仓，锅炉开始爆炸，紧接着又一架德机袭来将其击沉。海上的运输船已经完全失去队形，乱做一团，许多船只起火，抛锚在海上。

5点27分，新赶来的德军第2航空队两个轰炸机团又对英国船队进行了猛烈的轰炸。

这天下午，英国海军损失驱逐舰三艘，遭受重创七艘，还有"奥洛国王"号、"海峡皇后"号、"洛琳娜"号、"芬内拉"号和"诺尔曼尼亚"号等五艘大型渡船被击毁。当晚，拉姆奇将军不得不把八艘最现代化的驱逐舰撤出战斗，因为这些战舰直接关系到即将来临的抗击德国入侵的战斗成败，他不能拿它们来冒险。尽管遭受到如此大的损失，这一天英军仍然从港口撤走了3.35万人，从海滩撤走了1.4万人，其中包括近1万名法军。

5月31日凌晨，天空又下起了小雨。敦刻尔克港又暂时恢复了平静，从英国本土新筹集的大量民船也加入了输送的行列，撤退的速度明显加快。同时，地面防御部队也顶住了德军的多次进攻，防御圈缩小到33千米，以便收缩兵力作最后的抵抗，为海上撤退赢得更多的时间。

最后的激战："飓风"大战德军王牌

5月31日，德国空军作战室的气氛异常沉闷。因为整整两天未对敦刻尔克进行有效的轰炸，希特勒对此非常不满。眼看着一批批英法士兵从他的眼皮底下溜走，他实在气愤难平。这时，气象报告打破了室内死一般的沉静：预计24小时内敦刻尔克上空将出现晴朗天气，轰炸可继续进行。大家顿时忙碌起来。

与此同时，英军也得到了同样的气象报告，战时内阁决定动用大量先进的"飓风"式战斗机和"喷火"式飞机在敦刻尔克上空进行不间断的巡逻，为撤退部队提供安全保障。

一场空中激战又一次拉开了帷幕。

6月1日拂晓，英吉利海峡上荡起的阵阵微风，吹散了水面上的晨雾，圆盘似的旭日贴着海面冉冉升起，风平浪静的海面上泛起了一道道粼光。

首批担任警戒任务的28架"飓风"式战斗机从英国南部起飞了。它们穿过英吉利海峡，向着预定的敦刻尔克以西30千米的巡逻空域飞去。当机群刚刚抵达敦刻尔克上空时，领航飞机便发现了正在逼近的德国机群，飞行员们赶忙提高飞行高度，

★敦刻尔克海滩上失事的英国战机

直扑德机。但当他们临近敌机时却被德机强大的阵容惊呆了：德机组成了上、中、下三层的立体编队，下面是40余架轰炸机，中间是担任近距离支援任务的战斗机，最高一层是进行高空支援的战斗机。

"飓风"飞机钻入了高空云层，试图躲过敌人强大的掩护机群，然后从背后进行攻击，但为时已晚，敌机

★ 即将撤退的盟军丢弃的各种车辆

显然已经发现了他们的动机，大批敌战斗机急冲下来，死死咬住了他们。英机迫不得已只好将编队一分为二，一部分直扑敌轰炸机群，另一部分向敌战斗机猛扑过去。

这是一场德军占绝对优势的空中肉搏战。

突然，一架德轰炸机首先被英机击中，拖着浓烟滚滚的尾巴掉了下去。德机见状立即将其余的轰炸机排成圆形防阵，互相掩护尾翼，以消除英机从背后攻击的威胁。英机见状只好迅速拔高，企图从高空打开突破口。

不料，此时的高空更是弹雨穿梭，杀声一片。英一架"飓风"战斗机从背后向一架德战斗机发起了攻击，德机向左一拐，巧妙地避开了"飓风"式飞机的火力，子弹从它的右侧擦过，使英机扑了个空。可就在这时，另一架斜插过来的德机却躲闪不及，被击中坠落。

德军一看形势不好，赶紧变换战术。一架德战斗机急速向下滑行，看起来好像要逃离战场。一架英机立即追了上来将它咬住，正当这架德机眼看要成为战利品的时候，突然从高空射来一束急促的子弹将这架尾追的英机击落。这种德军创造出来的"诱饵战术"使英机频频上当，仅仅几分钟就有三架英国飞机被击落。

战斗进行得相当残酷，英国飞行员以顽强的毅力与数倍于己的德机周旋着。不久，第二批从英国起飞的两个中队的战斗机也加入了空战。敦刻尔克西部的天空充满了战斗的喧嚣声，弹片、硝烟、火光在空中弥漫着，本是晴朗的天空此时却看不到一丝蔚蓝。

这一仗英国空军终于以顽强的行动打退了德军，击毁击伤德机21架，打乱了德军的空袭计划，狂傲的德意志帝国空军第一次尝到了英国空军的厉害。

然而德军并没有死心，他们派出了更加强大的战斗机群，为轰炸提供空中掩护。6月1日上午，英德在敦刻尔克的空中交战几乎从未间断，规模在不断扩大。英国空军几乎出动了一切可以动用的飞机——"飓风"式飞机，"喷火"式飞机，装有炮塔的双座无畏式飞

机，甚至赫德森轰炸机、双翼箭鱼式鱼雷轰炸机及笨重的安森侦察机都从英国起飞，参加空战。但是尽管如此，仍然未能完全阻止住蜂群一样拥来的德机的进攻，一些德轰炸机躲过了英机的拦截，在敦刻尔克港大肆轰炸。

下午，狡猾的德国人改变了战术，他们利用大编队英国轰炸机离开加油的机会，发动主要攻击。他们以部分战斗机牵制住警戒的小股英机，轰炸机则迅速飞抵敦刻尔克上空，从较高的高度对地面进行袭击，投弹后迅速返回，使得英机几次扑空。

这一天英军有31艘舰船被击沉，11艘遭受重创，是为时9天的撤退中损失最惨重的一天。

6月2日以后，撤退完全改在夜间进行，德国空军对此无可奈何，随即转移了空袭目标，开始对巴黎等地进行大规模空袭，对敦刻尔克的攻击又重新交给了地面部队。

但此举已为时过晚，被围英法联军已大部分撤回英国。6月4日，英军终于实现了从敦刻尔克撤出33.8万余人的奇迹。为此，英国虽然付出了损失110余架飞机的惨痛代价，但德国空军损失更大，它不但损失了150余架飞机，而且未能阻止住登船行动，使盟军为尔后的战争保存了巨大的有生力量。

英国历史学家评论说："欧洲的光复和德国的灭亡始于敦刻尔克。"而德国决定由空军取代地面装甲部队消灭敦刻尔克的盟军则被视为二战初期"德军最大的失误"。

◎ 战机污点：米格-25叛逃事件始末

米格-25虽然在战场上有着神话般的表现，但它同时也被叛逃事件搞得声名狼藉。

1976年9月6日，发生了一个震撼世界的事件：米格-25叛逃。当天下午1点11分，日本航空自卫队地面雷达发现在北海道东海岸360千米，高度约6 200米处有一飞行物正高速飞向日本领空，控制中心发出了问讯信号但没有任何回应。1点20分两架自卫队的F-4战机紧急起飞拦截。1点24分，不明飞行物进入日本领空。1点26分不明物突然在雷达屏幕上消失，派出的F-4也未能发现目标，后来才知道这架飞机突然降低高度，躲过了雷达探测。正当自卫队防空控制中心乱成一团时，北海道函馆机场航空管制和地勤人员看见一架涂有红星军徽的灰色飞机在330米高处盘旋。很快这一飞机飞到一架正在12号跑道上滑行准备起飞的全日空波音727客机的后面，待客机一离开跑道，就在跑道上强行降落，随后冲出了跑道末端并撞倒两排雷达天线才停了下来。上面跳下一个飞行员，并用手枪朝天连开数枪，还呼喊了几句话语。当地日本航空自卫队很快查明了此人身份，原来是苏军飞行员维克托·别连科驾驶一架米格-25叛逃到日本了。美国情报人员立即赶到了现场，迫不及待而有条不紊地开始检查测量米格-25这一平日里求之不得的"宝物"。

苏联方面用了几个小时才弄清楚这架米格-25不是失事，而是叛逃了。苏联立即向日本和西方施加了强大的外交和军事压力。苏联对外宣称别连科迷航，要求日本函馆机场归

★叛逃到日本的米格-25歼击机

还飞行员和飞机，苏联外交官之后在与别连科的会面中也展开了软硬兼施的心理战，当时在英参加法恩巴勒航展的苏联代表团立即退出航展。当天从别连科叛逃的下午起，直到午夜，日本自卫队先后紧急起飞了143架次飞机去拦截靠近日本空域的苏联飞机。当然美日方面是绝对不会放过这一机会的。几天后被卸下机翼的米格-25由一架C-5运输机在十几架战机护航下，运至东京近郊的空军基地。随后米格-25被大卸八块，日美联合检查了它的每一部分。直到11月12日，这架米格-25才归还苏联。

在苏联方面，这一事件导致了巨大损失。首先是空军、防空军部分的高层军官被解职受罚，事件相关的许多基层官兵也难逃一劫。更惨痛的是由于雷达、无线电、敌我识别等绝密外泄，所有米格-25被迫回厂改换上述系统，其他作战飞机也受到不同程度的影响。当然借这一机会米格-25也得到了改进的机会，但损失仍是惨重的。

日本和美国专家研究了叛逃到日本的米格-25战斗机后认为，这种飞机通常飞不到3马赫，并且外挂武器高速飞行时振动得也很厉害，这可能是米格-25截击机的速度表上在2.8马赫处标有红色警告线的原因。据试飞员介绍，米格-25飞机交付使用后确实有在最大速度2.8马赫下只允许飞3分钟的限制。后来通过在中东战争中的实战，限制时间一度延长到8分钟，最后取消了这种时间限制。而且据说在一次躲避导弹攻击时飞机的速度曾超过3马赫。

米格-25先进的速度优势让西方世界为之一震。之后，米格-25开始出口到世界各国，米格-25侦察型全被伊拉克改装为侦察／轰炸型，伊军使用其多次轰炸了伊朗目标。海湾战争中，伊拉克的米格-25凭借高速性能，也给了美军不少压力。

2002年12月23日，伊军出动的米格-25战机成功击落了美军一架"捕食者"无人侦察机。2003年2月27日，一架伊军米格-25"狐蝠"战斗机更越境深入沙特领空大约30千米左右。不过，当这架飞机的驾驶员发现自己被高空迎面飞来的美军F-15C战斗机雷达"锁定"后，立刻掉头返航。

4 第四章
轰炸机
百年战争中的空中堡垒

🌀 沙场点兵：简述轰炸机

1903年飞机刚刚发明不久，就在战争中被作为武器使用。飞机在战争中投下的第一枚炸弹，标志着战争武库中又增加了"轰炸机"这个新的种类，而轰炸机的威慑力和破坏力是军用飞机中最大的。

轰炸机是用于对地面、水面目标进行轰炸的飞机。具有突击力强、航程远、载弹量大等特点。

轰炸机有多种分类：按执行任务范围分为战略轰炸机和战术轰炸机；按载弹量分重型（10吨以上）、中型（5～10吨）和轻型（3～5吨）轰炸机；按航程分为近程（3 000千米以下）、中程（3 000～8 000千米）和远程（8 000千米以上）轰炸机，中近程轰炸机一般装有4～8台发动机。机上武器系统包括机载武器如各种炸弹、航弹、空地导弹、巡航导弹、鱼雷、航空机关炮等。机上的火控系统可以保证轰炸机具有全天候轰炸能力和很高的命中精度。

轰炸机的电子设备包括自动驾驶仪、地形跟踪雷达、领航设备、电子干扰系统和全向警戒雷达等，用以保障其远程飞行和低空突防。现代轰炸机还装有受油设备，可进行空中加油。

★美国轰炸机

⊕ 兵器传奇：城市上空拉起防空警报

在飞机用于军事后不久，人们就开始了用飞机轰炸地面目标的试验。

1911年10月，意大利和土耳其为争夺北非利比亚的殖民利益而爆发战争。11月1日，意大利的加福蒂中尉驾一架"朗派乐"单翼机向土耳其军队投掷了四枚重约两千克的榴弹，虽然战果甚微，但这是世界上第一次空中轰炸。

1913年2月25日，俄国人伊格尔·西科尔斯基设计的世界上第一架专用轰炸机首飞成功。这架命名为伊里亚·穆梅茨的轰炸机装有八挺机枪，最多可载弹800千克，机身内有炸弹舱，并首次采用电动投弹器、轰炸瞄准具、驾驶和领航仪表。1914年12月，俄国用"伊里亚·穆梅茨"组建了世界第一支重型轰机部队。于1915年2月15日首次空袭波兰境内德军目标。第一次世界大战期间，轰炸机得到迅速发展和广泛使用。当时轰炸机的时速不到200千米，载弹量一吨左右，多为双翼机。

第二次世界大战，轰炸机又有新发展，装有四台发动机的重型轰炸机是轰炸机发展到新水平的标志，载弹量可达8~9吨，航程为2 600~7 000千米。其中尤以美国的B-29最为

★意大利轰炸机

★整装待发的美国轰炸机

超群显赫，它不仅是投向广岛、长崎两颗原子弹的载机，而且投下大批燃烧弹，造成著名的东京大火，导致十几万日本平民伤亡也是B-29的"赫赫战果"。

为抵御敌方截击机的攻击，20世纪50年代以前设计的轰炸机上普遍装有旋转炮塔。20世纪60年代以后，由于空空导弹的发展，炮塔自卫已失去意义。现代轰炸机多靠改善低空突防性能、采用隐身技术来提高自卫能力。

20世纪60年代以后，各种制导武器日益完善，目标的空防能力大为提高，所以战术轰炸的任务更多地由歼击轰炸机来完成，自卫能力差的轻型轰炸机已不再发展。随着歼击轰炸机航程和载弹能力的提高，甚至中型轰炸机的任务也可由它来完成。自从出现中、远程导弹后，战略打击力量的重点已转移到导弹上来，战略轰炸机的地位明显下降。

20世纪80年代至今，只有美、苏（俄罗斯）两国尚在继续研制远程超音速轰炸机，如美国的B-1和苏联的图-26，都是变后掠翼飞机，装有先进的自动导航系统、地形跟踪系统和电子对抗设备，攻击武器以空地导弹和巡航导弹为主，能在复杂气象和地形条件下隐蔽地进行超低空突防，对目标进行远距离攻击。

远程超音速轰炸机易于分散隐蔽，不易受敌方核导弹攻击，同时使用灵活，便于打击机动目标，已成为弹道导弹的重要补充打击力量。

慧眼鉴兵：空中打击力量

轰炸机是现代化空中打击力量的重要装备，从诞生那一天起，轰炸机就是空中作战力量具备攻击性的代表和象征，而且还一度被作为唯一的战略打击手段而得到世界主要军事强国的重视。

国家的地位本身就是依据经济实力和军事实力的综合来确定的，战略轰炸机和核潜艇现在已经成为判断一个国家军事技术力量的标杆，联合国安理会的五个常任理事国都是有能力独立生产战略轰炸机和核潜艇的国家。目前装备有完全战斗力的战略轰炸机部队的只有美国、俄罗斯和中国。美国、俄罗斯和中国始终在空中作战力量中维持着一支较大规模的战略轰炸机部队，而英国和法国则在冷战后将曾经装备的战略轰炸机逐渐退役。

目前，轰炸机本身的作用在现代战争中并没有被新装备所取代，因此使轰炸机的装备规模越来越小的关键因素并不是在战场上不需要了，而是说装备这样规模的轰炸机部队，在经济上必然难以承受。如果一个国家拿不出足够的资金来发展和维持战略轰炸机部队的正常战备，而单纯为拥有而装备轰炸机，这样的部队是没有实战价值的。

是它拉开了二战序幕
——Ju-87"斯图卡"

◎ Ju-87"斯图卡"：为"闪电战"而生

提到俯冲轰炸机，人们最先想到的便是"斯图卡"。因为它在第二次世界大战，特别是大战前期的赫赫威名，"斯图卡"这个词被收入军语词典，成为俯冲轰炸机的代名词。

"俯冲轰炸机"这一概念在第一次世界大战中出现，当时英国皇家空军试制了世界上第一架俯冲轰炸机——SE5a，但由于在试验中被模拟对空炮火打得"千疮百孔"，因此宣布失败，没有继续进行研究，但是德国人看到了其在战争价值上的潜力。

伴随着德国实力的恢复，希特勒统领下的德国开始重整军备。由于空军首脑戈林与希特勒的亲密关系，空军的发展被放在首位，为了即将到来的"闪电战"，考虑到精确轰炸的需要，1934年德国空军决定研制一种俯冲轰炸机，几家飞机公司投入竞争设计，由空

★Ju-87"斯图卡"轰炸机

军技术部最后决定采用哪种方案。一战的王牌飞行员乌迪特试飞了这架世界上第一个具备专业反坦克能力的作战飞机。这架 Ju-87是依循旧的经验制造的，但是被赋予了新的特性：能够垂直向目标进行俯冲攻击，这种轰炸的精确程度远远超过了水平轰炸。日本、美国和英国的海军航空兵均装备了类似的俯冲式轰炸机，因为水平轰炸机很难准确地命中移动中的战舰。

德国空军的第一个俯冲轰炸机单位于1937年诞生，并且有一部分Ju-87A-1S交付给派往西班牙执行军事干涉任务的空军部队。当时德国空军中的很多军官对"斯图卡"轰炸机并不感兴趣，认为其飞行速度太慢，且过于笨重，容易成为敌军战斗机的靶子。然而，"斯图卡"在西班牙优异的表现，最终赢得了大多数德国空军军官广泛的赞誉。德军把这种俯冲轰炸机称为"斯图卡"。

◎ 轰炸王者：轰炸精度令人惊奇

★ Ju-87 "斯图卡" 轰炸机性能参数 ★

机长： 11.5米

机高： 3.88 米

翼展： 15米

机翼面积： 33.69平方米

空载重量： 3900 千克

满载重量： 6600 千克

动力： 一台Junkers Jumo 211J-1型发动机

最大速度： 410 千米/小时

最大巡航速度： 310千米/小时

常规巡航速度： 190 千米/小时

实用升限： 7290米

巡航半径： 448千米

最大航程： 1000千米

武器装备： 两门BK-37型37毫米机关炮

一挺MG81型7.62 毫米轻机枪（位于座舱后部）

携带六枚总重1800 千克炸弹

大多数俯冲轰炸机可以带给其飞行员垂直的感觉，犹如跳水一般。但是"斯图卡"真正做到了与地面垂直90度角。在驾驶员座舱右舷边上的指示器能准确地指示从30度到90度的角度，使飞行员能够作出正确的判断。当"斯图卡"垂直俯冲约1370米的时候，其速度由开始的410千米/小时加速到540千米/小时，犹如一枚火箭高速冲向地面。飞行员注意高度时，会有一个提供警示的指示灯提醒要将飞机拉起。德国空军最低的俯冲高度为800米，较低的云层基本限制了Ju-87的水平攻击。

西班牙内战后开始大量生产经过改进的"斯图卡"B型。它采用双人机组。推进动力为一台1100马力的Jumbo211Da液冷V型12缸发动机。防御火力为由驾驶员控制的固定在机翼两侧的两挺MG17型7.92毫米机枪和由后座无线电员操纵的一挺MG15型7.92毫米机枪。机身腹部中心线可悬挂一枚500千克重型炸弹，两侧翼下另可加挂110千克炸弹各一枚。"斯图卡"机体非常牢固，故能以80度的角度向下急剧俯冲。它所装备的自动计算装置可正确计算出开始俯冲和拉起机头的时机，在前翼梁下装有一对俯冲减速板，而其肥大的主起落架在飞机俯冲时也起到减速的作用，这些特点使"斯图卡"具有极高的轰炸精度，圆径误差在25米以内。

在"斯图卡"的机头冷却进气口装有一个空气驱动的发声装置，在俯冲时发出类似空袭警报的凄厉的尖啸声，在炸弹还没落下以前，已对地面的人的心理造成极大的冲击，加强了打击效果。

只要德军掌握了战场的制空权，"斯图卡"仍可一显身手。

◎ 二战利兵：尖啸的"怪鹫"

提到Ju-87"斯图卡"轰炸机，我们脑海中都会闪过这样的镜头：一群像秃鹰一样的飞机遮天蔽日而来。猛然间，它们以近乎与地面垂直的角度向下俯冲，发出尖厉的怪啸声……Ju-87是大战初期德军最有效的空对地武器，具有火力猛、坚固耐用等特点。

1939年9月1日，三架外形奇特的小型飞机以仅十米的"树梢高度"在波兰上空疾飞，发起突然进攻，为纳粹德国闪电战清除了大战的第一个障碍，十分钟后，第二次世界大战在欧洲大地爆发，这就是第一代杰出的轰炸机Ju-87"斯图卡"在大战中演出的开场戏，此后"斯图卡"逐渐成为德军轰炸机的代名词。

之后，轰炸荷兰兵营，摧毁比利时坚固堡垒，粉碎法国坦克部队的反冲击，扫射敦刻尔克海滩上等待撤退的英国远征军，"斯图卡"作为德军闪电战的先导纵横欧洲战场。"斯图卡"就像一门会飞的火炮，具有大范围的作战能力和灵活的攻击性，在盟军的阵线后方集结的法军装甲部队常常在运输途中就遭到了"斯图卡"毁灭性的打击。除了轰炸交通枢

★Ju-87轰炸机正在执行轰炸任务

★两架正在返航的Ju-87"斯图卡"轰炸机

纽、军用设施等固定目标外，"斯图卡"最重要的作用是为德军装甲部队提供近距支援。

德军每个坦克师都配备有空军的联络员，一旦遇到敌军的抵抗，立即呼唤空中支援，大批"斯图卡"随之而到，以准确的轰炸迅速瓦解对方的防御，可以这么说，"斯图卡"就是德军装甲部队的（飞行）远程火炮。由于有"斯图卡"开道，德军坦克才能以令所有军事评论家瞠目结舌的速度快速推进，"斯图卡"也由此名声大震，成为德军闪电战的王牌。

在向斯大林格勒挺进途中，德军在一个小镇外遭到顽强抵抗，于是德军召唤空中支援。十余架"斯图卡"马上飞临小镇上空，只经过一轮俯冲轰炸，镇内的苏军即宣布投降，"斯图卡"的威力由此可见一斑。

但是，即便如此，在法国的空战中，"斯图卡"轰炸机还是暴露出其防御能力不足的弱点，一挺7.62毫米机枪根本不足以挡住敌方战斗机的攻击。

少量的"斯图卡"战机进入了非洲军团和意大利空军服役，但所造成的影响十分有限。而在东线，"斯图卡"展现了其优良的攻击性。

在1941年，苏联空军彻底被德国空军所压制，290架之多的"斯图卡"轰炸机在前线根本没有任何受威胁的感觉而从容地对目标发动攻击。1941年9月23日，飞行员汉斯·乌尔里希·鲁德尔在空袭中成功地用"斯图卡"轰炸机击沉了苏联战列舰"马拉"号。接着，他在使用了装备着37毫米反坦克炮的号称"坦克棺材"的Ju-87G型"斯图卡"轰炸机之后，创造了击毁519辆坦克的惊人纪录。

到了1943年中期，"斯图卡"轰炸机开始面对恢复元气的苏联空军的严重威胁。Ju-87S"斯图卡"轰炸机也曾提供给罗马尼亚、意大利、匈牙利和保加利亚空军使用，在其生产高峰期每年产量达1814架，截至1944年，共有5700架"斯图卡"俯冲轰炸机投入使用。

日本上空的原子弹携带者 —— B-29 "超级堡垒"

◎ 堡垒初成：美国空军重举B-29

B-29"超级堡垒"轰炸机亦称B-29"超级空中堡垒"，是美国波音公司设计生产的四引擎重型螺旋桨轰炸机。主要在美军内服役的B-29，是第二次世界大战时美国陆军航空兵在亚洲战场的主力战略轰炸机。它不单是二战时各国空军中最大型的飞机，同时亦是集各种新科技于一身的先进武器。

早在美国参战以前，美国陆军航空队司令亨利·阿诺德便希望能够发展一种长距离战略轰炸机，以对纳粹德国作出长程轰炸。波音公司以之前非常成功的B-17"空中堡垒"为B-29"超级堡垒轰"炸机蓝本，设计出划时代的B-29，击败对手联合公司的B-32设计。

1941年5月，战争阴霾日渐，美国军方决定向波音订购250架B-29，另外准备再订购250架。当时每架B-29作价60万美元，订单总值达30亿元。作为各种飞机中体积最大、重量最高、翼展最宽、机体最长、速度最快的B-29，在接受订单时其实只曾做过风洞实验，尚未真正试飞。B-29计划因而有"30亿美元的豪赌"之称。

美国参战以后，波音公司被要求加快开发及生产B-29。由于B-29的规格要求十分严格，其设计在当时来说非常复杂。在时间紧迫的情况下，设计及生产一开始便出现严重问题。首先是B-29的发动机：莱特R-3350在当时非常不可靠，在作战负载下经常过热。首架B-29便是在出厂后两个月的一次试飞中因为发动机起火，令机翼折断而坠毁。发动机过热的问题一直困扰着所有的B-29，直到战后使用另一款发动机的B-29D服役才彻底获得解决。此外，飞机的中央火控及遥控火炮亦经常失灵。因为B-29的设计经常改动，1944年出厂的大部分B-29不是被运往前线，而是先飞到改装工厂进行改装，如果不是阿诺德将军亲自过问，波音可能不会及时生产出足够的B-29。事实上，为了应付大量订单，B-29的生产分别由波音公司、贝尔飞机、马丁飞机的工厂负责。此外数以千计的承包商，包括通用汽车，负责制造各种配件。其中波音公司在堪萨斯州的B-29工厂规模最大，在当地雇用了近3万名工人，日夜不停地生产。

但是在战场上，B-29却表现优异。去除了经常出现的发动机故障，"超级空中堡垒"可以在12200米的高度以时速560千米的对空速度飞行。当时轴心国大部分战斗机都很难爬升至这种高度，就算能够，它们亦不能追上B-29的速度。地面高射炮中只有口径最大的才射得到B-29的飞行高度。B-29的作战续航距离超过4800千米，可以连续飞行16小时。飞机首次使用了加压机舱，机员无须长时间戴氧气罩及忍受严寒。不过B-29并非整个机体都有加压。轰炸舱因为要能够在空中打开是没有加压的。机内只有机首部分的驾驶室和机尾后枪手使用的部分才有加压，两者之间以一条小隧道连接。

★B-29轰炸机

◎ 空中魔鬼：设计思想十分先进

★ B-29轰炸机性能参数 ★

长度：30.2 米

高度：8.5 米

翼展：43.1 米

翼面面积：161.3平方米

空载重量：33800 千克

满载重量：54000 千克

最高起飞重量：60560 千克

动力：四台莱特R-3350-23
超级增压星形发动机

最高速度：574 千米/小时

巡航速度：350 千米/小时

作战续航距离：5230 千米

运输续航距离：9000 千米

实用升限：10200米

爬升率：4.5 米/秒

翼面负载：337 千克/米

武器装备：12.7毫米M2机关枪，遥控
20毫米口径M2机关炮，机尾
9072 千克炸弹

B-29轰炸机性能优异，当然从现代眼光来看，这种飞机也没什么新奇之处，但在当时是一个划时代的研制成果。为了实现在10 000米高空上飞行，除了炸弹舱之外，B-29的所有座舱都是密封加压舱室。其机身设计成流线型，从空气动力学角度来看，机身设计水平也接近理想水平。如果想挑出什么毛病的话，就是座舱有些狭小，前后机舱的中间通道过窄，各机舱内部舒适性较差。究其原因也十分简单，因为B-29轰炸机携带炸弹量十分大，炸弹舱尺寸过大，挤占了其他机舱的空间尺寸。

可以说，B-29轰炸机的设计思想十分明确，为了提高轰炸机的性能，机身的流线型达最高境界，为了多装炸弹，不惜牺牲机身设计的其他功能。B-29研制于二战的最激烈时期，一切为战争服务的思想深入人心，所以机身设计凝聚了同时代人的各种优秀方案。为了适宜于高空飞行，B-29各舱室都采用了密封加压方案，但一旦中弹，将使加压系统失效，为了解决这一问题，机身采用了正圆断面，这样能减少机身表面积、降低机身被炮弹击中的概率。又如，各机关炮都采用了遥控结构，以减少机关炮射手的伤亡。当然机身采用正圆断面也有缺点，这使机身较细，使前后舱的连接通道过窄，妨碍了机组人员的自由活动。

在要求大炸弹舱和要求大座舱两种意见发生矛盾时，B-29轰炸机选择了大炸弹舱，但也适当地改善了座舱的舒适性。总之，B-29机身设计是一个相当成功的例子。

B-29轰炸机还装用了四台活塞式发动机，动力充足，速度高，每台发动机承载的炸

弹重量创造了当时新的世界纪录，并能飞越太平洋，直接轰炸日本本土。无论从哪方面讲，B-29设计计划都是一个十分成功的样板。

轰炸日本：B-29在日本上空建造空中堡垒

在 B-29 轰炸机出现之前，日美两国隔着太平洋，只能进行海上消耗战，不能进行你死我活的决战。B-29 轰炸机出现之后，整个战局形势大变。

在太平洋战争中，随着日军的节节败退，塞班岛和关岛相继被美军占领，日本周围各岛被美军占领只是个时间问题了。1944 年 11 月 24 日，B-29 轰炸机从塞班岛起飞，首次对东京进行轰炸，攻击目标是中岛飞机公司武藏工厂，这次共出动了 110 架 B-29 轰炸机，轰炸效果十分良好。从此以后，B-29 轰炸机在日本战果累累，它对日本全境进行了地毯式轰炸，时间长达 15 个月之久，空袭次数达 380 次以上，东京和日本全境都陷入了悲惨的地狱之中。

1945年8月1日，B-29轰炸机向日本33个城市投下宣传单，警告在之后数天将空袭所列城市。到了战争末期，B-29空袭日本几乎成为例行公事。美国空军上将李梅向华盛顿报告，指出被日本击落的B-29轰炸机比在训练时损失的还要少。1944年美国陆军及海军陆战队占据马里安纳群岛上的关岛、塞班岛及天宁岛，华盛顿方面同意李梅将军的意见，开始在岛上修建机场，这些机场成为美军在二次大战最后一年空袭日本的基地，群岛上的基地可以由海路轻易获得补给。1944年10月12日，首架B-29抵达塞班岛。首次作战是10月28日，14架B-29轰炸了特鲁克环礁。11月24日，岛上111架B-29轰炸东京。自此展开B-29对日本本土越加猛烈的空袭，直至战争完结方才结束。

最初B-29轰炸日本的目标以军事及工业设施为主。B-29多数在日间从10 000米

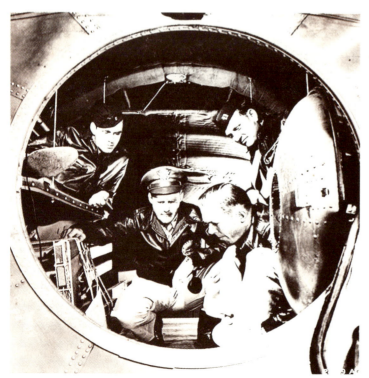

★B-29 后机身的增压乘员舱，通过前方的管道可以到达前增压舱。

左右高空进入，使用仪器进行精确投弹。但是日本本土上空经常有强烈的气流，使这种空袭难以发挥成效。

1945年初，阿诺德将军把驻在马里安纳群岛的B-29交由李梅将军指挥，希望他能加强轰炸的成效。李梅改变B-29的攻击方法，让B-29在晚间从1 500~2 000米的低空进入日本，并且根据日本空袭中国城市的经验，使用燃烧弹对日本的城市进行

★B-29是二战中最杰出的重型轰炸机

大范围的地毯式焦土轰炸。李梅相信日本的战斗机在夜间不足为惧，而这个高度亦正是日本防空炮火的断层。B-29拆除尾部的机关炮，以增加2 700磅的载弹量。结果证明李梅的策略是正确的，1945年3月9日晚上，334架B-29轰炸机首次以新战术空袭东京。当天晚上将东京16平方英里（41.44平方千米）的地区烧成平地，东京商业区63%被焚毁，失去18%的工业生产力，84 000人于当晚葬身火海，100万人无家可归，而B-29的损失为14架。3月23日，又有12万日本平民死于B-29的焦土轰炸，而B-29的损失却只为20架。

到了战争最后的数月，B-29动辄以500架编队，由P-51战斗机护卫，进行对日本城市的连续空袭，目标由大型城市逐渐转为中型城市。李梅预计，到了1945年9月，B-29每月将可向日本投下115 000吨燃烧弹，是3月首次开始燃烧轰炸时的8倍；而到了10月，B-29将开始缺乏可供轰炸的目标。

不计算两次使用原子弹的袭击，在整场战争中，B-29摧毁了日本44.5平方千米的市区，导致40万日本人死亡，250万家房屋被毁，900万人流离失所，而B-29的损失总共为414架。除了焦土轰炸外，B-29还对日本的航运路线进行大规模的布雷。到了战争末期，日本的海运因航线受阻而接近瘫痪。

致命一击："超级堡垒"投下两颗原子弹

提起B-29，人们还会想起它曾在日本的广岛和长崎投下过两颗原子弹。

经过B-29轰炸机所搭载的水雷、燃烧弹、原子弹的连续数月攻击后，日本各大城市及工业基地受到了毁灭性的破坏。加上苏联对日本宣战，日皇裕仁被迫选择接受《波茨坦

公告》，无条件投降。事情的经过是这样的：

1944年底，美国海军陆战队经过浴血苦战，付出沉重代价，攻陷塞班岛。

美军全面占领马里亚纳群岛，意义非同一般，这里距东京2 000多千米，使美国第一次能够从海岛基地空袭日本本土。提尼安岛、塞班岛共有800多架B-29型轰炸机。它们一次能携带几千吨炸弹，飞行2 000多千米，轰炸东京、佐世保、名古屋、神户、横须贺，几十个轮次下来，日本65个城市已几乎没有完整的建筑物。

与此同时，在美国犹他州门多奥维空军基地，也有一批B-29型轰炸机飞行员在接受一项特殊训练。这批飞行员是从各个飞行部队严格筛选出来的，他们除了知道将来的某一天要到海外执行任务外，其他一概不准过问，他们的组织代号为"509小组"。

"509小组"使用的B-29型轰炸机已经过改装，为了使飞机更快更灵活，所有重武器均被拆除。他们的训练课目十分单调：可载10吨炸弹的弹舱每次只装一颗炸弹，但投掷这颗炸弹时，炸弹飞行距离要超过9 000米，弹着点距目标须在300米之内。

1945年4月12日，佐治亚洲，温泉。一个画家在给罗斯福总统画肖像时，总统突然昏迷，并于当天下午去世。当天晚上，副总统哈里·杜鲁门宣誓就职，继任美国总统。就在这个晚上，陆军部长告诉新总统一件他从来没有听说过的事——几年前，罗斯福总统接受了著名物理学家阿尔伯特·爱因斯坦的一项建议，决定开始研制一种威力空前巨大的

★长崎上空爆炸的原子弹

新式武器。英美有关科学家被组织起来，在散布于全国的实验室进行工作，有10万以上的人在全国各地极端紧张地工作。计划保持绝对的机密，除了极少数人以外，从事这一工作的所有人都不知道他们的研究将被用于哪里，也不知道他们生产的产品是做什么用的。现在，这个能彻底扭转整个战局的武器在四个月内就会被研制出来，它叫原子弹。

1945年6月21日，美军攻陷冲绳。美军虽然胜了，但打了80天，损失48000人。日本出动2400架"神

★正在执行任务的B-29

风"自杀飞机，击沉美国军舰26艘，伤164艘，受到重创的军舰甚至包括美国王牌航空母舰"企业"号。

1945年6月底，日本军方制订了"在日本决战"的方针。经过塞班岛、硫黄岛、冲绳岛战役之后，日本军阀们底气倒足了。他们手上还掌握着几百万陆军，有所谓"玉碎"的决心，准备打几年，打出个体面的结局。

同样是经过塞班、硫黄、冲绳之战后，美国军方心里倒有点发毛。这几次战役全打胜了，但付出的代价之高，是他们始料不及的。照这个样子进攻日本本土，很难说会付出多大代价。在他们这时制订的计划中，战争要拖延下去，1946年春季以后才进攻日本主要岛屿本州。当然，他们认为，也有缩短战争的可能，他们还有一张牌没打出去，这就是"509小组"。

这段时间以来，"509小组"与提尼安岛基地的其他B-29型轰炸机一样，参加对日本各城市的空袭。所不同的是，他们还是每次只携带一颗炸弹，每次投弹都要求保持一定高度，与以前的训练课目一样，要求弹着点准确，并在视力范围内爆炸。经过实战，他们的这项技术已大为提高，并且熟悉了复杂气象条件下的飞行。这时，全组只有一个人知道为什么要反复演练这个动作，他就是带队的蒂贝斯上校。

美国第一颗作战原子弹被分成四个部分，由三架飞机和一艘巡洋舰分别运到提尼安岛，并在这里被组装起来。它将由一架序号为82的B-29型轰炸机投掷。

据美国方面事后报道，在投掷原子弹之前的很短时间内，或是心理上的原因，或是什么其他原因，训练有素的"509小组"接二连三出事故，接连有四架B-29型轰炸机在起降过程中损坏或完全报废。

1945年8月5日，蒂贝斯上校召集"509小组"全体人员开会，这是一次交底会。他第一次宣布，"509小组"之所以训练10个月，是为了在日本投掷一颗炸弹，但它不是一颗普通炸弹，而是相当于两万吨梯恩梯能量的原子弹。

82号B-29型轰炸机将由蒂贝斯上校担任正驾驶，原来的正驾驶罗伯特·刘易斯为副驾驶。机组人员中无一人了解原子弹的构造，技术专家柏森斯上校奉命随机飞行，一旦没有完成任务时被捕，柏森斯应立即自尽。

原子弹被装上82号机。随82号机一同行动的还有五架B-29型轰炸机，其中两架负责侦察，三架随时报告天气情况。然后根据天气情况确定轰炸地点——广岛、长崎或小仓。

8月6日凌晨2时40分，"509小组"准备起飞，82号机临时命名为"依诺阿盖依"号，这是蒂贝斯的母亲的名字。

★原子弹在日本长崎爆炸瞬间

飞机滑出了跑道，升空。柏森斯上校爬入弹舱，打开原子弹的保险装置，装上引爆器。从现在起，用丘吉尔事后的话来说，82号机上装了一个"愤怒的基督"，再过几个小时，他就要降临人世了。

7时，天空一片晴朗。7时30分，为投弹作准备。现在可以确定把原子弹扔到哪儿了，广岛和长崎相距不远，前者在本州岛的西部，后者在九州岛西北。目标：广岛。

8时35分，伴随"依诺阿盖依"号的两架"509小组"飞机迅速离开。

9时，"依诺阿盖依"号机组人员戴上了厚厚的墨镜，这是为了防止强光灼伤眼睛。

9时16分，原子弹被投出弹舱。这一天，全广岛的钟表都停止在9时16分。

原子弹在离地面600米处爆炸。在闪光、声波和蘑菇状烟云之后，火海和浓烟笼罩了全城，方圆14平方千米内有6万幢房屋被摧毁，广岛30万居民中有将近一半死亡。

杜鲁门是在奥古斯塔巡洋舰上听到这个消息的。他当时很振奋，但第二天、第三天又感到惊愕，日本怎么没有投降的表示？

为了促使日本投降，美国人只得再次故技重施。8月9日，"509小组"又在长崎投下了第二颗原子弹，有7万多人死亡。

就这样，B-29"超级堡垒"轰炸机在日本先后投下了两颗原子弹，给日本造成了难以估量的重创，让日本人放弃了垂死挣扎，最终投降。1945年8月15日，日本宣布无条件投降。

至此，第二次世界大战宣告结束。

英国皇家空军的王牌轰炸机 ——"兰开斯特"

🚫 "兰开斯特"：英国皇家空军的主力战机

"兰开斯特"轰炸机作为二战中皇家空军轰炸机的主战机种，累计出击156 192架次，雄居全英之首，累计投弹608 612吨，占皇家空军战时总投弹量的三分之二。

"兰开斯特"凭借它所使用的性能优异的"梅林"发动机和相当实用的大弹舱以及丰富多样的作战模式，博得了军事行家的好评。

作为战时英国最大的战略轰炸机，以夜间空袭为主要作战手段，几乎包揽了全部重要的战役、战斗任务，以意外少的损失，赢得了巨大战果，为反法西斯事业作出了不可估量的贡献。

◎ 性能优良："梅林"发动机为其提供动力

★ "兰开斯特" B. Mk.I 型轰炸机性能参数 ★

长度： 21.08米

机高： 6.23米

翼展： 31.00米

动力： 四台罗尔斯·罗依斯"梅林"20、22 或 24 发动机

单台功率： 1280 马力

最大速度： 462千米/小时

巡航速度： 322 千米/小时

升限： 5793 米

航程： 载弹 3178 千克时 4072 千米

武器装备： "勃朗宁" 7.7毫米机枪2~4挺。

采用常规布局的"兰开斯特"轰炸机具有一副长长的梯形悬臂中单机翼，四台发动机均安置在这相对较厚的机翼上。近矩形断面的机身前部，是一个集中了空勤人员的驾驶舱，机身下部为宽大的炸弹舱，椭圆形双垂尾和可收放后三点起落架则与当时流行的重轰炸机毫无二致。

"兰开斯特"硕大的弹舱内可灵活悬挂形形色色的炸弹，除250磅常规炸弹外，还可半裸悬挂从4 000、8 000、12 000直至22 400英磅（10 160千克）重的各式巨型炸弹，用于对特殊目标的打击。

作为自卫武器，"兰开斯特"的基本装备是机枪，后机身背部和机尾分别设FN5、FN50和FN20型动力炮塔，各炮塔安装"勃朗宁"7.7毫米机枪2~4挺。

◎ 远程奔袭："兰开斯特"创造航程纪录

1942年4月17日，英国空军指挥部下达了远程奔袭奥格斯堡的命令。当日下午3时，第44轰炸机中队和第97轰炸机中队各出动六架"兰开斯特"轰炸机，分别从各自基地起飞。两个中队的轰炸机编成两个轰炸机编队，每个编队由三架"兰开斯特"轰炸机组成，两个轰炸机编队的领队机长是奈特尔顿少校。

当远程奔袭编队进入法国上空时，还是遭到地面高射炮的射击，一架轰炸机受了伤。好不容易摆脱了高射炮的纠缠，来到了埃夫勒上空，又遇到30多架德军战斗机的拦阻。英军的轰炸机编队一面低空飞行，一面用机枪、机炮进行反击。但是，轰炸机敌不过战斗机，四架"兰开斯特"轰炸机被德军战斗机击落，领队机长奈特尔顿少校的座机和其僚机也被打得遍体鳞伤。

第44轰炸机中队的编队飞抵奥格斯堡上空时，只剩奈特尔顿少校的领队机及其僚机。他们找到了目标：潜艇发动机厂，奈特尔顿不顾地面高射炮火，把机上的所有炸弹投掷下去。当他们完成了投弹任务，正在撤离时，奈特尔顿的僚机被高射炮火击中。这样，只有奈特尔顿少校的领队机返回空军基地。

当第44轰炸机中队在埃夫勒上空遇到德军战斗机的纠缠时，第97轰炸机中队的两个三机编队避开了德军战斗机，顺利地飞到了奥格斯堡，按预定计划，分两批对目标进行轰炸。当第一批三机编队投弹后，地面浓烟滚滚，第二批三机编队无法进行准确瞄准，只得对着浓烟投弹，影响了轰炸效果。当两批轰炸机投弹完毕，撤出

★ "兰开斯特" 轰炸机

战斗时，两架"兰开斯特"轰炸机被德军高射炮击落，一架被击伤。

英军远程奔袭奥格斯堡战斗就这样结束了，英军损伤不少，但没有达到预期效果。尽管这样，"兰开斯特"轰炸机在二战史上创造了中低空突防航程的最长纪录。

◎ 火线轰炸："兰开斯特"的传奇航程

1943 年 5 月"兰开斯特"担负了第二次世界大战中最为著名的一次攻击行动。5 月 16 至 17 日夜间，第 617 轰炸机中队的"兰开斯特"轰炸机执行了代号为"惩罚行动"的飞行任务——攻击德国工业中心周围的水坝，进而衰减德国的军事工业生产。这次行动要

求使用新设计的圆柱形炸弹，投弹飞机必须在超低空以精确的速度飞行，才能保证圆柱炸弹在水面上弹跳，并沿着水坝大墙下降到大坝底部爆炸。在谢菲尔德和曼彻斯特的山谷与水库上空连续飞行训练后，超低空飞行演练达到纯熟状态，同时"跳跃炸弹"也装配完毕。直到这个时候各机组才知道飞行训练的目的是用来攻击德国水坝，而在这之前，很多机组成员都认为用这种轰炸方式攻击普通目标简直是异想天开。

1944年11月12日，皇家空军完成了第二次世界大战中最为成功的精确轰炸任务，击沉了德国的"提尔皮茨"号战列舰。执行这项任务的是来自第9轰炸机中队和第617轰炸机中队的29架"兰开斯特"轰炸机。

自从"提尔皮茨"号1941年建成以来，英国皇家空军、皇家海军和苏联潜艇对它进行了不下十次攻击。所以很自然德国海军吹嘘"提尔皮茨"号是"不沉之舰"。当英国空军参谋长阿奇博尔德·辛克莱爵士到中队驻扎的机场向飞行员们表示祝贺的时候，他说道，皇家空军击沉了"有史以来世界上最为顽强的军舰"。

欧洲的战争快要结束的时候，"兰开斯特"轰炸机深入德国的心脏地区活动。记录上的最后一批出击任务是1945年4月25日轰炸希特勒的山顶别墅贝希特斯加登，和对挪威石油设施的许多夜间攻击。到了战争结束的时候，"兰开斯特"一共出击156 000架次。1945年4月，皇家空军轰炸机司令部共有56个一线战斗中队，装备了745架轰炸机，另有296架飞机用于训练。停战以后其中大部分飞机被用来运输战俘，总共输送了75 000人。

随着战争之后的和平时代来临，一些飞机改进后装备给部署在缅甸的"猛虎队"。同时，另一有些于1946年装上了照相侦察设备，随同第152轰炸机中队和第82轰炸机中队服役于东部、中非和西部非洲。还有一些"兰开斯特"轰炸机改装后执行海空救援任务。隶属于空军海防总队的"兰开斯特"以马耳他为基地，到1954年2月最后一架飞机返回本土之前，一直执行海上侦察飞行任务。但是一架编号为RF325的"兰开斯特"MR3型飞机却持续飞行到1956年10月15日，完成了最后一次飞行任务。

但是这并没有意味着"兰开斯特"故事的终结。相当数量的"兰开斯特"10型轰炸机服役于加拿大空军，执行各种各样的任务，包括空中测量、海空救援和海上侦察。在加拿大，"兰开斯特"一直服役到1964年4月1日，实在令人惊奇。其他的"兰开斯特"外国用户包括阿根廷（15架经过翻新过的）和法国，共有54架"兰开斯特"服役于法国海军。

在"兰开斯特"光辉的一生中发生了这样一个趣闻："兰开斯特"空投稻草人吓退德国战机。这个趣闻一直被人们颂扬，足以见得人们对"兰开斯特"的热爱。

"兰开斯特"通常执行的是夜间任务。德国人的炮弹在漆黑的夜空中飞来飞去，随时都可能找上门来。M2机组的"兰开斯特"也受到过很多次德国人的攻击，不过M2机组每次都能化险为夷。

很多时候，M2机组参与的都是几架、十几架飞机的小机群任务，不过有时也会参与上百架的大机群轰炸任务。当时的皇家空军把大机群飞抵目标的过程叫做"轰炸机汇流"。由于参加轰炸的飞机多，所以不可能从一个基地出发，大家分别从不同的地方升空，飞到目标附近集合。为避免被德国人过早发现意图，同一基地起飞的飞机也不编队，而且还要拉开1.6千米左右的距离，漫漫长路上难得看到自己的同伴儿。

大机群轰炸时，德国人的战斗机喜欢像狼一样躲在暗处，专门找那些落单的"兰开斯特"下手。后来，英国指挥部让每架轰炸机都带上一只装满油料和废物的德国飞机模型，扔炸弹的同时也把它点着火扔下去。皇家空军的飞行员们把这种模型叫做"稻草人"。它的作用就是吓唬德国飞行员，让他们以为有很多同伴儿被击落，不再敢轻举妄动。

战争临近尾声时，一天，机组执行完最后一次轰炸任务返航时，后舱炮塔的机枪手发现一架德国Me-109战斗机跟在后面。这时候M2机组的"兰开斯特"已经把弹药消耗得差不多了。机舱里的人都静静地等着德国人的子弹。几分钟过去了，那架德国飞机没有一丝一毫开火的意思。机长瞅准机会，一下子把油门加到最大。"兰开斯特"一溜烟地飞回了安全空域，这也许就是"稻草人"战术起到了作用。

空中的"飞骑炮兵"
——B-52"同温层堡垒"

⊘ "同温层堡垒"：为满足美军新战术技术要求而生的轰炸机

如果评选出二战之后最优秀的轰炸机，结果胜出的可能就是B-52"同温层堡垒"轰炸机。B-52轰炸机是美国空军的亚音速远程战略轰炸机，主要用于执行远程常规轰炸和核轰炸任务。由于B-52升限最高可处于地球同温层，所以绰号"同温层堡垒"也随之而来，这曾经是美国的骄傲。

B-52的发展计划要追溯到20世纪40年代末到50年代初。当时，美军对其的战术技术要求是：具有洲际航程，可以高空、高速执行战略核轰炸任务，洲际航程要求至少有10 000千米以上的续航能力。

实际上，美国陆航部队于1945年就开始实施一项计划，设计第二代战略轰炸机以取代B-36。1946年，陆航进一步对该轰炸机进行需求定义后授予波音公司一份合同，设计这种新型轰炸机。为找到一种新的发动机以满足新型轰炸机的速度和航程需求，波音公司自己

★空中的庞然大物——B-52轰炸机

拿钱展开一项研究，即新型轰炸机能够使用普惠公司正在设计的一种新型发动机。研究结果促使B-52轰炸机上安装八台喷气式发动机的设计的出现。

1949年初，波音公司制造了两架原型机B-52和YB-52，这两架飞机各重177 060千克，主要用来对最初的设计进行改进，主要设计重点是飞机和系统复杂性最低，而性能优越。B-52的直通式设计达到这一要求，并且提高系统的效用性和功能的可靠性。1952年，原型机成功地进行了测试，其性能超过了最初的设计要求。

根据原计划，最初制造出的13架飞机一般是要用来进行测试的，但只有最先制造出的三架B-52A型机用来进行研究工作，而余下10架B-52B型机直接装备现役部队。

1955年6月，战略空军司令部接受了第一架B-52，城堡空军基地成为B-52的第一个基地，洛林和韦斯托弗基地也于1956年底开始接受B-52。B-52的制造采用了组装生产的方法，这种方法极大提高了B-52武器系统的最终效用。

1955年6月生产型B-52B开始装备部队，先后发展了A、B、C、D、E、F、G和H等八型。B-52于1962年10月停产，现在B-52和B-1B、B-2轰炸机共同组成美国空军的战略轰炸机部队。

为了使B-52能服役到20世纪90年代末，美空军对G、H型做了很多改进工作，主要是改进电子设备，提高导航和攻击精度，提高生存力，携带短距攻击导弹、巡航导弹、反舰导弹，延长结构寿命。

⊘ 性能一流：远程续航能力突出

★ B-52 H型轰炸机性能参数 ★

机长： 48.5米

机高： 12.4米

翼展： 56.4米

机翼面积： 371.5平方米

空重： 83 250千克

最大起飞重量： 219 600千克

实用升限： 15 151米

最大燃料航程： 14 080千米（无空中加油）

最大平飞速度： 1 014千米／小时

最大允许表速： 741千米／小时

最大巡航速度： 909千米／小时

最大爬升率： 17米／秒

转场航程： 16 100千米

续航时间： 19小时

作战 半径： 7 400千米

武器装备： 一门20毫米M-61六管航炮

20枚AGM-69A空地导弹

从外观上看，B-52轰炸机显得十分笨重，难怪美军戏称它Buff，就是Big Ugly Fat Fellow，这个名字很形象。B-52大而笨重，长50余米；速度慢，只能接近音速飞行；机动性差，但载弹量大、航程远。

B-52采用细长的全金属半硬壳式机身结构，侧面平滑，截面呈圆角矩形。前段为气密乘员舱，中段上部为油箱，下部为炸弹舱。后段逐步变细，尾部是炮塔，其上方是增压的射击员舱（在G、H型上取消）。射击员舱与前机身乘员舱有一条通道。机身挠性很大，因此停机时机身两端分别下垂大约25毫米，同时蒙皮出现斜向皱纹，升空后方消失。

B-52翼下装四组八台涡轮喷气发动机，两台发动机间装有防火隔层，每台发动机都装有马鞍形滑油箱。两个外挂点，和两个副油箱外挂点。机头下的两个突起物是红外夜视仪器，用于夜间或恶劣气候条件下低空突防和确定目标。B-52H装八台普惠公司的TF33-P-3/103涡轮风扇发动机，分四组分别吊装于两侧机翼之下，单台推力7 650千克。H型机内装油量为174 130升。空中加油受油口在前机身顶部。

⊘ 鏖战越南：B-52荣辱记

B-52轰炸机服役之后，美国空军就一直想方设法地将B-52的优点发挥到极致。B-52最大特点是载弹量非常大，所以，B-52在越战和海湾战争中经常执行地毯式轰炸任务，其巨大的战略轰炸能力，在越南战争期间曾得到最好的印证，1972年美越和谈期间，美军出动大量B-52对北越进行地毯式轰炸，令北越蒙受了巨大损失，从而迫使其回到谈判桌上。

在越南战争中，B-52是大面积轰炸的主要工具，曾对越南南北方目标以及老挝、柬埔寨等地区目标进行过126 615架次轰炸（1965年8月至1973年1月15日），大规模轰炸后参加代号为"滚雷"、"后卫1"、"后卫2"的三大战役，轰炸目标集中在北方的铁路系统和"胡志明小道"运输线。主要用于轰炸南越游击队目标，支援美、南越的地面部队作战；而战略轰炸（对北方）只是很次要的任务，这也是B-52从设计时就注意到既可用于战略空袭，又可对局部地区作常规精确投弹的作战功能的良好体现。当时驻越美军司令曾说过："我们的火力主题，乃是B-52投下的吨位惊人的炸弹。"在整个越战中，B-52出动量占各种作战飞机总量的十分之一，但却投下近二分之一的炸弹重量（三百多万吨）。在作战全期，有17架B-52被北方地空导弹或战斗机击落，另有12架非战斗损失。

所以说，B-52在越南战场上成名，同样，北越军队更是以打下一架B-52轰炸机为骄傲，如此，B-52的北越鏖战开始了。

1972年5月，美越巴黎和谈陷入僵局，美国总统尼克松下令实施"后卫"战役，再次恢复对越南北方的轰炸。"后卫"战役分为"后卫1"和"后卫2"。

"后卫1"于1972年5月10日开始，经5个月13天的轰炸，于10月23日结束。美军全面攻击了越南北方北纬20度以北地区的铁路枢纽和桥梁。战役中美军首次使用了高精度制导炸弹，炸毁桥梁106座以及铁路枢纽和交通要道多处，但未能实现"以炸迫和"的战略目的。

★B-52轰炸机在美国对越战争中曾发挥重要作用

★B-52轰炸机在越南执行任务

　　鉴于越战已经成为美国"不可能胜利的战争"，为实现"停炸诱和"以及在巴黎和谈中逼迫越南让步，美军发动"后卫2"战役。"后卫2"战役于1972年12月18日开始，至12月29日结束（25日圣诞节停战一日）。共持续11昼夜。战役中，美军亮出当时美国国防力量的撒手锏——B-52战略轰炸机，共动用B-52战略轰炸机200多架（从关岛和泰国舞塔堡空军基地起飞），海空军战术飞机近千架，以河内、海防、太原等越南政治经济中心的工业、交通系统，物资囤积地，油库，军火库，机场，阵地等34个战略目标进行集中轰炸，以实现尽快结束越战的战略目的。这是美军在越战中规模最大和最后一次空中战役，也是第二次世界大战后，使用喷气式战略轰炸机实施大规模空袭的首次战例。

　　战役中，越南的弱小空军（200余架）也进行了积极反击，并取得良好战果。

　　1972年12月27日夜22时，美军多批F-111战斗轰炸机对河内周围的机场进行攻击并对和乐、克夫、建安等机场进行封锁，同时，又发现美国电子战飞机施放消极干扰，干扰带长约80千米。而后，发现多批B-52从西南方向飞来。

　　22时20分，越军雷达在河内西南方向发现第二批B-52，随后，又发现多批B-52飞机，向河内方向进袭。22时至23时来袭的B-52有70～80架，进行配合活动的战斗轰炸机60～80架。鉴于美军在使用B-52时，除大量使用电子战飞机实行战场干扰外，还使用战斗轰炸机压制和封锁越南主要机场，为此，越南空军事先将飞机转场至平时不大使用的安沛机场。

　　22时20分，越军地面雷达捕捉到第二批B-52时，航空兵指挥中心令安沛机场战备值班的米格-21战斗机一批一架次升空拦截，飞行员得令起飞，按地面引导，取航向230度，高度3 000米出航，安沛指挥所将其引导至安沛机场西南方向有利位置后，移交木州地面指挥所引导。

★空中堡垒B-52轰炸机

22时28分，木州指挥所令该机取航向120度，向敌机靠近。此时，飞行员受到担任掩护的美F-4战斗机发射的两枚空空导弹的攻击。由于越南长期遭美军空袭射炸。越空军对美空军比较重视，研究得比较多。该机遭美掩护战斗机攻击后，越飞行员立即以反扣和猛拉杆的战术动作摆脱了F-4的导弹攻击。

22时31分，飞行员距离8千米发现目标，当靠近至4.5千米时，高度升至8 000米并开加力增速，至1.2马赫时与目标同高。继续靠拢目标距离2 250米时，飞行员请示攻击，指挥所令命："同时发射两枚导弹！"当距离目标1 800米时，以0/4进入角完成了攻击。

导弹命中后，一架B-52飞机坠于越池以西地区。越机听令返航，仍降落于安沛机场。

这是越南空军空战击落的第一架B-52，也是人类战争史上第一次空战击落大型喷气式战略轰炸机。

"后卫2"中，B-52共出动729架次，战术飞机共出动1 800余架次。美军承认损失B-52战略轰炸机27架（越南称击落34架，1972年B-52每架价值800万美元），损失其他战

术飞机10架（越南称击落47架）。当然，美国损失的飞机主要是地面防空部队击落的。1972年12月29日，美越巴黎和谈实现停火。当天，美军结束轰炸。

据美方统计结果，越南人民军防空导弹兵共发射了1 240枚防空导弹进行反击，被击落的战略轰炸机92名乘员中有26人在战事结束后返回美国，其余66人死亡或失踪。

🚫 顺时而动： B-52适应现代化战争

越战之后，B-52的轰炸声遍及世界各地。B-52的作战方式也在几十年内经历了巨大的转变。从最初的高空高亚音速突防核轰炸，到越战时的中高空地毯式常规轰炸，再到20世纪80年代的低空突防常规轰炸，以及20世纪80年代开始的战略巡航导弹平台概念，体现了军事航空技术的发展和变革。

自20世纪90年代起，美国为B-52增加了使用JDAM等先进廉价制导武器的能力，使得

B-52的作战能力倍增。到了阿富汗反恐怖战争期间，为对付大量的地面目标，B-52重执地毯式轰炸方式，但辅助以地面特种部队的精确定位和实时通报，有效地打击了原本难以压制的塔利班地面部队。

在海湾战争中B-52的战斗损失为零。1991年2月2日，一架B-52被地对空导弹击中尾部后，在返回卡鲁西亚岛的途中又发生了与被击部位无关的第二次故障而坠毁。

在1月17日的首次空袭中出动了13架B-52G战略轰炸机。其中7架B-52在16日16时就从路易斯安那州巴克斯代尔空军基地起飞，经历了12小时的长途飞行（航程22 400千米，途中经过四次空中加油）后，于17日凌晨3时在伊拉克防空火力范围外，向巴格达地区的军用通信中心、发电厂和输电设施、导弹发射设施等8个战略目标发射了35枚空射巡航导弹，破坏了萨达姆的集中控制和发动反攻的能力。另外6架B-52从迪戈加西亚岛起飞，挂载的是综合效应弹药等常规炸弹。

1月17日以后，B-52G轰炸机差不多每隔3个小时就突击一次伊拉克的地面部队及与之有关的目标。在"沙漠风暴"期间，B-52G保持了80%以上的出勤率，执行任务时携带的常规武器是总重18 140千克的炸弹、"盖托"地雷和CBU型弹药。突击的目标包括炼油厂、"飞毛腿"导弹发射阵地、机场、部队集结地域、共和国卫队、后勤设施以及伊拉克人为了阻挡两栖登陆突击而修筑的大型护堤。

在海湾战争中，B-52采用轮番在夜间散发传单和白天投弹轰炸的作战方式，在心理战方面也起了很大的作用。根据美军资料，当4或6架B-52，每架携带72枚炸弹，从几千米外在140米的高度飞越沙漠，进入伊军阵地后投弹。发动机的轰鸣声和炸弹的爆炸声震耳欲聋，地面就像发生地震一样震动。结果给伊拉克人造成了巨大的心理压力。据估计，在伊拉克的逃兵中有20%～40%的人是由于害怕B-52的巨大破坏而决定逃跑的。

★B-52轰炸机

★B-52轰炸机主视图

据统计，自2001年10月7日开始对塔利班和基地组织进行打击以来，以B-52为首的战略轰炸机起了极大作用。美国从陆地空军基地出动的战术战斗机，包括F-14、F-15和F-16的投弹量仅占总投弹量的5%；与此相比，从航母上出动的战术飞机使用率高（占整个出动架次的75%），但其投弹量也只占总投弹量的25%。战术战斗机载弹量有限，相比之下，B-1、B-2和B-52的载弹量大，尽管其出动架次只占空袭行动的10%，但其投弹量则占总投弹量的70%。依靠战略轰炸机部队，美国不仅可从数百英里外的空军基地或航空母舰出动飞机来实施打击任务，更可从本土以远程轰炸机发起攻击，且一次攻击的效果更大。

2003年3月起，B-52参与了伊拉克战争的猛烈空袭，攻击的目标是总统官邸、通信指挥机构和地空导弹发射场，同时对伊拉克周围的共和国卫队阵地进行了"地毯式轰炸"。在这次战场上出现的地毯式轰炸，从电视画面上可以看到，同样是由B-52战略轰炸机实施。只不过所用的武器已经不再是单一的非制导常规炸弹，而是新型制导炸弹和老式常规炸弹混合的轰炸武器。

美利坚的空中雄鹰
——B-1B"枪骑兵"

◎ B-1B"枪骑兵"：险些夭折的战略轰炸机

二战之后，美国进入冷战时期，所有美国制造的武器都在追求有效、省钱。1961年，肯尼迪政府认为地地导弹比轰炸机更有效又更省钱，取消了B-25的后继机B-70高空高速轰炸机的研制计划。但美国空军却极力反对，他们认为有人驾驶飞机是战略威慑力量不可或缺的部分，在美国空军坚持下，1962年又提出"先进有人驾驶战略飞机"计划，要求研制一种低空高速突防轰炸机，作为B-25的后继机，但进展缓慢。

1969年尼克松政府决定加速"先进有人驾驶战略飞机"计划，1970年6月，空军选定罗克韦尔公司的洛杉矶分公司承制机体，通用电气公司承制发动机，并把该机定名为B-1。美国空军的要求是，具有低空高亚音速和高空2马赫的飞行性能，突防能力强，生存能力高，载弹量大，能使用多种武器等。

1974年12月，原型机首飞，1976年美国空军计划采购244架，年底得到福特总统批准生产。1977年6月底，卡特政府认为巡航导弹更便宜有效，且B-25还可以用到20世纪80年代，决定停止B-1的生产。

1978年，美国国防部对包括B-1在内的几种飞机作了巡航导弹载机对比试飞，再次认定B-1是优秀的巡航导弹突防平台。1979年11月，空军进而要求罗克韦尔公司将第三架B-1原型机改成巡航导弹载机。同时，美国国防部经研究认为下一代轰炸机应具有执行多种任务的能力，也就是说必须有良好的常规突防轰炸能力，而B-1的改型则是最佳的候选机种。这样产生了B-1B，而原来的四架称为B-1A。

1982年1月，罗克韦尔公司根据空军要求对B-1进行增重、减速（最大速度为2.2马赫减至1.2马赫）、隐身、加强电子战能力等改装，首架B-1B于1986年6月29日服役，1988年初B-1B全部交付完毕。1990年5月，该机被美国空军命名为"兰斯"。

由于近年来，美空军一直对B-1B进行改进，B-1B的作战任务也不断扩展，现在B-1B能够执行近距离空中支援任务打击机动目标和应急目标，主要用于执行战略突防轰炸、常规轰炸、海上巡逻等任务，也可作为巡航导弹载机使用。

🚫 B-1B"枪骑兵"：先进的雷达系统

B-1B的四台涡轮风扇喷气发动机安装在机翼下，进气口被机翼掩盖，使雷达电磁波照射到发动机叶片上的机会减少，减弱了反射雷达波的能量，起到了隐身作用。三个弹舱沿飞机纵轴布置。

按照功能来分，B-1B上的航空电子系统可分为两大类，即防御性的和进攻性的，它们都有各自专门的操作人员。另外，还有一部分设备是多用途的，兼有防御和进攻两种功能。

B-1B安装了大量航空电子系统：B-1B装备了先进的诺斯罗普·格鲁曼公司的APQ-164火控雷达。该雷达使用电子扫描相位阵列天线，具有强大的地形跟踪能力和极高的扫描频率，工作模式多样化。这使得B-1B能够精确定位、完成气象探测，做地

★ B-1B "枪骑兵" 性能参数 ★

机长： 44.81米

机高： 10.36米

最大翼展： 46.17米

最小翼展： 23.84米

空重： 87.09吨

最大起飞重量： 216.365吨

最大载弹量： 34.019吨（机内）
+26.762吨（外挂）

高空最大航速： 1320千米/小时

低空最大航速： 965千米/小时

极限航程： 12000千米

武器装备： 8枚AGM-86B巡航导弹

24枚AGM-69短距攻击导弹

12颗B-28或24颗B-61或B-83核炸弹

12枚AGM-86巡航导弹

形回避、地形跟踪等低空突防动作。最终该雷达将捕捉到目标，引导B-1B的各种武器准确攻击。

在B-1B的自卫系统中，AN/ALQ-161电子战系统起着核心作用，能够有效地干扰各种早期预警雷达和火控雷达。其内置程序安装在一部IBMAP-101F微机内。AN/ALQ-161还包含了诺斯罗普·格鲁曼公司的干扰机、雷声公司的相位阵列天线和一个能监视尾部半球情况的告警雷达。该系统还控制着机上的箔条及红外诱饵发射器。美军计划在2007年前将把为F/A-18研制的AN/ALR-56雷达告警装置和IDECM（综合自卫电子对抗措施）添加到B-1B的电子战系统中。AN/ALQ-161的硬干扰措施为箔条及红外诱饵发射器。

★B-1B "枪骑兵" 轰炸机

B-1B航程在不进行空中加油的情况下航程为7 455英里，在空中加油的情况下可以实施洲际飞行，在携带AGM-86空射巡航导弹的情况下，可能对全球任何地方实施打击。但是由于B-1B的隐形不佳，在未取得制空权时一般于夜间发动攻击。

◎ 风光无限："枪骑兵"独揽投弹大任

在冷战期间，重型轰炸机主要用于执行核威胁任务，并只配属现役部队。随着冷战的结束，轰炸机执行常规任务次数的增多，空军开始在国民警卫队和后备役部队中装备B-1B轰炸机。在100架B-1B中七架因事故损失，一架根据START II条约销毁，于是就只剩下92架。

1987年6月，一架B-1B"枪骑兵"跨海飞行到巴黎参加国际航展。成千上万的参观者慕名而来，欲一睹"枪骑兵"英姿，它却难以按计划亮相，因为它急需维护保养，结果单单维护就用了76个小时，令美空军很是尴尬。华盛顿媒体也对"枪骑兵"常闹故障的AN/ALQ-161电子防御系统大加批评，甚至讽刺它是世界上第一架"自我干扰"的轰炸机。而国防分析协会受美国国会授权的一项研究报告尖锐指出：对AN/ALQ-161的改进也不会使B-1B具有摧毁俄罗斯防御的能力。为此，B-1B受到冷落。它没有机会在1991年海湾战争中显露身手。

美国空军对"枪骑兵"仍抱有希望，况且让已接收的100架"枪骑兵"无所作为也太难堪。尽管1991年8月美空军对在役B-1B的检查中发现14架有内部结构断裂现象，却没有大惊小怪，反而舍得花70万美元购买用特殊材料制成的板块绑缚每个断裂点。正是得力于美空军的多方支持，B-1B"枪骑兵"才在后来的训练飞行中使表现水平奇迹般上升，舆论责难变少了。"枪骑兵"配备上了美国新研制出的GBU-87系列集束炸弹，装

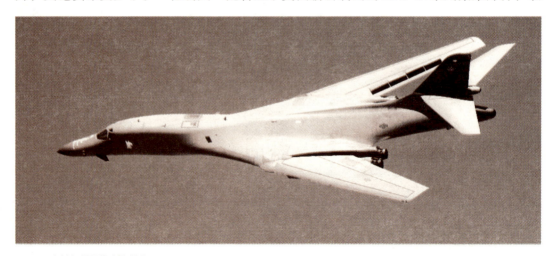

★B-1B轰炸机的毁伤率比较高

★仰视正在飞行中的B-1B"枪骑兵"轰炸机

置了GPS，改进了通信系统，装备了ALE-50拖曳式诱饵和风修正弹药布撒器等。它进入了可往战区执行任务的角色。

冷战后，美空军决定对B-1B进行非核任务改装，执行常规作战任务。

在1998年美军对伊拉克实施的"沙漠之狐"打击行动中，B-1B首次参加实战。B-1B轰炸机从海湾地区的一个基地起飞，携带常规炸弹参加了对伊拉克的第二轮轰炸行动，轰炸巴格达附近的一个目标。12月17日，B-1B轰炸机在这次"沙漠之狐"行动中，完成了初次参加实战的任务。两架轰炸机奉命从6 100米高空轰炸伊拉克西北部的阿尔克托陆军基地内的目标，轰炸时长达6个小时，分别投下63枚500磅（227千克）炸弹。B-1B轰炸机在"沙漠之狐"行动中，共计执行了六次任务，投下了57 154千克的Mk82炸弹

1999年，六架B-1B轰炸机参加了科索沃战争，这些飞机共执行约100次作战任务，飞行架次虽不到联军作战飞机架次的2%，但却投下约2 500吨弹药，占联军投下总弹药的20%。在阿富汗战争中，共有八架B-1B参加了作战行动。

到2002年4月，B-1B的飞行只占美军战机轰炸飞行任务的5%，但投弹量占总弹药的40%，其中包括3 900枚联合直接攻击弹药，占联军所投联合直接攻击弹药总弹量的67%。比其他所有各型飞机投放该型弹药的总数还多，其任务执行率达79%。

2001年10月7日，以美国为主的联军部队，开始对阿富汗国内的塔利班和基地组织进行猛烈攻击。"持久自由"行动是对同年9月11日摧毁纽约世贸大楼的恐怖攻击进行报复。从印度洋迪戈加西亚基地出发的B-1B轰炸机，从进攻开始到12月，轰炸几乎从不间断，最多时曾出动10架飞机。B-1B在阿富汗战争中目标的总毁伤率达84%以上。

2003年的伊拉克战争中，B-1B表现突出。4月8日，B-1B表现出了作战灵活性，在收到巴格达某特定目标坐标之后的12分钟内，完成了将四颗908千克JDAM炸弹投向目标的行动。B-1B实际上只用了几分钟，就将地面传来的目标坐标装入联合直接攻击弹药的制导系统。从机动飞机，到进入攻击位置，并对这个目标实施轰炸总共只用了12分钟。

2005年，美国五角大楼作出决定，让33架B-1B战略轰炸机退役。至此，"枪骑兵"从1984年开始首飞，在风光了21年后，终于开始逐步退出了历史的舞台。

奇袭关岛的新一代王者
——图-160"海盗旗"

◈ "海盗旗"诞生：图-160担负战略威慑任务

图-160"海盗旗"是苏联最后一代、俄罗斯最新一代的远程战略轰炸机。图-160"海盗旗"轰炸机的自重居世界之冠，"海盗旗"实际上是该机的北约代号。

图-160是由图波列夫设计局于20世纪70年代开始设计的。图-160研制是采用招标的方式进行的，参与招标的有图波列夫设计局、米亚设计局和苏霍伊设计局。图波列夫设计局提出的方案是在图-144超音速旅客机的基础上发展的；米亚设计局提出的设计称为M-18方案；苏霍伊设计局提出的方案是在T-4飞机基础上的改进设计。

当时空军认为M-18设计方案是比较好的，但是考虑到图波列夫设计局具有大型轰炸机的设计经验和生产能力，所以最后决定还让图波列夫设计局在M-18方案的基础上研制图-160战略轰炸机，批量生产厂家为喀山飞机制造厂。

★图-160轰炸机

图-160原型机于1981年12月19日首飞，1987年5月服役，1988年形成初始作战能力，替代米亚-4和图-95飞机执行战略任务，是目前世界上最大的作战飞机。

图-160是一种多用途超音速战略轰炸机，不仅能以亚音速、低空突防进行攻击，而且可以在高空、超音速的情况下作战。该机的生产改进工作在苏联解体之后基本停顿，但仍然担负着重要的战略威慑任务。

◎ 速度一流：高空低空双向作战

★ 图-160轰炸机性能参数 ★

机长： 54.10米	**巡航速度：** 13 700米/小时
机高： 13.10米	**海平面最大爬升率：** 60米/秒
翼展：（全后掠）35.60米；（展开）55.70米	**实用升限：** 15 000米
机翼面积：（全展开）360平方米	**起飞滑跑距离：** 2 200米
空重： 118 000千克	**着陆滑跑距离：** 1 600米
正常起飞重量： 267 600千克	**最大无空中加油航程：** 12 300千米
最大起飞重量： 275 000千克	**作战半径：** 2 000千米
最大着陆重量： 155 000千克	**武器装备：** 六枚Kh-55M
最大燃油量： 160 000千克	或RKV-500B型巡航导弹
最大武器载荷： 40 000千克	或12枚Kh-15P型近距空地导弹
最大平飞速度： 2 000千米/小时	

纵观冷战后的轰炸机，都有着这样一个发展规律：速度快，航程远，载弹量大，而图-160更是其中的代表之作。此外，图-160机载电子设备较先进，安装具有陆上和海上远距探测能力的雷达，另外机载还有预警雷达，还装有各种主动、被动电子对抗设备。

图-160机载设备包括电介质机头锥内的导航/攻击雷达，据称有地形跟随能力；机尾装有预警雷达、天文和惯性导航系统、航行坐标方位仪；机身下部整流罩的前部是平板透明罩，装有武器瞄准光学摄像机，以及主动、被动电子对抗设备等。机尾装有预警雷达。另外该机还装有各种主动、被动电子对抗设备。不具备隐身能力，突防性能一般。

图-160采用变后掠机翼，内侧固定段后掠角较大，前线翼根一直向前延伸到机头两侧；外侧翼后掠角变化范围为20度～65度，前线有全翼展襟翼，后缘有大翼展双缝襟翼及内插式襟副翼。机翼的位置很低，与图-26轰炸机相似，其后掠翼的转轴较靠外，这样有利于中心配平。机身截面呈圆形，十字形尾翼。机体结构大量使用了钛金属扭盒。

★一架俄罗斯图-160重型轰炸机（上）在北爱尔兰沿海上空遇到英国皇家空军的旋风-F3战斗机（下）拦截

图-160动力装置采用四台NK-321型涡扇发动机，单台静推力137.3千牛，加力推力245千牛。进气口装有垂直的进气调节装置。

图-160没有航炮，两个内置弹舱每个容积43立方米，可载自由落体炸弹、短距攻击导弹或巡航导弹等。每个弹舱内的旋转发射架可带6枚Kh-55M或RKV-500B型巡航导弹，或12枚Kh-15P型近距空地导弹。

图-160的作战方式以高空亚音速巡航、低空高亚音速或高空超音速突防为主。在高空可发射具有火力圈外攻击能力的巡航导弹（ALCM），并能发射近距空地导弹进行防空压制，而且还可低空突防，用核炸弹或常规导弹对敌重要目标进行纵深攻击。

🚫 性能比拼："海盗旗"大战"枪骑兵"

图-160轰炸机是一款独一无二的战机，这不是俄罗斯专家自卖自夸，而是美国军事评论家都不得不承认的事实，该机曾创造了44项世界飞行纪录。

2003年9月18日，在俄罗斯萨拉托夫地区恩格斯空军基地附近，发生了一架图-160坠毁的严重事故，四名机组人员全部丧生，事后俄罗斯停飞了所有图-160。俄空军称，引起事故的原因是一台新发动机机上着火。机组人员在事发时，驾驶该飞机远离了有20 000人居住的村落和巨大的地下天然气储存设施，避免了一场严重的环境灾害。

俄罗斯一直视图-160式战斗机略轰炸机为自己的战略利器，并将其作为俄战略威慑力量，展现着大国风采。在2008年卫国战争胜利纪念日阅兵式和2009年卫国战争胜利纪念日阅兵式上，图-160划过红场上空，给人以震撼的感觉。

冷战期间，美苏兵器通常"捉对厮杀"，小到枪械，大到轰炸机莫不如此。目前世上战略轰炸机有六种：美国的B-52、B-1、B-2和俄罗斯继承苏联遗产的图-95、图-160、图-22M。B-52和图-95是"老寿星"，在不对称战争中用来打击弱小一方还是很好用的。在未来战争中，图-160与B-1B才是美俄两国最具战略威慑作用的轰炸机。

图-160与B-1B这两种飞机在设计上有许多共同点。这更多地体现在外形和总体布局上。

它们都采用翼身融合体和变后掠翼设计，腹部都有串列的武器舱，四台发动机都安装在机翼下的两个互相独立的短舱内，都采用十字形尾翼。驾驶舱内机组人员都为四名：两名飞行员、一名导航武器系统操纵员和一名自卫通讯系统操纵员。飞行员都使用战斗机式的驾驶杆，而不是重型飞机通常使用的驾驶盘。

对于重型多用途轰炸机来说，可变后掠翼是最佳气动布局方案。当机翼全后掠时，飞机适宜超音速飞行；当机翼用最小后掠角时，便于起降；当后掠角处于中间位置时，可以亚音速远程飞行。但变后掠翼会增加重量和影响隐身效果。特别是控制可变翼的机构带来的死重对战斗机来说很不合算，因此除了"狂风"、米格-23、F-111和F-14等战斗机外，后来的战斗机都摒弃了这种设计。

当然，这两种飞机也有很大区别：图-160比B-1B约大27%，发动机推力要大78%。图-160最大速度达2 000千米/小时，而B-1B最快只能飞到1 700千米/小时，因此图-160采用可变进气道而B-1B采用简单的固定进气道。图-160的机身截面尽可能小，B-1B机身较

★俄罗斯图-160战略轰炸机

★正在接受人们参观的图-160"海盗旗"战略轰炸机

宽，因此图-160的空气动力阻力以及雷达反射截面都较小。图-160携带的武器都在飞机内部，以尽量减少外挂武器对飞机性能的影响；B-1B必要时可外挂武器，武器品种也较多。图-160采用4余度电传操纵系统，并有机械系统备份。B-1B采用低空飞行控制系统（LARC），机身两侧装活动前翼，略带后掠角，主要用来自动缓解低空高速飞行时乱气流引发的簸波。机翼上无副翼，横向操纵靠机翼上的扰流片和全动平尾的差动来实现。飞机装有全动水平尾翼，可以对称偏转也可以差动。垂直尾翼的下半部分（在平尾以下）是固定的，上半部分可以操纵。全机进行了隐身处理，例如进气口有突出的进气引导片，使雷达波不能直接接触发动机风扇。全机迎面雷达反射截面积约为B-1A的1/10，B-52的1/100。

图-160与B-1B互有优势，互有弱点，但它们都是现代最先进的轰炸机。

最先进的轰炸机
——B-2"幽灵"

🚫 B-2"幽灵"：冷战时期的产物

冷战，被人们称为看不见硝烟的战争，美苏两国都在殚精竭虑地研制新式武器，达到战略威胁的目的，研制B-2隐身轰炸机的构想也是源于此。1975年，冷战正酣，为能隐秘地突破苏联防空网，寻找并摧毁苏军的机动型洲际弹道核导弹发射架和其他重要战略目标，美国空军提出要制造一种新的战略轰炸机，强调突防能力，要求能够避开对空雷达探测，潜入敌方纵深，以80%的成功率完成任务。当时美国国防部所属的"先进计划局"出笼了一个代号为"哈维"的项目，落实到空军，就派生出了 XST（XST 意思是实验，隐身，战斗）计划。

为此，空军拟制出了"军刀穿透者"计划，把隐身技术的应用列入了具体议事日程。由于洛克希德公司不久前提交的样机受到好评，空军将生产F-117A隐身战斗机的合同交给了这家公司。随着隐身战斗机的投产，美国国防部和国会要人也开始接受了"隐身轰炸机"这一概念，并于1977年正式批准了空军提出的研制这种飞机的申请报告。随后，美国空军把新型隐身轰炸机的研制项目正式定名为"先进技术轰炸机（ATB）"，这就是B-2隐身战略轰炸机的最初名称。

在20世纪80年代的最初几年中，B-2的设计经历了几次大的更改。比如，在1984年，对飞机主翼的设计进行了重大改动，因为空军不仅要求飞机能从高空突入，而且还要能超低空突防，从而带来了提高飞机升力、增强机械结构强度、进一步降低其雷达反射截面等一系列问题，使飞机的设计历经数年才得以定型。

1988年4月20日，美国空军首次展示了一幅B-2飞机的手绘外形彩图，世界为之一震，航空界人士和众多的军用飞机爱好者无不对其独特的外形而啧啧称奇。

1988年11月22日，编号为AV-1的B-2原型轰炸机终于"千呼万唤始出来"，一时成为美国公众争相一睹的怪物，世界各国的军事刊物也争相对它加以报道。但此后，B-2再次销声匿迹长达数年。这期间，它经历了军方进行的多次秘密试飞和严格检验，生产厂家不

★一架正在飞行中的B-2轰炸机

★一架B-2轰炸机和一架加油机并列飞行

得不根据空军方面提出的种种意见和各种苛刻要求不断进行设计修改。在历时整整五年之后，1993年12月17日，美国空军终于推出了第一架B-2A型飞机。

1997年4月2日，首批六架B-2A隐身轰炸机正式在美国空军服役，另外15架也将按计划陆续交付部队使用。

由于B-2的先进性、保密性和可维护性的缘故，加上产量少、通货膨胀，B-2的造价是昂贵的，单价高达22.2亿美元，是世界上迄今为止最贵的飞机，同时是美国空军重型隐形轰炸机，它能从美国本土或前沿基地起飞，在无须支援飞机护航的情况下、穿透敌复杂防空系统，攻击高价值、强防御、最急迫的目标。

B-2是美国空军在21世纪的一支有效的威慑和作战力量。

隐身王者：各项性能均很出众

B-2轰炸机采用翼身融合、无尾翼的飞翼构形，机翼前缘交接于机头处，机翼后缘呈锯齿形。机身机翼大量采用石墨／碳纤维复合材料、蜂窝状结构，表面有吸波涂层，发动机的喷口置于机翼上方。这种独特的外形设计和材料，能有效地躲避雷达的探测，达到良好的隐形效果。

B-2轰炸机主要机载设备也很优良，休斯公司的AN/APQ-181低可截获性J波段攻击雷达（具有地形跟随回避等21种使用模式），带GPS辅助功能的瞄准系统，TCN-250塔康系统，VIR-130A自动着陆系统，AN/APR-50雷达告警接收机以及ZSR-63防御辅助设备等。

B-2轰炸机上还有一些其他电子系统，比如，通信管理系统和驾驶舱内的各种显示系统，它们能够将所有传感器获取的信息及图像汇合并显示出来，供机组人员判断处

★ B-2轰炸机性能参数 ★

机长： 21.03米　　　　　　　　**实用升限：** 15240米

机高： 5.18米　　　　　　　　　**航程（空中加油一次）：** 大于18530千米

翼展： 52.43米　　　　　　　　**武器装备：** 16枚AGM-129先进巡航导弹

空重： 45360～49900千克　　　16枚B61/B83核炸弹

最大武器载荷： 22680千克　　　80枚227千克的Mk82炸弹

最大机内燃油量： 81650～90720千克　　16枚联合直接攻击武器

正常起飞重量： 152635千克　　16枚908千克的Mk84炸弹

最大起飞重量： 168433千克　　36枚M117燃烧弹

进场速度： 259千米/小时　　　36枚CBU-87/89/97/98集束炸弹等

理情况、与地面相关部门联络时使用。两名机组成员的座位前面，各设有四个15.2厘米大小的全彩色多功能显示屏，使情况显示一目了然。

B-2轰炸机装有四台通用电气公司的F118-GE-100无加力涡扇发动机，单台推力84.5千牛（8620千克），进气道为S形，V形尾喷管在机翼后缘的上部，这均是为隐身而采取的特殊构型。

◎ 连续作战：飞行44小时不知"疲倦"

B-2轰炸机有三种作战任务：一是不被发现地深入敌方腹地，高精度地投放炸弹或发射导弹，使武器系统具有最高效率；二是探测、发现并摧毁移动目标；三是建立威慑力量。美国空军扬言，B-2轰炸机能在接到命令后数小时内由美国本土起飞，攻击世界上任何地区的目标。

1999年3月24日，两架B-2从怀特曼空军基地起飞，经过30小时连续飞行、两次空中加油后，向南联盟的目标投放了32枚908千克联合直接攻击弹药，这是B-2轰炸机的首次参加实战。在整个科索沃战争中，六架B-2共飞行了45个架次，对南联盟的重要目标投放了656枚联合直接攻击弹药，B-2的飞行出动不到战争中飞机总出动量的1%，投弹量却达到总投弹量的11%，摧毁了近南联盟近33%的目标。

在阿富汗战争中，在战争的头三天里，共六架B-2从本土起飞，经太平洋、东南亚和印度洋，对阿富汗实施空袭后再到迪岛降落，创造了连续作战飞行44小时新纪录，并投掷了96枚联合直接攻击弹药。

在伊拉克战争中，B-2型机共出动49架次。其中，27架次以本土怀特曼为起降基地，飞越大西洋航线，实施远程奔袭，飞行时间约35小时。另外22架次是以一个前沿基地为起降基地，对伊拉克的指挥、控制、通信等设施进行了精确的打击。

2008年2月23日，一架美军B-2战略轰炸机在关岛空军基地内坠毁，这是美军B-2"幽灵"隐形战略轰炸机首次发生坠毁事件。

由于部署在关岛地区的该型轰炸机在亚太地区所担负的重要战略角色，这起事件立刻引起了国际社会的高度关注。美军空战司令部发言人谢拉·约翰斯顿上尉证实，一架B-2"幽灵"（Spirit）隐形战略轰炸机在关岛基地内坠毁，但两名飞行员及时跳伞脱险。

第509轰炸机联队两名飞行员驾驶的一架B-2隐形战略轰炸机，当天在关岛安德森空军基地内坠毁，两名飞行员在坠地爆炸前被弹射出机舱而得以生还，地面没有人员受伤。事件发生后，所有计划降落安德森空军基地的各型飞机都被指示改降关岛国际机场，而跳伞逃生的两名飞行员被迅速送往基地医院急诊，其中一名伤势较重的飞行员被送往关岛的海军医院抢救。经过紧急救治，这名飞行员伤势稳定。家住安德森基地北伊戈村村民简·瓦德正好前往基地去探望丈夫。她说："我没有亲眼看到飞机从天上坠下来的情景，但能看到机场塔台后面一股浓重的黑烟直冲云霄。当多辆救护车飞驰而来时，人群也开始聚集过来。许多人都掏出手机狂打电话，他们都想知道飞行员是否及时跳伞了。"

安德森空军基地新闻官随后向外界通报了B-2坠毁的全过程：第509轰炸机联队在关岛有四架执行轮换任

★飞行在阿富汗上空的美军B-2轰炸机

★科索沃战争中的B-2轰炸机

★接受空中加油的B-2轰炸机

务的B-2隐形轰炸机。事故发生前，六架B-52战略轰炸机刚刚从本土飞抵关岛，准备接替已经完成预定训练任务即将回国的B-2隐形轰炸机。2月23日上午10时30分左右，两架B-2不载弹起飞执行例行训练任务。第一架B-2顺利升空，但紧随其后的第二架B-2却在起飞过程中坠毁在跑道上，战机完全损毁。基地和关岛的消防部门立即赶来灭火，安德森空军基地飞行跑道全部关闭，基地同时还紧急增派宪兵赶往现场执行封锁任务，以防隐形轰炸机的机密外泄。 随后，访问亚洲多国正在关岛逗留的美国国防部长盖茨表示，他已经知道隐形轰炸机坠毁事件，但他提供不了更多的细节。关岛代总督麦克·克鲁兹说："我们对飞行员安全逃生备感欣慰。"

战事回响

◎ 空袭东京的云中刺客——B-25 "米切尔" 轰炸机

　　B-25是二战全球战场中最为优秀的中轻型轰炸机之一，它以"米切尔"命名，以纪念一战中美国指挥官威廉·米切尔。在空军从陆军分离的过程中，米切尔作出了重要的贡献。B-25也是美国空军为数不多的以名字命名的飞机。

　　1941年12月，珍珠港事件后，日军在太平洋战场上多路突击，肆虐一时，美军及其盟军一溃千里。由于美军连遭挫折，国内军内笼罩着一片失败情绪，美军统帅部感到，要想扭转被动挨打的局面，必须首先打击日军气焰，鼓舞本国士气。但是在当时要打胜仗，美军颇感力不从心。为此，美国总统罗斯福决定采取代价较小，成功把握较大的步骤，首先对日本本土实施轰炸，以从心理上震撼日军，挫敌锋芒。

　　1942年1月的一天，在美军统帅部的作战会议上，罗斯福对他的陆海空三军将领们说："日本人欺人太甚，你们应尽快寻找办法轰炸日本本土，要轰炸日本的心脏东京，给它点颜色瞧瞧！"

　　将军们面面相觑，陆军参谋长马歇尔说："日本本土防卫森严，防空火力非常强大，我们残存的基地离东京最近也有上万里，这么遥远的距离，没有哪种飞机能飞得到。"海军上将金梅尔说："我倒有一个主意，能不能用航空母舰上的飞机在靠近日本本土后起飞去轰炸？"

　　陆军航空队队长威廉说："谈何容易！日本本土700海里外有雷达哨艇巡逻，航空母舰上的飞机必须从相隔750海里以外的地方起飞，才不至于被发现。执行任务后再飞回来，往返航程得1500海里以上，这对舰载机来说，是办不到的。"金梅尔想：也是。还有一个重要的问题，倘若舰载机执行任务时，日本飞机要是袭击等待空袭返航的航空母舰，那可怎么办？

　　一时，将军们被难住了。散会后，金梅尔把这个问题讲给了他手下的参谋们，让大家也想想办法。其中有一位叫萨姆的作战参谋是个善于动脑筋的"机灵鬼"，心里老在打主意。一天，他突然找到金梅尔说："我们海军舰载机航程短，但陆军的B-25远程轰炸机的航程有1 000多英里，这种飞机要是能在航母甲板上起飞，就可以在日本雷达哨艇警戒网之外起飞，轰炸东京就不成问题了，而且完成任务后，可以继续飞到中国大陆。""这是一个非常好的主意，我马上去向总统报告。"金梅尔立即驱车去了白宫。

罗斯福总统一听，拍案叫绝，立即打电话给陆军部长史汀生，并叫来马歇尔，大家一论证，都认为不错。关键的问题是看B-25轰炸机是否能在500英尺（152.4米）的航母甲板上起飞，如果能够飞起来，那一定会给日本来个突然袭击。

★B-25"米切尔"轰炸机

根据总统的命令，陆军航空队队长威廉带着萨姆来到佛罗里达州埃格林机场。在那里他们走访了几次打破飞行纪录的飞行员杜立特中校。杜立特中校一听要轰炸东京，显得异常兴奋，当即表示："行，没有问题，只要轰炸机稍加改装，航空母舰的操作规程也进行些改变，我保证能成！"消息很快传到了白宫，罗斯福总统立即下令："三天之内，拿出轰炸东京的完整计划来！"

在马歇尔和金梅尔将军的领导下，三天之后，一份完整的计划送到了罗斯福手里。计划上写着："轰炸东京的任务由航空母舰'大黄蜂'号担任。因为飞机体积过大，又为了隐蔽，'大黄蜂'号只载16架B-25轰炸机，而且全部藏在甲板下。为了'大黄蜂'的安全，由航空母舰'企业'号负责空中支援。航空母舰在B-25轰炸机起飞之后，为了避免日机攻击，立即返航。B-25轰炸机执行任务后不再飞回母舰，而是飞往中国浙江省的衢州机场……"

罗斯福十分满意，最后在报告上大大地写上：执行。

经过一个多月的严格训练，杜立特亲自训练出24组能够承担此次飞行任务的机组人员。1942年4月2日，"大黄蜂"号航空母舰载着杜立特等机组人员，从旧金山起航。16架B-25轰炸机，经改装后增设了油箱和假机尾机关枪，小心谨慎地滑落在飞行甲板下边。4月8日，"企业"号航空母舰离开珍珠港，在两艘巡洋舰、四艘驱逐舰的护航下，去与"大黄蜂"号会合。

两天后，在日本联合舰队"赤诚"号的作战室里，电传兵递给草鹿参谋长一份电报，上面讲的是截获美国两支舰队与珍珠港来往电报的信号。草鹿召开参谋人员会议分析情况。众军官一致认为：如果美国舰队继续西进，就要警惕他的目标是要进攻日本本土。但是美国舰队必须驶到离东京400海里的海面，飞机才能起飞，而目前日方的侦察网离海岸有700海里……草鹿最后总结说："等等再说，反正在美机起飞前，我们有充分的时间攻击敌机。"

★ "米切尔"轰炸机群

4月16日，也就是美军两支舰队会合后的第三天，在杜立特中校的带领下，16架B-25轰炸机先后起飞，直奔日本本土，其中有13架的目标为首都东京，另外三架分别轰炸名古屋、大阪和神户。9时45分，一架日军巡逻机报告，在离本土约600英里（521海里）的上空发现一架向西飞行的双引擎轰炸机。但是，日军统帅部谁也不相信这个报告，因为美国航空母舰上没有双引擎轰炸机，空袭最早也得到次日上午才会来临，只有到那时，航空母舰才能开到离海岸300海里以内。几乎没有人相信，美国飞机能飞到东京上空进行轰炸。

说来也巧，就在最后几架轰炸机飞离"大黄蜂"号的时候，东京开始防空演习。这次演习气氛松懈，连警报也没拉。只见几十架日军战斗机在空中拉架式、显本领，市内许多高楼上系着五颜六色的警报气球，而市民们不但没有进防空洞，反而扶老携幼地在大街上看飞机翻跟头。与其说它是一场演习，倒不如说它是一场防空表演更合适。在很多日本人心目中，觉得这只不过是多此一举：大日本皇军不但在中国东北、华北、中南，而且在南洋、南亚都取得了一串接着一串的胜利。就连美国老爷的屁股也可以随便摸一摸，珍珠港一战，不是把它打得一败涂地了吗？总之，大日本皇军是不可战胜的，大日本帝国是惹不起的……

到了中午，演习结束。大部分气球已收了下来，只有三架战斗机在东京上空懒洋洋地盘旋着。几分钟后，杜立特等飞到日本沿海。恰好日本法西斯头子东条英机正乘着一架飞机去视察水户航空学校，准备切过美机飞来的航线在附近的一个机场降落。这时从右方飞来一架双引擎飞机，东条的秘书西浦大佐觉得这架飞机"样子挺怪"。飞机飞近了，连飞行员的脸都可以看见了，他猛然醒悟，大喊："美国飞机！美国飞机！"东条大惊失色，不觉出了一身冷汗。

中午12时30分整，杜立特到达了目标上空。玩兴正浓的东京市民，看见头上出现了一批双引擎飞机，不少人还以为是皇军的又一批新型飞机要开始表演了，有的人在数着："1架、2架、3架……一共13架。"美军的炸弹终于扔下去了，他们没有遇到战斗机或高射炮的有效抵抗。除了弹着点及其附近的人们之外，东京的市民都以为美机这场空袭不过是逼真的防空演习的高潮。

美国轰炸机"光顾"东京，使日本举国上下极为惊恐。战争狂人东条英机对海陆军未能加以防范大发脾气。他认为这是"皇军的耻辱"。山本大将对此又惊又愧，他把追击美舰的任务交给参谋长宇桓去指挥。自己则关在房间里不肯出来。侍从们从未见过他的脸色如此苍白，精神如此颓丧。宇桓将军当晚在日记中写道："我们必须查明敌机的型号和数量，从而改善未来对付敌人攻击的反措施。总之，今天的胜利属于敌人。"

这次空袭摧毁了90座建筑物，就物资破坏而言，虽然价值不大，但对这个世世代代以为日本本土不会遭受攻击的民族，在心理上引起了难以言状的震动，对日本帝国参谋本部更是有着巨大的心理冲击。陆、海军将领们丢尽了脸，他们由于愤怒作出了过分的反应：打乱了日军的战略步骤，促使其迫不及待地分兵向西南太平洋和中太平洋两路进军，播下了以后一败再败的种子。对美国来说，此举使珍珠港事件以来感到颓丧的美军士气为之大振。

第五章

武装直升机

响彻云霄的低空杀手

⊙ 沙场点兵：低空杀手横空出世

  武装直升机是装有武器、为执行作战任务而研制的直升机，同时，它也是用于消灭敌人地面装甲目标、低空目标、有生力量、轻型防御工事和支援陆军的高机动性技术兵

★卡-50武装直升机

器。武装直升机机身细长，机动灵敏，具有一定的抗弹伤、抗坠毁性能和电子对抗以及隐身能力。

目前，武装直升机可分为专用型和多用型两大类。专用型机身窄长，作战能力较强；多用型除可用来执行攻击任务外，还可用于运输、机降等任务。美国的AH–1属于专用型，而苏联的米–24属于多用型。

在现代战争中，武装直升机主要可进行以下的一些

★卡–52短吻鳄武装直升机

任务：一是攻击坦克，武装直升机是一种非常有效的反坦克和装甲目标的武器。国外进行的模拟对抗试验表明，坦克与直升机对抗的击毁概率为12∶1～19∶1。在近年来的一些局部战争中，武装直升机在反坦克作战中战果累累；二是支援登陆作战；三是掩护机降。武装直升机是掩护运输机和运输直升机进行机降的主要火力支援武器。四是火力支援。武装直升机能有效地对地面部队行动实施火力支援。五是直升机空战。

⊛ 兵器传奇：世代繁衍的直升机

20世纪40年代至50年代中期是实用型直升机发展的第一阶段，这一时期的典型机种有：美国的S–51、S–55/H–19、贝尔–47；苏联的米–4、卡–18；英国的布里斯托尔–171；捷克的HC–2等，这一时期的直升机可称为第一代直升机。

贝尔–47是美国贝尔直升机公司研制的单发轻型直升机，这是世界上第一架取得适航证的民用直升机。卡–18是苏联卡莫夫设计局设计的单发双旋翼共轴式轻型多用途直升机，采用四轮式起落架，前起落架机轮可以自由转向。这个阶段的直升机具有以下特点：动力源采用活塞式发动机，这种发动机功率小，比功率低（约为1.3千瓦/千克），比容积低（约247.5千克/米³），采用木质或钢木混合结构的旋翼桨叶，寿命短，约为600飞行小时。桨叶翼型为对称翼型，桨尖为矩形，气动效率低，旋翼升阻比为6.8左右，旋翼效率通常为0.6。机体结构采用全金属构架式，空重与总重之比较大，约为0.65。没有必要的导航设备，只有功能单一的目视飞行仪表，通信设备为电子管设备。动力学性能不佳，最大

★近观卡-52武装直升机

飞行速度低（约为200千米/小时），振动水平在0.25克左右，噪声水平约为110分贝，乘坐舒适性差。

20世纪50年代中期至60年代末是实用型直升机发展的第二阶段。这个阶段的典型机种有：美国的S-61、贝尔209/AH-1、贝尔204/UH-1，苏联的米-6、米-8、米-24，法国的SA321"超黄蜂"等。这个时期开始出现专用武装直升机，如AH-1和米-24。这些直升机称为第二代直升机。这个阶段的直升机具有以下特点：动力源开始采用第一代涡轮轴发动机。涡轮轴发动机产生的功率比活塞式发动机大得多，使直升机性能得到很大提高。

20世纪70年代至80年代是直升机发展的第三阶段，典型机种有：美国的S-70/UH-60"黑鹰"、S-76、AH-64"阿帕奇"，苏联的卡-50、米-28，法国的SA365"海豚"，意大利的A129"猫鼬"等。这个阶段的直升机具有以下特点：涡轮轴发动机发展到第二代，改用了自由涡轴结构，因此具有较好的转速控制特征，改善了启动性能，但加速性能没有定轴结构的好。发动机的重量和体积有所减小，寿命和可靠性均有提高。典型的发动机耗油率为0.36千克/千瓦小时，与活塞式发动机差不多。旋翼桨叶采用复合材料，其寿命比金属桨叶有大幅度提高，达到3 600小时左右。

20世纪90年代至21世纪初的今天，是直升机发展的第四阶段，出现了目视、声学、红外及雷达综合隐身设计的武装侦察直升机。典型机种有：美国的RAH-66和S-92，国际合作的"虎"、NH90和EH101等，称为第四代直升机。

这个阶段的直升机具有以下特点：采用第三代涡轴发动机，这种发动机虽然仍采用自由涡轴结构，但采用了先进的发动机全权数字控制系统及自动监控系统，并与机载计算机管理系统集成在一起，有了显著的技术进步和综合特性。

21世纪初，少数国家开始研发第五代直升机。预计在不久的将来，第五代直升机会以全新的面貌展现在世人面前。

🌐 慧眼鉴兵：低空之王

武装直升机越来越受到重视，是因为它具有独特的性能，在近年来的一些局部战争中发挥日益重要的作用。它的主要性能特点：一是飞行速度较大，最大速度可超过300千米/小时；二是反应灵活，机动性好；三是能贴地飞行，隐蔽性好，生存力强；四是机载武器的杀伤威力大。

在军用直升机行列中，武装直升机是一种名副其实的攻击性武器装备，因此也可称为攻击直升机。它的问世使军用直升机从战场后勤的二线走到战斗前沿，由不具备攻击力的"和平鸽"成为在树梢高度搏击猎物的"雄鹰"。作为一种武器装备，武装直升机实质上是一种超低空火力平台，其强大火力与特殊机动能力的有机结合，最适应现代战

★MD500"防御者"武装直升机

争"主动、纵深、灵敏、协调"的作战原则，可有效地对各种地面目标和超低空目标实施精确打击，使之成为继火炮、坦克、飞机和导弹之后又一种重要的常规武器，在现代战争中具有不可取代的地位与作用，被人们称为"超低空的空中杀手"、"树梢高度的威慑力量"。

未来战争中，直升机间的空战似乎是一个必不可免的趋势。武装直升机还可进行侦察、空中指挥电子战和其他作战任务，因而有人称之为"战场上的多面手"。武装直升机在未来的高技术战争中将会发挥日益重要的作用。

夜袭雷达站的空中杀手
——AH-64"阿帕奇"

🚫 "阿帕奇"出世：先进技术装备下的时代宠儿

AH-64"阿帕奇"是美国休斯直升机公司于1975年研制的反坦克武装直升机，它能有效摧毁中型和重型坦克，具有良好的生存能力和超低空贴地飞行能力，是美国当代主战武装直升机。

冷战期间，武装直升机由于作战能力强、机动灵活和用途广泛，普遍受到世界各国的重视，发展非常迅速。1972年底，美国陆军为了加强其武器装备，提高部队的快速反应能力，提出了"先进技术攻击直升机"（AAH）计划，以取代被取消的AH-56"夏安"计划。要求研制一种能在恶劣气象条件下，可昼夜执行作战任务，并具有很强的战斗、救生和生存能力的先进技术直升机。

计划提出后，经过90天的设计竞争，美国空军于1973年6月选中了贝尔和休斯直升机公司的方案，并决定各研制两架试飞原型机和一架地面试验机。

1975年9月和11月，由休斯公司研制的两架YAH-64试飞原型机分别进行了首次试飞，与此同时一架地面试验机也完成了试验任务。

从1976年5月开始，由美国陆军组织对两家公司的原型机进行对比试飞，到1976年底经过90小时的试飞对比，美国陆军正式宣布休斯公司的YAH-64方案获胜。再经过修改定型，到1984年1月第一架生产型AH-64A正式交付部队使用。AH-64A是美国陆军的编号，休斯公司的编号为休斯77，1981年末正式命名为"阿帕奇"，从此美国新一代武装直升机AH-64A"阿帕奇"宣布诞生。阿帕奇为Apache音译，是北美印第安人的一个部落，叫阿帕奇族，在美国的西南部。相传阿帕奇是一个武士，他英勇善战，且战无不胜，被印第安人

★正在进行试飞的AH-64D"长弓阿帕奇"武装直升机

★AH-64"阿帕奇"武装直升机

奉为勇敢和胜利的代表，因此后人便用他的名字为本部落命名，而阿帕奇族在印第安史上也以强悍著称。

　　1985年8月27日，休斯直升机公司并入美国麦道公司。

✪ 直升之王：强大的生存能力无与伦比

★ AH-64A "阿帕奇" 性能参数 ★

机长：（旋翼、尾桨旋转）17.76米

机高：（至垂尾）3.52米，（至尾桨）4.30米

短翼翼展： 5.23米

旋翼直径： 14.63米

尾桨直径： 2.77米

空重： 5092千克

最大起飞重量： 9525千克

最大外挂载荷： 771千克

主要任务重量： 6552千克

最大允许速度： 365千米/小时

最大平飞速度与巡航速度： 293千/小时

最大爬升率：（高度1220米，35摄氏度）4.32米/秒

实用升限： 6400米

悬停高度：（有地效）4570米、（无地效）3505米

航程（内部燃油）： 482千米

续航时间：（高度1220米，35摄氏度）1小时50分钟

最大续航时间（内部燃油）： 3小时9分钟

武器装备： XM-230-E1型30毫米航炮
16枚 "地狱火" 导弹
70毫米火箭弹

直升机最关键的部件是旋翼，"阿帕奇" 直升机采用的是四片桨叶全铰接式旋翼系统，旋翼桨叶翼型是经过修改后的大弯度翼型。为了改善旋翼的高速性能，在 "阿帕奇" 直升机的生产型上采用了后掠桨尖，桨叶上装有除冰装置，也可以折叠或拆卸。尾桨位于尾梁左侧，四片尾桨桨叶分两组非均匀分布，桨叶之间的夹角分别为55度和125度。"阿帕奇" 直升机的机身采用传统的半硬壳结构，后面有垂尾和水平尾翼，尾梁可以折叠。机身前方为纵列式座舱，副驾驶员／炮手在前座、驾驶员在后座，后座比前座高48厘米，视野良好。尤其是驾驶员靠近直升机转动中心，很容易感觉直升机的姿态变化，有利于驾驶直升机贴地飞行。

AH-64A "阿帕奇" 直升机的生存能力非常强，其旋翼采用了玻璃钢增强的多梁式不锈钢前段和敷以玻璃钢蒙皮的蜂窝夹芯后段设计。经实弹射击证明，这种旋翼桨叶任何一点被12.7毫米枪炮击中后，一般不会造成结构性破坏，完全可以继续执行任务。"阿帕奇" 直升机的机身采用传统的蒙皮—隔框—长衍结构，其95%表面的任何部位被一发23毫米炮弹击中后，仍可保证继续飞行30分钟。前后座舱均有装甲，可抵御23毫米炮弹的攻击。两台发动机的关键部位也有装甲保护，而且中间有机身隔开，两者相距较远，如果有

一台发动机被击中损坏，还有一台可以继续工作，保证飞行安全。提高直升机的生存能力，等于是提高了直升机的作战效率和部队的战斗力。

"阿帕奇"直升机的武器为休斯公司的XM-230-E1型30毫米机炮，备弹量1 200发，正常射速652发/分，可携带16枚"地狱火"导弹，可选装70毫米火箭弹，每个挂点可挂一个19管火箭发射巢，最多可挂四个发射巢，共76枚火箭弹。

"阿帕奇"直升机还装有目标截获显示系统和夜视设备，可在复杂气象条件下搜索、识别与攻击目标。美军新型直升机从设计之初就有抑制红外线讯号的装置。红外线导弹是低空飞机的最主要威胁，敌人发射的红外线导弹弹头上的寻标器，主要是寻找燃气涡轮发动机的热排气管。想要减少这种导弹寻标器的功效，方法之一是把直升机发动机排出的热气和大量的冷空气混和，再把它们排到机身外，同时隔绝排气管，如此，导弹才不会"看到"热金属。AH-64A"阿帕奇"的"黑洞"红外线抑制器在这方面的功能很强。

"阿帕奇"直升机也有不少缺点：首先是光学和红外观瞄系统在恶劣气象或烟尘中会受到极大影响；其次发射"地狱火"导弹时必须露出机头并进行制导，容易被敌人击中；三是操作复杂。

作为一种先进的攻击直升机，AH-64A"阿帕奇"直升机代表的是20世纪80年代的技术水平，在总体上，"阿帕奇"的设计是非常成功的，尤其是在结构设计上很有特色，从而保证了该机

★正在投放干扰弹的AH-64"阿帕奇"武装直升机

★整装待命的AH-64"阿帕奇"武装直升机

具有比较好的基本性能和生存能力，以至于在以后的改进改型中，在机体设计上基本没有大的变化。

战场急先锋："阿帕奇"永远冲在最前面

在伊拉克的"不对称"战争中，美军对他们的王牌武装直升机"阿帕奇"的依赖，已经到了无以复加的程度。无论是清剿地面的散兵游勇，还是摧毁大型的基地掩体，"阿帕奇"总是冲在最前面。

海湾战争中"阿帕奇"打响了第一枪。1991年1月17日凌晨，"沙漠风暴"空袭行动前22分钟，美军的八架AH-64A"阿帕奇"武装直升机以低空飞行方式巧妙地躲过伊军雷达网，隐蔽进入伊拉克南部。发现伊军的两座重要预警雷达站后，八架AH-64A直升机分成两组，向着伊预警雷达站猛冲过去。驾驶员按动发射钮，一枚枚"地狱火"导弹喷着橘红色的火焰从天而降，伊预警雷达站在连续不断的爆炸声中飞上了天。这为多国部队空袭打开了一条安全通道，使大批战斗轰炸机从缺口进入，突然出现在巴格达上空。"沙漠风暴"行动由此展开。

海湾战争期间，多国部队部署武装直升机几百架，而AH-64A"阿帕奇"直升机就占274架，约为美国陆军装备总数的一半，可以看出它举足轻重。

2003年3月24日，在伊拉克战争美军进攻巴格达的行动中，32架AH-64A"阿帕奇"武装直升机对驻守在卡尔巴拉的伊拉克共和国卫队"麦地那"师发动的猛烈攻击打响了巴格达之战的第一枪，并且在短时间内击毁了伊军的10辆坦克。

但是AH-64A"阿帕奇"直升机的维护复杂性在海湾战争中暴露了出来，由于海湾地区风沙很大，因此几乎在每次出勤后AH-64A都要彻底清洁其发动机、旋翼以及武器，否则就会出现因为故障而坠机的现象。

在1999年轰炸南联盟行动中，美国干脆取消了AH-64A"阿帕奇"直升机的作战行动。因为南联盟拥有大量肩抗式防空导弹，速度较慢的AH-64A直升机刚好成为了这些导弹的活靶子。

🚫 骄傲的代价："阿帕奇"遭到伊拉克军队伏击

双引擎"长弓阿帕奇"AH-64D直升机是AH-64A"阿帕奇"的最新改进型，是美国陆军的精锐攻击直升机，装备有超强雷达和"地狱火"导弹，主要用来对付装甲战车。伊拉克战争打响前，一名美国陆军将领曾夸口，一个装备有"地狱火"导弹的"阿帕奇"营可以在20分钟内干掉伊军一个装甲旅！

言犹在耳，"阿帕奇"却稀里糊涂地中了伊拉克人的招。

2003年3月24日，美国陆军第11航空团倾巢出动。34架"阿帕奇"气势汹汹地扑向卡尔巴拉地区，准备狠狠教训一下那里的伊军共和国卫队"麦地那"师第2装甲旅。30岁的

★准备着陆的AH-64"阿帕奇"武装直升机

★头顶"长弓"毫米波雷达的"长弓阿帕奇"武装直升机

一级准尉大卫·威廉姆斯和26岁的一级准尉罗纳德·扬驾驶着他们的座机随队出征。两人心里充满了对战斗的渴望，但同时也升起了一股难以名状的恐惧，"我这是怎么了？"几乎同时，大卫和罗纳德对自己的反应感到了奇怪。自开战以来，美军一路势如破竹，极少遭遇像样的抵抗，"阿帕奇"们也没遇到过真正的对手，转场飞行几乎就是全部的战斗内容。"今天的'麦地那'师会不会有两下子呢？"

　　全副披挂的"阿帕奇"晃动着沉甸甸的身体吼叫着掠过荒凉的沙漠，一点儿都不顾及飞行员们的心理。很快，一座村落出现在大卫视野里。地图显示，这里是卡尔巴拉附近的穆斯塔法村，目标区域就快到了。机内通话系统里传来了罗纳德的声音，武器系统状态良好，找到目标把所有的导弹、炮弹、火箭弹都倾泻出去就可以返航了。

　　大卫扭头看了看伴在旁边飞行的另一架"阿帕奇"，那是老兵达夫尼的座机。那家伙参加过1991年的海湾战争。"他现在紧张不紧张呢？"

　　按计划，"阿帕奇"直升机群将从距地面15米的低空向伊军部队发起攻击。"那是个可怕的高度。"大卫想，"指挥官肯定是疯了，为什么不让我们再飞高点儿呢？15米，一支普通的AK-47都能打得到！"

　　就快进入穆斯塔法村了，侦察直升机没有发现目标。机群大摇大摆地冲进村子。突然，从街边的棕榈树后、高低错落的土屋屋顶上，密集的地面火力像水一样向"阿帕奇"们"泼"了过来。

　　"有埋伏！"带队长机反应迅速，立刻命令各机拉高，同时搜索目标。但已经来不及了，

34架"阿帕奇"全都被牢牢地"粘"在了伊拉克人的火力网中。伊拉克民兵10人一组，躲在屋顶上、树丛后，用火箭筒和轻武器向直升机开火。AK-47特有的低沉声音压过了"阿帕奇"急速旋转的发动机声。子弹打在机身装甲上火星四溅，

★全副武装的AH-64"阿帕奇"武装直升机

可乐瓶大小的炮弹在空中乱飞，到处都是浓烟和炮火，视线一片模糊。

大卫眼瞅着一枚火箭弹撕裂了达夫尼驾驶的直升机机腹，在达夫尼脚下不到半米的地方一穿而过，好悬！"叮、叮、叮！"几发AK-47子弹打在大卫直升机薄薄的侧装甲上，立刻撕开几个龇牙咧嘴的小洞。大卫和罗纳德一激灵，顾不上再看同伴们的情况，手忙脚乱地躲避、射击。混战中，又有几架"阿帕奇"受了伤，好在没丧失动力。大家互相掩护着冲出了村子，灰溜溜地逃回了基地。

遍体鳞伤的"阿帕奇"一落地，早已收到消息的机师们便一拥而上，拖出筋疲力尽的飞行员，检查"阿帕奇"们的伤口。大卫站在一边看着自己的座机：机身上有大大小小十几个洞，四个主旋翼叶片上到处是窟窿，尾翼也被射穿了，真是惨不忍睹。

片刻之后，第11航空团指挥官向美军地面部队总司令华莱士中将报告：34架"阿帕奇"中至少有27架严重损坏，无法再次起飞作战！装备最先进直升机的第11航空团实际上丧失了作战能力，在战争最关键的时刻"突然死亡"。

事后，美军情报监听部队解开了"阿帕奇"遭伏击的谜团。原来，伊拉克人在"阿帕奇"机群的进攻线路上，用50部手机组成了一道"预警系统"，用接力的方式一站一站地通报美军直升机的运动情况，终于把不可一世的"阿帕奇"送进了埋伏圈。

令人恐怖的"恶魔之翼"
——AH-1"眼镜蛇"直升机

⊘ "眼镜蛇"出洞：原来是"坦克克星"

战争催生新的武器，"眼镜蛇"直升机就是战争的产物。1960年，由于越南战争吃紧，美国陆军根据越南战场上的实际需要，迫切要求迅速提供一种高速的重装甲重火力武装直升机，用来为运兵直升机提供沿途护航或为步兵预先提供空中压制火力。

1962年6月，贝尔直升机公司推出了崭新构型的D-225"易洛魁战士"直升机的全尺寸模型给美国陆军参考。D-225以UH-1的技术与许多现成组件为基础，但却是全世界第一种专门设计的武装直升机，拥有许多前所未有的构型设计：包括狭窄的低阻力流线机身、双人纵列座舱，此外武器系统并非临时加装于机身的火力，而是机身整体设计的一部分，包括安装于机鼻的旋转炮塔、机身两侧的武器挂载短翼等，战斗效率大幅提高。D-225的前座负责控制机上武器，后座则为驾驶席，前座高度较后座为低。D-225的主旋翼齿轮箱、摇摆盘等机械装置都由机身上部的整流罩包覆，尾衍则沿用与UH-1相同的构型，并采用可收式着陆橇架，这些都是传统的通用直升机所不具备的。

美国陆军对D-225印象深刻，但在观念上仍无法接受完全纯粹的武装直升机，

★美制新型AH-1Z攻击直升机

★AH-1武装直升机

★韩军AH-1S型"眼镜蛇"攻击直升机在发射火箭弹

宁可继续沿用武装化的UH-1A/B通用直升机。虽然如此，专为攻击而生的D-225堪称武装直升机的鼻祖，其设计充满前瞻性，许多特点都成为日后武装直升机的共同特征。而同时，越南战场上血的教训也使美军很快认识到专业武装直升机的价值，遂在1964年提出世界上第一个专业武装直升机计划——先进空中火力支持系统（AAFSS），发展一种能伴随地面部队并提供火力支援的新型专业武装直升机。

陆军已经等不及庞大复杂的AAFSS了，于是暂时搁置该计划，先发展一种过渡性的专业性武装直升机以填补AAFSS服役前的空当。这一过渡性计划的竞标者包括凯门航天的HH-2、西科斯基的S-61，以及贝尔的Model-209。

贝尔Model-209于1965年首度试飞，机身结构融合D-225以及Model-207的概念，如狭长的机身、纵列双人座舱、机首机炮、机身两侧武器挂载短翼、单发动机、固定式着陆用橇架等设计，并沿用了大量UH-1的系统，包括T-58涡轮发动机、传动系统、平衡式二叶片主尾旋翼系统等，使得风险与成本得以降低。

1966年，Model-209击败对手取得美国陆军的订单，并获得UH-1H的军方正式编号（几个月后即改为AH-1G），成为全世界第一种进入量产的专业武装直升机，并获得休伊"眼镜蛇"的官方名称。

经数十年发展，AH-1已经发展出多个主要型别。主要型别：AH-1G"休伊眼镜蛇"、AH-1J"海眼镜蛇"、AH-1Q"休伊眼镜蛇"、AH-1R"休伊眼镜蛇"、AH-1W"超级眼镜蛇"、现代化型贝尔-209。

毒蛇凶猛：反应迅速

★ AH-1G"休伊眼镜蛇"直升机性能参数 ★

机长： 14.68米

机高： 4.15米

机宽： 0.98米

旋翼直径： 14.63米

机身重量： 3635千克

最大起飞重量： 6350千克

最大速度： 333千米/小时

最大爬升率： 5.5米/秒

悬停升限： 3.8千米

最大航程： 577千米

武器装备： 两挺 7.62 毫米GAU-1B/A 六管 "米冈" 机枪

四具 M-159 火箭弹

"陶"式和"海尔法"导弹

AH-1 直升机装备有先进的武器系统，能够在发现目标后立即攻击，火力反应时间短。为了达到既能高机动飞行又有高效率攻击的目的，AH-1直升机采用了炮手在前、驾驶员在后的串列式座椅设计；为了提高飞行中被击中后的生存率，AH-1 直升机的乘员座椅和两侧均有装甲保护，装甲防护力和生存力较强。为了便于伪装隐蔽和在飞行中减少被击落的概率，AH-1 直升机机体设计得相当小，机身仅宽0.98米；为增加装载武器数量，机身两侧设计有挂装武器的短翼；为了提高耐坠毁性能，设计了具有吸收坠地能量的滑撬；机炮位于机头下部等。

AH-1 直升机采用流线型窄机身和纵列式座舱布局，飞行速度快，受弹面小，机动能力强。改进后的 AH-1 具有在夜间、有限的干扰以及恶劣气候（浓烟、大雾）条件下发射"陶"式导弹的能力。

久经沙场："眼镜蛇"的战事传奇

AH-1的主要任务是进行近距火力支援，其机载武器具有很大的灵活性，它能利用"陶"式和"海尔法"导弹及火箭、机炮有效地摧毁敌方直升机、坦克装甲车辆、掩体工事和高炮阵地，还可执行为突击运输直升机武装护航、指示目标、侦察、反直升机作战、对付有威胁的固定翼飞机等任务。自投入使用以来，在几乎所有的战场上——越南、中东、拉美、阿富汗、巴以冲突现场……只要有美国大兵及其铁杆盟友，就有AH-1在低空呼啸掠过时的轰鸣。

AH-1在越南战场初次露面就立显威力。当时，AH-1主要用来为运输直升机护航，

★AH-1"眼镜蛇"直升机

也可应地面部队的要求提供火力支援，摧毁敌方坦克装甲车辆、筑垒工事、炮兵阵地和攻击散兵。

1971年，美国陆军在老挝发起的"春季攻势"中第一次使用装有机炮和火箭的AH-1进行反坦克实战试验，结果证明AH-1完全具备反坦克能力。但由于当时的备弹量不足，特别是穿甲弹不足，影响了AH-1的反坦克战绩。

在1980～1988年的两伊战争中，伊朗的202架AH-1J"海眼镜蛇"直升机在打击伊拉克装甲部队和直升机的战斗中发挥出色，伊朗军方甚至宣称AH-1击落过三架伊拉克米格-21战斗机。不过，AH-1也损失惨重，到战争结束时其数量仅剩下一半。

在1991年的海湾战争中，美军共动用了近百架各型"眼镜蛇"直升机，其中海军陆战队的攻击直升机中队有49架AH-1参战，取得了令人瞩目的战果。开战之初，陆战队的AH-1在夜幕的掩护下超低空飞行，躲过伊军雷达侦测，深入伊军纵深300千米，发射导弹摧毁了伊拉克的预警系统，使伊军的防空体系陷于瘫痪，为美军的后续作战行动奠定了基础。在100小时的地面战争中，AH-1频频出击，执行对地火力支援任务，破坏伊拉克设置的雷场，为地面部队顺利推进开辟了道路。作战时通常由2～4架AH-1组成小分队，进行快速反应作战和近距离火力支援。

在地面战争的第二天，伊军曾组织兵力对美海军陆战队一个指挥中心发动攻击，两架AH-1及时实施了强有力的火力支援，击退了伊军的进攻。在同一天大规模反击伊装甲部队的作战中，一架AH-1"超级眼镜蛇"带领四架AH-1"休伊眼镜蛇"迫使伊军一个坦克营投降。在第三天的快速进攻作战中，两个中队的AH-1W共击毁伊军约100辆坦克、50辆装甲运兵车、20辆汽车及一批火炮，摧毁了数十处观察哨与作战掩体。

1991年2月27日拂晓，在美军与驻科威特伊军的作战中，伊军三个共和国卫队的装甲师被围。为了突破包围，伊军组织了200多辆坦克向美军发起反击。美海军陆战队的AH-1与陆军的AH-64"阿帕奇"武装直升机紧密配合，对伊军大打出手，成了伊军最先进的T-72坦克的克星。战斗中，AH-1摧毁伊军坦克97辆、装甲输送车104辆、掩体16个以及高炮阵地两处，而AH-1无一损失。

AH-1还使用"陶"式导弹、20毫米机炮和70毫米火箭，阻止了伊拉克共和国卫队的车队经幼发拉底河上的公路撤回伊拉克，用"陶"式导弹一举击中了车队的引导车辆，使整个车队停滞不前，从而成功地阻塞了公路，确保了"左勾拳行动"的成功。

在海湾战争中，常常可以见到少数甚至成建制的伊拉克士兵向AH-1直升机投降的场面，这种情况经常发生在精确制导的"陶"式导弹或"海尔法"导弹摧毁伊军坦克、装甲车、掩体或筑垒阵地之后。例如，据美第1步兵师战后报告记载，当由AH-1直升机组成的侦察小组飞经伊拉克阵地上空时，许多伊拉克士兵向它们举手投降。

海湾战争证明了AH-1"超级眼镜蛇"直升机是一种具有强大对地攻击能力的空中平台，而且验证了它在恶劣环境中使用的可靠性。虽然该机的出动强度较大（在整个海湾战争期间，"眼镜蛇"武装直升机共飞行了近2万个小时），但战后的检查表明，海湾地区的沙尘对旋翼桨叶和尾桨叶的磨蚀并不严重。美国部分国会议员曾提出"要保留一些在战争中表现良好的航空武器"的建议，AH-1与AH-64"阿帕奇"并列其中。

在2003年的伊拉克战争中，AH-1首次使用了AGM-114M和AGH-114N新型"海尔法"反坦克导弹。AH-1执行空中支援任务时，通常悬挂2~4枚"海尔法"导弹或4枚"陶"式导弹以及采用多种战斗部的航空火箭弹，在伊拉克战争期间的电视新闻上，经常可以见到携带"海尔法"飞行的AH-1。

在伊拉克南部城市巴士拉驻防的伊军第51机械化步兵师曾凭借简陋的装备，在巴士拉西部同美英军队进行了一场力量悬殊的较量。当时，数百名拒绝执行投降命令的官兵开着20余辆T-55等坦克，集结在巴士拉西部的咽喉要道祖巴亚镇，与美英

★AH-1Z "眼镜蛇"武装直升机

联军展开激战。伊军的抵抗极其顽强，美军及时呼唤在空中待机的AH-1F武装直升机和英军的自行火炮予以支援。经猛烈的空地打击后，美英联军成功地击败了伊军并占领了巴士拉。

当巴以冲突愈演愈烈时，阿拉法特的办公楼外常有以色列的AH-1出现在空中，进行武力威胁。当以色列地面部队和巴勒斯坦人发生冲突时，AH-1不仅进行了及时的空中支援，还有计划地对哈马斯、杰哈德及阿克萨烈士旅等巴激进组织的领导人实施所谓的"定点清除"，并屡屡奏效。

在2002年的阿富汗战争中，美海军陆战队的AH-1一直担负着攻坚任务，不仅在远距离打击塔利班据点中发挥出色，而且在掩护和支援地面部队的突击中也表现突出。

痛击"眼镜蛇"的"雌鹿"
——米-24直升机

🚫 "雌鹿"出笼：被称为"飞行的步兵战车"

在动物世界中，鹿是非常讨人喜欢的且基本不具备攻击性的动物。但是在真实世界的丛林上空，却徘徊着一个长满獠牙的鹿，这就是苏联的攻击直升机米-24，北约代号"雌鹿"，它是苏联米里直升机设计局设计的苏联第一代专用武装直升机。

20世纪60年代，在首战即决战的闪电战思想指导下，苏军实行全面机械化。苏联直升

★米-24"雌鹿"武装直升机

机奠基人米里高瞻远瞩地意识到，苏军将需要"飞行的步兵战车"，用来快速输送突击分队，并为离机的步兵提供强大的近距离火力支援。他认为，一种能载运步兵并提供火力支援的飞行战斗运兵车将会给陆军带来一场战术革命。

于是，米里在1966年完成了新型武装直升机的全尺寸模型，该机的外观与美制UH-IA直升机相似，不过它却拥有后来米-24的特性：配备两名乘员并可载运7～8名士兵；装备双管23毫米航炮、4～5枚反坦克导弹和2～4个火箭吊舱；机上重要部位和乘员均有装甲防护。

米里准备了两套设计方案，分别是单发动机的7吨重直升机和双发动机的10.5吨重直升机，设计局的试验厂也完成了三架不同型号的全尺寸模型和五款直升机前机身模型。最后，双发动机直升机获选，不过原先设计的固定式航炮改成机首下方炮塔上可转动的高速机枪。

米-24自1968年5月开始正式研制，1969年6月推出首架原型机，1969年9月首飞，先期生产型共有10架。这批飞机自1970年6月开始进行18个月的部队接收测试，正式投入批量生产，最初在苏联空军服役。

陆军航空兵成立后，米-24以独立直升机中队为单位纳入陆军机械化师的编制，完全实现了米里的使用设想。米-24还出口到阿富汗、阿尔及利亚、安哥拉、古巴、印度、伊拉克、利比亚、尼加拉瓜、越南、也门等国家。

★ 米-24直升机性能参数 ★

机长（不包括旋翼、尾桨、机枪）： 17.50米	**最大爬升率（海平面）：** 12.5米/秒
机高（旋翼和尾桨转动）： 6.50米	**实用升限：** 4500米
空重： 8200千克	**悬停高度（无地效）：** 1500米
最大外部载荷： 2400千克	**作战半径（最大武器载荷）：** 160千米
正常起飞重量： 11200千克	**航程：（标准内部燃油）：** 500千米
最大起飞重量： 11500千克	**最大续航时间：** 4小时
最大平飞速度： 330千米/小时	**武器装备：** 12.7毫米四管"卡特林"机枪
巡航速度： 270千米/小时	四枚AT-2"蝇拍"反坦克导弹
经济巡航速度： 217千米/小时	32枚57毫米火箭弹

⊘ "雌鹿"的光环："空中坦克"威力强

米-24采用五片主旋翼和三片尾旋翼，机身较米-8纤细，前三点式起落架可以收入机身鼓起的起落架舱内，机身中段有两个下倾的短翼，不仅可以挂载武器，还能在向前飞行时减少旋翼负荷19%～25%。

米-24前后座的机组乘员坐在防弹玻璃座舱内，飞行员坐在武器操作员左后侧，武器操作员负责搜索目标、发射机枪、反坦克导弹和投掷炸弹，飞行员负责发射火箭弹和使用机炮吊舱，米-24的机舱最多可容纳八名全副武装的士兵，载运1 500千克物资或四副担架，机外还可吊挂2 000千克的货物。

米-24的防护相当完备，驾驶舱与人员货舱结合成单一的密闭防弹空间，具有核生化防护能力，发动机也以装甲强化防弹功能。机内的五个防弹油箱装载2 130升燃油，必要时还可在机内加装两个1 630升的副油箱。米-24采用TV3-117涡轮轴发动机，正常输出功率1 268千瓦，最大起飞功率1 641千瓦，如果一台发动机失效则另一台发动机自动进入最大起飞功率输出模式。

米-24的电子设备安置在后机身舱内，包括自动飞行控制设备、陀螺仪、自动进场系统、自动导航地图、短程无线电导引系统等。

作为攻击直升机，米-24 具有速度快、爬升好、载重大、火力强、装甲厚的特点，不光可以提供直接的强大火力支援，还可以运载突击分队，或运送伤员。

⊘ 尽职的"猎人"：米-24负责空中巡逻

事实证明，米-24不愧为最优秀的武装直升机之一，在不到20年的时间内，它参加了30场战争和地区冲突，足迹遍布三大洲。历史上作战飞机很少有比米-24更丰富的战斗经历。

米-24"雌鹿"经常像猎人那样在重点地区上空巡逻，一有机会就去攻击出现的目标。官方称这种任务为搜索/攻击行动（武装搜索猎歼），这种行动通常由双机编队或者更多的米-24完成。米-24武装直升机在战争中更多地扮演空中坦克的角色。

1978年初，米-24在埃塞俄比亚首次接受了战火的洗礼。当时索马里领导人西亚德·巴雷将军派部队入侵邻国埃塞俄比亚，企图占领他们认为本应属于索马里的欧加登台地。古巴对埃塞俄比亚进行了大量军事援助，其中就包括从苏联得到的米-24武装直升机。最初，由古巴飞行员驾驶的米-24攻击了索马里人的阵地，他们几乎没有受到任何像样的抵抗，就击毁了索马里部队数辆装甲车和火炮。

但米-24 最辉煌的战绩，无疑是在阿富汗。阿富汗多山，经常需要控制制高点。地面交通不便，对手是神出鬼没的游击队，直升机成了作战行动的不二选择。就像越南是美国的直升机战争一样，阿富汗成了苏联的直升机战争。在苏军入侵阿富汗之前，米-24 已经在阿富汗投入战斗。

米-24 经常以双机、四机甚至八机出击，采用多机协同攻击的战术。多机协同攻击时，高空机群担任掩护，低空机群担任攻击。为了迷惑地面防空火力，有时双机对飞，在近距离大机动交错，像航展中的特技飞行表演一样，使追踪的防空火力无所适从，丢失目标。空中双机之间的距离保持在 1 200～1 500 米，既方便联络和呼应，又保证一定的机动空间，也防止密集防空火力同时击中两架飞机的可能性。

游击队仗着熟悉地理，经常在夜间活动，米-24 也就经常在夜间出击。夜航高度只有80～100 米，主要找车灯和篝火。在确认无友邻部队在附近时，米-24 就迅速投入攻击。

米-24 在阿富汗承担了33％的"计划中"的攻击任务，但承担了75％的应招近距火力支援任务。米-24 的另一个重要任务是沿公路护送苏军的补给车队，这占米-24 总出击数的 12％～15％。

但是米-24 的损失率十分惊人，驻阿苏军每年都要损失8％～12％的米-24。米-24在阿富汗的最后的战斗损失是1989年2月2日，戈罗瓦诺夫上校和射击员佩谢尔霍尔科在侦察撤军路线时，座机被击中，双双丧生。

米-24 在黎巴嫩战争中也有出色表现，叙利亚的米-24 干得比空军出色，和法制SA342 一起，给以色列装甲部队以沉重打击，占被击毁的 55 辆坦克中的大部分，自己没有损失。

米-24 最辉煌的战绩是在 1982年10月27日，一架米-24 用反坦克导弹迎头击落了一架伊朗的 F-4D，这是历史上第一次、也是唯一一次直升机击落喷气式战斗机的战例。

◎ 火线对抗："雌鹿"猎杀"眼镜蛇"

米-24"雌鹿"直升机和AH-1"眼镜蛇"直升机多有交锋。20世纪80年代，著名的两伊战争中，它们就曾上演过精彩的一幕，展开了世界上第一次直升机空战。

1983年9月14日，两伊激战正酣，双方在巴士拉打得难解难分。这天，伊拉克的一架米-24D武装直升机正在执行任务，远处突然出现一架直升机的身影。米-24D驾驶员仔细一看，那正是伊朗军队的美制AH-1J"海眼镜蛇"武装直升机。

两架敌对的武装直升机狭路相逢，分外眼红，都恨

★正在进行空中巡逻的米-24直升机

★米-24直升机在多次战斗中均有不错的表现

不得一口把对方吞掉。

伊朗的AH-1J属于轻型武装直升机，火力不强，对米-24D的凶猛进攻应付得有些费力。三十六计走为上，伊朗直升机驾驶员一看打不过，就开始机动规避，试图逃跑摆脱。眼看到口的猎物要溜，伊拉克的直升机驾驶员岂肯就此罢手，于是一转航向就追了过去。

AH-1J在前面拼命加速，米-24D在后面死死缠住不放。突然，米-24D紧急跃升，抢占有利的攻击位置，没等AH-1J反应过来，后面的子弹就如雨点般地打过来。顿时，AH-1J就像一片落叶，飘落大地，地面冒起了黑烟。

之后，双方各有4～6架直升机参战，场面十分壮观。从双方的性能来看，米-24的攻击力远强于AH-1J，但在直升机编队作战中，这种攻击力有时很难派上用场，相反，米-24直升机机体大，起飞重量超过AH-1J一倍以上，影响了机动性。经过一段时间的追打后，米-24占不了一点便宜。不过，在相互追逐，试图用自己的直升机击毁对方的过程中，谁也没碰上谁，即使有几次"雌鹿"差点被"眼镜蛇"撞上，还是巧妙地避开了。有一次，"雌鹿"直升机一个跃升，占据了有利位置，完全可以俯冲而下，攻击一架"眼镜蛇"。就在"雌鹿"俯冲而下时，"眼镜蛇"向上一纵升，并急速翻转，绕到"雌鹿"后面，使两者位置互换。这时，"雌鹿"急中生智，一个急转弯避开了"眼镜蛇"的反攻击。毕竟"雌鹿"是当今直升机系列中最富有作战经验的机种，在20多年里共参加过30场战争或区域冲突。可见，要想碰到它绝非易事。双方追逐了一个小时，飞行员在做俯冲窜纵和规避动作时，劳心费神，开始累了，但并未松懈。

在这时，双方同时想到用机关枪来攻击对方。当一方用机关枪扫射时，对方不得不进行躲避。毕竟，攻击武器的速度远远高于直升机飞行速度。

一般来说，武装直升机与对方武装直升机相遇的机会会低于与对方战斗机相遇的次数，但两者装备不同，不能进行对等的攻击。在低空战场上，武装直升机的真正对手还是武装直升机。直升机空战的特点是，由于没有配备雷达，不能在视距外发现对方，双方都是在视距范围内进行攻击，关键在于抢占有利位置，尤其是突发性的近距离格斗，有利位置将成为胜负的关键。向对方发起攻击的最佳位置应该是在自己的正前方，能看到对方，瞄准位置则以螺旋桨中央顶端部分为最佳。

另一方面，如果被对方锁定，要紧急采取躲避行动。在空战时，如果回旋或上升时失速，被击落的可能性很大。从米-24"雌鹿"与AH-1J"海眼镜蛇"直升机的作战性能上看，"雌鹿"绝对优于"海眼镜蛇"，实战经验也占明显优势。

在长达10年之久的苏阿战争期间，"雌鹿"曾多次大展雄风，但在空中格斗中，胜负结果要取决于临场状况和飞行技巧。如果AH-1J发现米-24，会迅速抢占制高点，发射导弹将米-24击落；相反，如果一击未中，米-24则有更多的优势，AH-1J肯定被击落。如果米-24先发现AH-1J，它会先爬升到1 000米高度，再俯冲攻击。在两伊战争中，伊拉克经常出动米-24攻击伊朗的装甲车队和火炮阵地。在118次飞机对直升机的战斗中，有56次是直升机对直升机的空战，其中与伊朗AH-1J"海眼镜蛇"遭遇10次。双方在进行激烈空战的进程中，"雌鹿"以10∶6的结果胜过"海眼镜蛇"。

战事回响

◎ 世界著名武装直升机补遗

俄罗斯卡-50/52武装直升机

和世界其他现役武装直升机相比，卡-50拥有以下世界纪录：世界第一架采用单人座舱的武装直升机；第一架采用同轴反转旋翼的武装直升机；第一架装备弹射救生座椅的直升机。它的姐妹型卡-52不仅具有与卡-50相同的武器、低空飞行能力、装甲防护能力，而且具有优良的侦察、指挥与控制等功能，可为卡-50提供类似于空中预警指挥机的作用。

★俄罗斯陆军航空卡-50武装直升机

美国RAH-66"科曼奇"直升机

1982年，美国陆军提出LHX（实验轻型直升机计划），1991年4月，正式编号为RAH-66。如果最终加入美军服役，它将是美军直升机之中首架专为全天候武装侦察设计的隐形直升机，执行武装侦察、反坦克和空战等任务。

然而，科曼奇项目多年来屡遭经费超支和研发延期的困扰，冷战结束后的美军也面临着转型问题，2004年美国陆军宣布取消科曼奇直升机项目。

俄罗斯米-28"浩劫"武装直升机

米-28攻击直升机，是苏联20世纪70年代中后期研制的一种新型直升机。机翼桨叶由复合材料制成，并采用气动性能好的叶形设计以获得较大的升力；采用两台超过1000瓦功率的涡轮轴发动机，具有掠地飞行能力。

米-28机载武器为一门23毫米机炮，可装载16枚AT-6反坦克导弹，另载4~8枚红外制导的SA-14改型空对空导弹。

法国SA341"小羚羊"轻型直升机

"小羚羊"研制计划最初由法国提出，用于取代"云雀"II直升机。其飞行性能非常优秀，因此很快被各国军民客户大量订购，用于从反坦克到交通监视的广泛领域。

"小羚羊"有丰富的实战经历，英国"小羚羊"参加了马岛战争，法国的伴随AMX-10RC轮式装甲侦察车参加了海湾战争，伊拉克的参加了两伊战争等。

意大利A-129"猫鼬"武装直升机

意大利陆军航空兵的主战直升机A-129，是一种轻型专用武装直升机，绰号"猫

★意大利A-129"猫鼬"武装直升机

鼬"，迄今生产总数不过60架，未正式参加过作战。2008年，阿古斯塔公司对A-129实施升级改型计划，使A-129性能有了显著改善，在国际军用直升机市场上备受瞩目，土耳其、澳大利亚等国家纷纷表示了对新A-129的兴趣。阿古斯塔公司趁势将升级后的A-129命名为"猫鼬"国际型。

★欧洲"虎"式直升机

欧洲"虎"式武装直升机

"虎"（TIGER）式武装直升机由欧洲直升机公司研制，有两个主要型别：火力支援型和反坦克型。细分为三个型号，即法国的火力支援型HAP、反坦克型EHAC和德国的反坦克型PAH-2。与"阿帕奇"相比具有外形尺寸小，广隐身性好；机动性高，作战灵活；全光电探测系统不易被察觉；有经济性高，维护费用少等优点。

南非"石茶隼"武装直升机

南非CSH-2"石茶隼"武装直升机由南非阿特拉斯公司研制，主要任务是在有各种苏制地空导弹的高威胁环境中进行近距空中支援和反坦克、反火炮以及护航。

总体来看，CSH-2"石茶隼"达到了世界先进水平，大多数指标与AH-64、米-28、法德联合研制的"虎"式战斗机等先进武装直升机相当。目前南非正极力向外推销CSH-2直升机。

第六章

军用运输机

战机家族中的无名英雄

沙场点兵： 运输机亮相

　　军用运输机是用于空运兵员、武器装备，并能空投伞兵和军事装备的飞机。军用运输机要求具有能在复杂气候条件下飞行和在比较简易的机场上起降的能力，有的还装有用于自卫的武器和电子干扰设备。这些都是军用运输机与民用运输机的区别。

　　早期的空运任务都是由临时借用或改装的轰炸机和民用运输机来完成的，但它们往往不能适应军事空运的实际要求，在第一次世界大战之后，德国容克公司首先于1919年制造出世界上第一架专门设计的全金属军用运输机。在第二次世界大战中，军用运输机在运送兵员、物资和空投伞兵、装备等方面发挥了作用。20世纪50年代末，开始出现了喷气式军用运输机。

　　按动力装置之不同，军用运输机又经历了活塞发动机、涡轮螺桨发动机，涡轮喷气发动机及涡轮风扇发动机等几大发展阶段。

　　按飞机大小及运载能力之强弱，军用运输机一般分为轻、中、大型三类。轻中型飞机总重不大于100吨，可运载数吨至三四十吨物资，作战半径为数百至一千数百千米，有时要求具备简易机场起落及短距起降的飞行能力，以适应前线作战需要。

　　按运输能力分为战略运输机和战术运输机；前者主要用来在全球范围载运部队和各种重型装备，实施全球快速机动；后者用于在战役战术范围内进行空运、空降、空投任务。有些军用运输机具有短距起落能力，能在简易机场起落。

★安-7D中型军用运输机

其作战任务主要包括空运或空投战斗部队、伞兵、武器装备、后勤物资或伤病员，也可改装作其他用途，如空中预警指挥、空中加油、战略侦察、电子作战及海上巡逻等等。

目前世界上最大的现役军用运输机是美国洛克希德公司制造的C–5A"银河"式战斗机。它最大载重量达220吨，一次可装载900名全副武装的士兵或340名士兵加三辆卡车。它的最大载重航程为4 490千米，最大油量航程达12 020千米。

🌏 兵器传奇：运输机的前世今生

在第一次世界大战期间，还没有发生明显的空运行动，更没有专门的军用运输机。

从第二次世界大战开始，军用运输机在主要参战国中渐渐得到推广使用并很快显露出它快速移动和布署兵力的巨大优越性。但当时的机型基本是从民用客机甚至轰炸机改装过来的。战后，以美苏为首的军事大国投入大量人力物力，积极研制出第二、第三代专用的军用运输机。美国在冷战时期奉行"全球战略"的同时，从未忽视对运输航空兵的建设与发展，它专门设立了与战略空军并肩作战的空运司令部，并在历次局部战争中很好地利用了空运这一作战手段。苏联在这一方面也不甘落后，它独立研制并大量配备了型号繁杂的轻、中、大型军用运输机，在各种大型演习及涉及国外的军事冲突中动用了空运部队，同样也取得了令人瞩目的效果。

在第二次世界大战中，军用运输机参加过无数次空运空降行动，对支援地面作战乃至扭转整个战场局势起到了不可估量的重要作用，著名的空降作战有1940年4月德军对挪威的空中突击行动，这也是军事史上第一次成功的空降入侵与空运补给战例，500多架运输机为德军闪电攻占挪威提供了"空中桥梁"，使战斗得以顺利结束。

在战后的冷战时期，最典型的一次大空运发生在1948年6月26日至1949年9月30日，即历史上著名的"柏林空运"，这是西方国家为打破苏联占领军对西柏林的交通封锁而采取的历史上罕见的一次大规模空运行动。在15个月内，共有277 569架次运输机向250万居民运来230万吨生活用品，总周转量高达11.22亿吨千米。其中的4月16日，仅一天之内就有1 398架次飞机运输过12 940吨物资。

现代军用运输机的巡航速度一般可达800～900千米/小时，是陆上运输速度的15倍，海上运输速度的25倍，因此可以说是这三种运输手段中最快捷的。

随着信息时代的到来，现代战争对部队的远程快速机动能力提出了更高的要求。这对于军用运输机的发展既提出了挑战，也带来了机遇。目前，军用运输机正向着大型化、数字化、短距起落、直接送达、高生存性、低使用成本和"一机多型"的方向发展。

🌐 慧眼鉴兵：高空客车

军用运输机有它自己的特点：如运载能力大；货舱容积宽敞，以适应不同尺寸物资的载运；便于地面快速装卸和空中投放，有的机种还备有自卫武器（如尾炮塔）或消极自卫装备（如红外线干扰弹）等。军用运输机的机体构造要求更加坚固耐用，要经得起恶劣气候和频繁使用以及空中机动飞行的考验。当然，军用运输机在内部舒适性方面可以适当降低要求。

军用运输机是现代战争中一种重要的机动方式和手段，具有机动性强、速度快、航程远、不受地理条件限制的特点，在争取时间、超越障碍、远距运送等方面所具有的优越性，是路上、海上运输工具无法比拟的，因此，各国空军都十分重视军用运输机的研制与发展，不断加强空运力量的建设，采取研制生产新型运输机、改进改装老式运输机等一系列措施，以提高空运能力。

现代大型运输机的航程已达数千千米，可覆盖辽阔的疆土，经空中加油后，可实施全球性运输。军用运输机尤其是大型军用运输机的装备数量、技术水平和运载效能已成为衡量一个国家国防实力的重要标志。

★空中大白鲸军用运输机

现代战争具有突发性强、作战节奏快、作战强度大、物资消耗大、时效性要求高等特点，需要各军兵种的全面协同，需要各种先进武器装备迅速部署到位，因而从某种意义上说是在打后勤保障能力的仗，以大型军用运输机为主体的空中运输可快速、灵活和有效地保障作战人员和物资的供应，能快速远距离提供机动能力，从而成为部队战略开进和快速部署的重要支柱，战争物资和武器装备后勤供应的关键手段。因而在现代战争中，空中运输在整个军事运

★美国X-48B军用运输机

输系统中具有较高的战略地位，军用航空运输力量在某种程度上已成为决定战争胜负的重要因素。

现代运输机的鼻祖
——DC-3

⊘ 运输机的鼻祖：DC-3在激烈竞争中诞生

美国道格拉斯飞机公司制造的DC-3型客机自1935年12月首次飞行以来，在天空翱翔了几十年，至今仍然在飞行。它的问世，奠定了现代民航客机的基本设计模式，成为20世纪全球使用最广泛，产量最多，影响最大的运输机。

DC-3是一种双发活塞式飞机，是20世纪30年代航空业激烈竞争的产物。

为应对当时美国环球航空先进的DC-2客机，在美国航空和联合航空的要求下，道格拉斯飞机公司在DC-2型客机的基础上全面改进设计，机身加大，增加了运载能力，研制生产DC-3，初期称为DST（Douglas Sleeper Transport）。

通过将DC-2机身截面由方形改为椭圆形，使客舱比DC-2宽了0.66米。另外机身加长了0.76米，翼展增加了3.05米，机翼内部油箱容积增大，从而增加了航程。安装一对普拉特–惠特尼公司可靠的星形活塞式发动机，DST在白天飞行时可以容纳28名乘客，在夜间飞行中座椅可放平作为卧铺，容纳14名乘客。DST于1935年12月17日首飞，1936年8月8日正式投入运营，道格拉斯飞机公司正式将其命名为DC-3。

DC-3在当时以其可靠性和舒适性迅速获得成功，深受乘客和航空公司的欢迎，成为最主要的民航运输机。DC-3只需在中途一次加油便能横越美国东西岸，再加上设置首次于飞机上出现的空中厨房，及能在机舱设置床位，为商业飞行带来了革命性的突破。在此之前，所有航班都不提供热餐服务，乘客及机员如要用餐，只能在中途站所在的酒店享用，一旦一些落后地区（如非洲）没有酒店，相当不便。

1938年美国军方也开始使用DC-3，随后的二战对运输机的大量需求促使DC-3进一步走向辉煌，1941年，军用标准型DC-3开始生产，军用编号为C47，1941年12月23日正式交付军方，C47在二战期间大量生产并得到广泛使用，享誉天下，民用DC-3也被征用投入二战，根据型号或征用、使用情况不同分别被赋予军用编号C41、C48、C49、C50、C53、R4D。

二战结束前道格拉斯飞机公司共生产超过一万架的C47，中国印度缅甸的驼峰航线、诺曼底登陆是C47参与主导的经典战役，由于DC-3/C47设计优良、性能稳定，不少国家都相继获取生产许可证，生产DC-3，日本生产的型号定为L2D，共生产400多架；苏联的型号定为里-2，生产量超过2 000架。

◎ 性能稳定成本低：真正的"物美价廉"

★ DC-3运输机性能参数 ★

机长：19.43米	最高速度：360千米/小时
机高：5.18米	巡航速度：260千米/小时
翼展：29.11米	航程：2600千米
空重：8225千克	实用升限：8050米
载重：11800千克	爬升率：5.75米/秒
挂载重量：2700千克	乘员：载客量28人
最大起飞重量：14000千克	

DC-3装配有两台900马力的柯蒂斯–赖特引擎，大大超过了DC-2型引擎的功率。按美国航空公司最初的要求，DC-3型客机应配有14张床位，为的是同铁路上的普尔门式火车卧车服务进行竞争，但是其他航空公司则要求DC-3型上配有21个座位。

★DC-3运输机

DC-3性能比前代的飞机更稳定，运作成本更低，维修保养容易。

DC-3有许多种不同的型号，最著名的是军用运输机C-47，另外有R4DC-53、达科塔或者达克、空中列车、C-49、老三……除了运载旅客和货物等基本任务之外，DC-3甚至还可以作为救护机、滑翔机牵引机、空中指挥所、水陆两用机、滑橇式飞机、飞行火炮平台、救火机、农业喷洒机和轰炸机来使用。

🚫 DC-3：惊险而神奇的服役经历

作为世界上服役时间最长的飞机，DC-3在其服役期间，足迹遍及全球，经历惊险而神奇。美国航空公司董事长C.R.史密斯说："DC-3是第一架依靠运载旅客能够赚钱的飞机。"

1936年6月该公司依靠DC-3首次开办纽约和芝加哥之间的不着陆航运业务。到了1938年，DC-3就成为美国所有大航空公司的主力飞机。由于性能优越，DC-3被世界各国航空公司大批购买。

据报道，到二战前夕，世界各国乘坐飞机旅行，90%以上是用DC-3飞机。

第二次世界大战爆发后，DC-3曾被盟军征召为军机作战，军用的DC-3被称为C-47。而作战期间对运输机需求大增，C-47被大量生产，曾担任过的任务数不胜数，其中包括中国战场运输任务的驼峰航线，C-47亦被视为盟军取胜的功臣之一。

1948年6月，DC-3在著名的柏林危机紧急航运行动中，起到了关键性的作用，为柏林渡过难关作出了不可磨灭的贡献。

因在第二次世界大战中的卓越表现，DC-3一共生产了13 000余架，这在民航史上是空前的，DC-3被认为是航空史上最具代表性的运输机之一。

DC-3的出现，为世界民航和军事运输事业的蓬勃发展作出了巨大贡献，目前仍有大量的DC-3运输机在役。巴塞尔公司现在仍在继续销售改装一新的涡轮螺旋桨达科塔，从1930年DC-1诞生到现在已经有80余年，天晓得老而弥坚的达科塔还要继续飞行多少年。

美国空军的"空中货车"
——C-130"大力神"运输机

◎ "大力神"降生："柏林事件"的见证者

C-130"大力神"是按照美国空军的要求制造的一种能在简易机场起降，以涡轮螺旋桨发动机为动力的战术运输机。C-130是美国最成功、最长寿和生产最多的现役运输机，在美国战术空运力量中占有核心地位，同时也是美战略空运中重要的辅助力量。

C-130诞生在"柏林封锁事件"发生后。"柏林事件"起因是二战刚刚结束后，由于苏联和盟国间矛盾逐渐激化，苏联为向西方盟国加压，封锁了所有通往西柏林的陆上

★空中"大力神"C-130运输机

道路。而西柏林在停战协议中是盟国的占领区，当时居民还需要靠盟国救援生存下去。苏联认为只要封锁西柏林一段时间，盟国必将向苏联让步。但盟国立即展开了从空中向西柏林运送救援物资的行动，在长达近一年的封锁期内向西柏林昼夜不断地空运物资。这一史无前例的大空运彻底打乱了苏联的计划，最后苏联不得不重开封锁线，倒落得个坏名声。

"柏林事件"使各国充分认识到空运的重要性，而性能出色的运输机是空运力量的核心。因此当时刚由美国陆军独立出来的美国空军，于1951年向美国各大飞机制造公司发出关于新型运输机的技术招标，如航程、载重、起降条件等方面作了严格要求，为期两个月。

此后，洛克希德公司的先进技术设计部门——即著名的"臭鼬工厂"（SkunkWorks）很快地完成代号L-206的原型机。L-206方案于1952年11月战胜了其他厂家的设计方案，获得了空军的原型机制造试验合约。原型机YC-130于1954年8月23日在加州伯班克完成首次飞行。空军对两架原型机的试验表示满意，随后在1953和1954年订购了27架C-130。

第一架生产型的C-130A于1955年4月7日试飞，1956年12月9日开始交付美国空军，第一支装备这种新型运输机的美国空军部队是从1956年12月开始进驻阿德莫尔空军基地的第463战术空运联队。

自1955年开始生产以来，"大力神"这种飞机不断地改进以满足不同的要求，但它的基本设计非常合理，以至现在的生产型飞机与原型机外形几乎没有差别。

设计完美：改型多样，用途广泛

★ C-130运输机性能参数 ★

机长：29.79米
机高：11.66米
翼展：40.41米
机翼面积：162.12平方米
使用空重：34170千克
正常起飞总重：70310千克
最大超载起飞总重：79380千克
最大载重：19870千克
燃油量：36300升

最大巡航速度：620千米/小时
经济巡航速度：556千米/小时
实用升限（起飞重量58970千克）：10060米
海平面爬升率：9.65米/秒
起飞滑跑距离：1090米
着陆滑跑距离（着陆重量58970千克）：518米
最大载重航程：4 000千米

★正在执行伞降任务的C-130军用运输机

C-130采用高单翼、四发动机、尾部大型货舱门的机身布局。这一布局奠定了战后的中型运输机的设计"标准"，此后绝大多数中型运输机都没有跳出这个框框，众多的重型运输机也采用了相似的设计。

C-130设计上最大的特点是其设计力求满足战术空运的实际要求，因此它非常适合执行各种空运任务。C-130的货舱门采用了上下两片开启的设计，能在空中开闭；在空中舱门放下时是一个很好的货物空投平台，尤其是掠地平拉空投的时候，在地面又是一个很好的装卸坡道。而且该舱门也是整机气密结构中的重要一环。

C-130的主起落架舱也设计得很巧妙，起落架收起时处在机身左右两侧突起的流线型舱室内。这个设计使得起落架舱不会占用宝贵的主机身空间，大大方便了货舱的设计，且使得主机身的结构能够连续而完整，强度大。另外一个好处是这种设计左右主轮距较宽，在不平坦的简易跑道上稳定性好。当然缺点也很明显：突起的起落架舱增大了飞行阻力，但总体上利大于弊，因此这一设计也为之后的各种运输机沿袭。C-130起落架舱内还装有用于启动四台主发动机的辅助动力装置，在战地条件下不需要地面设备的帮助就可以起飞或移动。

高单翼也是C-130的一大特点，高单翼既可留出足够离地距离给螺旋桨（也包括翼吊式喷气式发动机），又使得机身能贴近地面。

总而言之，C-130在设计上是相当完美的，这也使得其发展改进的余地很大。

⊘ "漫长"的空中补给线：C-130服役半个世纪

C-130可按需要运送或空降人员以及空投货物，返航时可从战场撤离伤员。经过改型后，还可用于高空测绘、气象探测、搜索救援、森林灭火、空中加油和无人驾驶飞机的发射与引导等多种任务。

C-130A、E型，曾在1968、1969年的越南战争中使用。

在海湾战争爆发前的备战行动中，美国空军的C-130运输机已进行了11 700架次空运及其他作战支援任务，完成飞行任务的概率达97%。在海湾战争中，美国空军有700架C-130运输机及其派生型进行空运及其他作战支援任务，出动架次的98%完成了飞行任务。

科索沃战争中，美空军也派出C-130运输机，担负各种中、远程战术运输任务。其中，EC-130H电子干扰机在压制南军无线电通信方面起到了重要作用。

时至今日，作为美国三军的通用装备，C-130"大力神"运输机已经奔波了半个世纪。超长的服役期并没有让其失去斗志，反而派生出更多的"战场兄弟"，继续着不老的传说。

在德国霍恩斯菲尔"联合多国战备中心"，最近频频传出巨大的引擎轰鸣声。据美国《星条旗报》披露，仅在2009年3月份，美国空军的C-130运输机每晚都会在此完成20个架次的短距起降训练。

短距起降演练，要求驾驶员在直径500英尺（约152米）的区域内准确着陆，并在3 300英尺（约1 006米）的滑行距离内停下飞机。这些严酷的训练，是为条件恶劣的阿富汗准备的。"联合多国战备中心"联络负责人史考特·布利斯科中校表示，阿富汗战场需要这种起降方式，因为C-130运输机经常前往面积很小的前哨站执行补给任务。除执行常规运输任务，"大力神"的另一个家族成员——KC-130加油机，还能为美海军陆战队的直升机提供空中加油保障，拓展其飞行距离。

作为美军战术运输的中坚力量，C-130还经常亲自披挂上阵，对敌人发动"软硬兼具"的攻击。

EC-130"突击队员的鸣奏"是一种心理战特种机，专门隶属于美国空军第193特种飞行联队，主要进行心理战广播和民事任务广播，频率覆盖AM、FM等波段，并能进行电视直播，同时还可以支援军用宽频通讯，操作手既可以是军方人员，也可以是民间雇员。

AC-130攻击机则是"大力神"的武装型号，装备多门25毫米口径"加特林"速射炮和一门105毫米口径榴弹炮，是所有缺乏制空权对手的噩梦。在越南战争中，这种又慢又笨的"空中巡洋舰"就摧毁了超过一万辆卡车。

与美国一样，中国也发展了本国的"大力神"，即大名鼎鼎的运-8系列运输机。在国庆60周年阅兵式上，首次公开亮相的"空警-200"型预警机就是以运-8为平台来设计的。

除运输和预警型号外，电子战机、电子侦察机、海上巡逻机等型号也陆续加入运-8大家族，可以预见，未来的中国"大力神"家族必将人丁兴旺。

世界上最大的运输机
——安-225"梦想式"

✹ 超过600吨的运输机：安-225"梦想式"

安-225"梦想式"运输机，北约代号"哥萨克"，是一架离陆重量超过600吨的超大型军用运输机，也是迄今为止，全世界最大的运输机。

1985年春季，因应当时苏联的"暴风雪"号航天飞机与其他火箭设备之运输需求，苏联安托诺夫设计局开始设计安-225"梦想式"运输机。由于开发时间非常短，安-225的大部分概念来自苏联另外一架大型运输机安-124，以后者为基础，延长其机身，为了背负"暴风雪"号避开在飞行过程中航天飞机后方所产生的乱流，因此安-124原本的单垂直尾翼设计被两个位于水平尾翼末端的对称式垂直尾翼给取代，变成一个由正前方看去是"H"形的机尾。

安-225的一号原型机在1988年11月30日完工出厂，并于12月21日在基辅进行第一次试飞，1989年5月12日时它首次完成"暴风雪"号的背负飞行。但很可惜的是，由于当时苏联的经济已经恶化到不足以支持昂贵的太空计划，因此暴风雪计划在实际发射成功一次之后就被迫中止，而专门为了太空计划而设计制造的安-225自然失去了存在的意义，连正在制造中的二号机也在半途叫停，使得只真正背负"暴风雪"号飞行了一次的一号机，成为硕果仅存的一架安-225实机。

★史上最长的飞机安-225

苏联解体后安-225由安托诺夫设计局所在的乌克兰接管，但由于该国的经济状况不佳，无力操作安-225，因此一号机从1994年5月以后就被存放在工厂的一角，机上许多主要零件也被拆下作为安-124与安-70的备用零件，实际上等于是已经处于不能飞行的报废状态。

后来，安托诺夫设计局将目光又转回曾经一度中断的安-225身上，在经过一年左右的改装与机身强化之后，安-225换上最先进的西方航电设备，于2001年上半年起开始重新飞翔于天空中，并曾在2001年6月在法国的巴黎航空展中再次亮相。

◎ 运输机的梦想：重量与体积惊人

★ 安-225"梦想式"运输机性能参数 ★

机长： 84米	**推重比：** 0.234
机高： 18.1米	**巡航速度：** 800～850千米/小时
翼展： 88.4米	**最大速度：** 850千米/小时
机翼面积： 905平方米	**起飞场长：** 3 500米
空重： 175 000千克	**航程：** 4 500千米（携带200 000千克内部商载）
最大起飞重量： 640 000千克	15 400千米（最大油量）
净载重量： 250 000千克	**机组人员：** 六人
实用升限： 10 000米	

重量与体积惊人的安-225，在起落架部分的设计也很华丽，鼻轮部分是由两对复轮一共四个轮胎组成，而腹轮部分则是前后七组复轮左右共两排，因此总共有28个轮胎，全都是以油压方式上下，其中前轮具有转向作用以提升飞机在地面滑行时的机动性。

安-225的飞机总重和载重能力都增加了50%，机身加长，客舱的基本横截面和机头舱门未变，取消了后部装货斜板／舱门，垂直尾翼由单垂尾改成双垂尾，两个垂直尾翼安装在带上反角的水平尾翼两端，所有翼面都后掠，方向舵分为上下两段，升降舵则分为三段。

安-225的货舱内可装载16个集装箱，大型航空航天器部件和其他成套设备，或天然气、石油、采矿、能源等行业的大型成套设备和部件。机背能负载超长尺寸的货物，如直径7～10米、长20米的精馏塔、俄罗斯的"能源"号航天器运载火箭和"暴风雪"号航天飞机。这样将大型器件从生产装配厂整运至使用场所既保证了产品质量，又缩短了运输周期。

动力装置为六台扎波罗什"进步"机器制造设计局229.5千牛D-18T涡扇发动机，装

★世界上最大的运输机安-225降落在中国石家庄国际机场

有反推力装置。座舱驾驶舱内有六名空勤人员。驾驶员和副驾驶员座椅高度可调节且可转动以易于出入，两名飞行工程师面朝左壁而坐，领航员和通信员在驾驶员背后面朝后壁而坐。机翼中央段后底层货舱上方为运载60~70名人员的客舱。

安-225主要机载设备和安-124大致相似，带自动飞行操纵系统和活动地图显示器。设有电子飞行显示器，机头内装有前观气象雷达和下视地面地图／导航雷达，有惯性、罗兰和欧米加导航设备。

◎ 飞翔的城堡：安-225是多项世界纪录保持者

安-225是世界上最大的运输机，载重量原厂公布是250吨，但一般认为，安-225至少有超过300吨的承载能力，其中货物不是只可放在机身内的货舱中。

安-225机身全长84米，是史上最长的飞机，比现时最长的商用客机A340-600型还要长9米，而它的主翼翼展为88.40米，虽然这数字比人类有史以来曾经制造过翼展最宽的飞行器、美国飞行大亨霍华·休斯的休斯H-4大力士飞船"史普鲁斯之鹅"短一些，但因为

"史普鲁斯之鹅"从来没有真的"飞起"过（它实际上只飞离了水面约20米，在这种高度表现下"史普鲁斯之鹅"只被视为是一种翼地效应机），因此安-225仍然是目前世界上翼展最宽的飞机，纵使后来登场的空中客车A380（翼展79.8米）也未能胜过。

安-225因为机身庞大，所能携带的油料也相对更多，因此拥有超长的续航能力，纵使在全负载的情况下仍能持续飞行1 350海里（约2 500千米）的距离。事实上，安-225是国际航空联合会在2004年11月新制订的世界纪录标准中，长程飞行的荷重纪录保持者，握有多项离陆重量300吨以上等级机种的世界纪录。

美国现役最大的运输机
——C-5"银河"号

◎ "银河"号升空：为满足陆军运输要求而生

洛克希德公司的C-5运输机是美国现役最大的战略运输机，它能够在全球范围内运载超大规格的货物并在相对较短的距离里起飞和降落。美军对C-5情有独钟，给它起绰号"银河"，希望它像银河一样在空中"恒久永远"地飞行。

1960年，美国空军使用的C-133与C-124运输机虽然还能够满足陆军的需求，可是已经接近寿命周期的尾声，服役中的C-141运输机无法有效地胜任运输的任务。此外，自1960年开始，美国的战略重心自纯粹核子大战转移到包含有限度的传统战争，也加大了对战略运输的需求。

1961年10月军事空运勤务司令部提出取代C-133运输机的需求，由空军规划CX-4的设计案，但是隔年8月陆军副参谋长对空军参谋长表示这个设计方案并未与C-141的运输能力有很大的差距，陆军方面希望最大载重量为82.5吨，机舱宽度至少4.5米，能够执行空投任务和起降于较为简单的机场。根据这项提案，空军将起飞跑道长度要求放宽到2 424米，但是降落缩短为1 212米。

1962年负责研发的空军系统司令部根据他们的研究和预测推出CX-X计划，这项计划将会采用较多的新科技，但是服役时间将会延后，反而与陆军的期望有所冲突。此时陆军期望的设计包含载重57.5吨下有9 000千米的航程，最低巡航速度720千米/小时，5.3米宽的货舱，能够以并排的方式容纳两个运输平台，并且可以从机身前后同时上下货物。1964年这项计划正式改名为C-5A。

1964年底，美国空军将机体设计交给波音、道格拉斯与洛克希德公司，发动机则是奇

★C-5"银河"号运输机

异与普惠两家公司。空军将会从这三家机体设计当中选出他们最满意的一款，进行原型机的生产和测试。

在设计阶段，三家公司都要求空军将机体总重放宽到37180千克，这项要求给空军方面带来了一定的困扰，因此定下任何增重超过200磅的修改都需要空军总司令部同意才可以的规定。由于机体的重量节节上升，减重势在必行。其中一种较为不诚实的减重手段是将机上可以拆除的设备，比如后方的卸货板，固定用的钢缆，货架与固定网，备用零件或者是工具组等等正常装备都排除在机体的重量以外，如此一来可以减少3 995千克。

1970年6月，洛克希德公司向美国南卡罗来纳州查尔斯顿空军基地的第437空运联队交付了第一架"银河"号运输机。

◎ 战略之王：它是可以"跪下"的运输机

C-5"银河"号机翼前缘内段为密封式襟翼，外段为有缝襟翼。副翼和后缘襟翼由液压伺服作动器驱动。富勒后缘襟翼和前缘缝翼由球式螺旋制动器和扭矩管驱动。悬臂式全金属结构的T形尾翼，由整块金属蒙皮壁板组成单室盒形构件。平尾稍有下反角，水平安定面的安装角由液压螺旋作动器驱动。方向舵和升降舵由液压伺服作动器驱动。升降舵共分四段，方向舵分为两段。无调整片。

★ C-5 "银河" 号运输机性能参数 ★

机长：75.3米

机高：19.84米

翼展：67.89米

机翼面积：576平方米

空载：153285千克

载重：348810千克

最大起飞重量：381024千克

引擎：四台通用电气公司TF39-1涡扇引擎

最大速度：917千米/小时

战斗航程：6033千米

转场航程：12860千米

使用升限：10360米

爬升率：9米/秒

C-5 "银河" 号的机身是由蒙皮、长桁和隔框组成的半硬壳式破损安全结构，截面呈 "8" 字形。货舱为头尾直通式，其地板高度与运货卡车斗高度相适应。既可空投货物，也可空降伞兵。

C-5 "银河" 号的前鼻和后舱门可以完全打开，使装载快速和便捷，可以 "跪下" 的起落装置使得停着的机身降低，货舱的地板与汽车高度相当，以方便车辆的装卸。

C-5 "银河" 号的驾驶舱内有正、副驾驶员、随机工程师、领航员和货物装卸员座椅。机舱分上下两层，上层舱前都有可供15名人员休息的舱门，其后部可运载75士兵，下层主货舱可运载270名士兵。

更令人惊奇的是，C-5 "银河" 号可以在战地土跑道上起降，这对于大型运输机来说是难能可贵的。

◎ "空中大力士"：C-5 "银河" 号曾空投弹道导弹

C-5主要用于运载坦克、导弹及其发射装置、架桥设备等大重量大尺寸设备，美国陆军师所配属的各类武器中有97%以上都能由C-5运输。C-5的载重能力高达120吨，用于运兵时可载350名全副武装的士兵。

C-5执行过的最刺激的任务，莫过于空中发射 "民兵" 战略弹道导弹了。这是冷战时期美空军的试验计划，由C-5空投 "民兵" 弹道导弹，待降落伞使导弹竖直稳定后，"民兵" 点火发射。后因过于复杂，缺乏实用性，该计划被取消。

2004年1月，一架美国空军C-5运输机在巴格达国际机场起飞后，被伊拉克武装分子发射的便携式地空导弹击中右机翼外侧发动机，该机随即紧急返回巴格达机场着陆。机上63人安然无恙。可见便携式地空导弹较小的战斗部，对运输机的毁伤能力确实不足。

★正在卸载货物的C-5运输机

★正在起飞的C-5B"银河"号运输机

　　在20世纪末和21世纪初的几场局部战争中，人们经常看到它的身影出没在战场上。C-5的货舱比当年莱特兄弟试飞时的飞行距离还要长。它的油箱容量相当于一个小型的游泳池。最与众不同的设计是它的"免下车装卸服务"，也就是说，装甲车能够由C-5"银河"的尾部开进货舱，并从位于驾驶舱下方的前舱门驶出。它载重量达到120吨，这在世界运输机的家族中排行"老二"，仅次于乌克兰的安-225运输机。"银河"可以载着100多吨的货物，飞行于一万多米的高空。

战事回响  <<< <<< <<<

 二战德国容克军用运输机的经典战斗

二战前，德国容克公司一共销出400架Ju52/3m客机，赚得了大笔利润，但是就在Ju52/3m大获成功时，容克公司的创始人雨果·容克却要面对突如其来的厄运。1934年，纳粹政府把反战的雨果赶出了自己的公司，一年后雨果郁郁而终。容克公司最终被纳粹政府接管，在一片扩军备战的浪潮中，Ju52/3m的发展完全转向军事目的。

1935年，纳粹宣布成立独立的德国空军，这时德国航空技术局（RLM）正在寻求足够数量的轰炸机来装备空军。但是德国多数现有的飞机都达不到RLM的要求，因此RLM决定在新式重型轰炸机出厂前，使用Ju52/3m的改型作为过渡的轰炸机。

★参加过第二次世界大战的Ju52运输机

1934年，军方向容克公司订购1200架Ju52/3m轰炸型。1936年7月20日，首批20架改装过炸弹舱的Ju52/3mge参加西班牙内战，成为德国空军参加实战的第一批飞机。随着战争规模的升级，越来越多的Ju52/3mge轰炸型进入西班牙，并轰炸过马德里，令人难堪的是这时汉莎公司的民用Ju52/3m也停放在马德里机场。

1936年11月4日，在马德里附近，首架Ju52被苏联战斗机击落。在接下来的几个星期又损失了六架。由于Ju52速度太慢，损失很大，1937年4月在西班牙的全部Ju52停止执行轰炸任务。在德国秃鹰军团撤回国内后，佛朗哥获得了剩下的14架飞机。

在1940年5月德军入侵荷兰和比利时的战役中，Ju52实施拖曳滑翔机突袭埃本·埃马耳。埃本·埃马耳要塞和鹿特丹空降都成为历史上经典的空降作战。但是作战中Ju52和它所载的空降兵本身也伤亡惨重，在荷兰投入的430架Ju52有三分之二未能返回，或受了重伤不能继续使用。在荷兰曾发生激战的各机场上，无数架Ju52被击落、击毁，飞机残骸比比皆是，这些飞机大多是由空军航校提供的，飞行员都是训练飞行学员的教官，所以损失就更为惨重。

1941年5月克里特岛之战，是第二次世界大战中德军进行的规模最大的一次空降战役，经历了12天血战，德军共空降了25 000余人，虽然最终占领了全岛。但也付出了死伤1.4万余人的代价，并损失运输机170余架，大伤德国空降兵的元气。

德国空降兵与他们的Ju52再次遭到了重创，元气大伤，在二战的剩余时间里再也无力发动大规模空降。在为北非隆美尔的非洲军团运送给养时，由于马耳他岛被英军占领，Ju52不得不飞越危险的地中海，速度缓慢的Ju52成为喷火战斗机极好的目标，惨遭屠戮。

1942年以后Ju52的损失速度超过了生产速度，在1942年至1943年冬为被困在斯大林格勒的德军空投物资中，就损失了450架Ju52，德军的Ju52机队规模逐渐缩减。盟军也使用过Ju52运输机，包括俘获的和征招民航的。

Ju52在战争中表现出杰出的短距起降能力、坚固耐用的机身结构、适合改装的起落装置和经济的燃油消耗是当时领先的，但是速度慢、自卫火力弱又导致了大量的损失。

🔈 C-17 "环球霸王Ⅲ" 在行动

C-17 "环球霸王Ⅲ" 是目前世界上唯一可以同时适应战略/战术任务的运输机，是最新型的具有高度灵活性的战略军用运输机，适应快速将部队部署到主要军事基地或者直接运送到前方基地的战略运输，必要时该飞机也可胜任战术运输和空投任务。这种固有的灵活性和性能帮助美军提高了全球空运调动部队的能力。

1995～1996年，美国C-17军用运输机在波斯尼亚的使用，进一步证明了军用运输机的

★C-17军用运输机

独特作用，历时两个月，运送了多达19 800吨以上的装备和约6 100人的部队，有力支援了在波斯尼亚和克罗地亚担负维和任务的北约部队。

1996年初在执行波斯尼亚空运期间，萨拉热窝和图兹拉机场跑道遭破坏，C-5不能在这两个机场降落，而C-17却能在这样恶劣的条件下起降自如，且装卸方便、快捷。C-17装载的物资是C-130的4倍。C-130卸载15.4吨需30分钟，而C-17卸载69.8吨所用时间还不足30分钟。

在阿富汗战争中，C-17既能装载大量物资经空中加油直接运往世界上任何一个角落，又能以杰出的短距起落性能在前线一般机场起降，为前沿部队提供后勤支援。所以，它的作战范围和功能已涵盖了过去C-5巨型机和C-130中型机所具备的一切。

2002年6月美国空军开始计划在夏威夷和阿拉斯加的两个空军基地部署C-17，各布置8架，以加强太平洋空军的新型空运能力。以太平洋为基地的C-17运输机能根据战略空运需要，在24小时之内赶往太平洋的任何地区。

7 第七章
空中加油机
全天候的"空中加油站"

🌐 沙场点兵: "力量倍增器"

空中加油机是专门给正在飞行中的飞机和直升机补加燃料的飞机，使受油机增大航程，并且延长续航时间，增加有效载重，提高远程作战能力。

实施空中加油，可成倍增加战机的航程、留空时间、活动空间和有效载量，大大增强航空兵的远程作战、快速反应和持续作战能力，因此，空中加油机又有航空兵"力量倍增器"的美誉。

空中加油机的加油设备大都装在机身尾部，少数装在机翼下面的吊舱内，由飞行员或加油员操纵。加油设备主要有插头锥套式和伸缩管式两种。空中加油的方式有软管加油和硬管加油两种。软管加油系统主要由输油管卷盘装置、压力供应机构和电控指示装置等组成。硬管加油系统，主要由伸缩管、压力加油机构和电控指示监控装置等组成。

空中加油是一个复杂的过程，加油程序一般有四个阶段：会合、对接、加油和解散。

空中加油机对提高航空兵部队战斗力的作用主要表现在：1.增大飞机作战半径；2.增大飞机有效载荷；3.延长执勤机留空时间；4.提高快速机动能力；5.救援缺油飞机。

★空中加油机是航空兵的"力量倍增器"

🌀 兵器传奇：空中加油机是怎样炼成的

1921年一天，富于冒险而又充满想象力的美国人威利·梅伊把一个装有五加仑航空汽油的罐子绑在背上，从一架林肯型飞机的机翼上，爬到另一架飞行的JN-24型珍妮飞机的机翼，并运动到其发动机旁，将油罐中的航空汽油倒进发动机燃料箱，从而成功地完成了第一次空中加油。从此，开始了人类对空中加油技术的开发。

真正意义上的空中加油开始于美国，世界上第一架空中加油机于1923年在美国诞生。1923年8月27日，在美国加利福尼亚州的圣地亚哥湾上空，两架飞机在编队飞行，从在前上方飞行的飞机上垂下一根10多米长的软管，后面飞机的后座飞行员站起身来用手提住飘曳不定的软管，把它接在自己飞机的油箱上。在前后总共37小时的飞行中，两架飞机互相共加注了678加仑汽油和润滑油。这是航空史上第一次空中加油试验，第一架空中加油机的代号为DH-4M。这时的加油过程全由人力操作，加油机高于受油机，靠高度差加油。这种加油方式很难实际应用。20世纪40年代中期，英国研制出插头锥套式加油设备，1949年美国研制出伸缩管式加油设备，这才使空中加油进入了实用阶段。

在20世纪60~80年代的几次局部战争中，美、英等国空军都使用过空中加油机。80年代初，美国研制了新型KC-10A空中加油机，伸缩管主管长8米多，套管长6米多，套管

★美国空中加油机

伸出后，伸缩管的最大长度为14米多；总载油量16.1万千克，飞行半径3 540千米，可输油90 700千克，能同时给三架飞机进行加油，该机在海湾战争中发挥了重要作用。1986年，美国空袭利比亚时，载满炸弹的F-111战斗轰炸机从位于英伦三岛的基地起飞轰炸利比亚，往返不着陆飞行达一万多千米，途中曾由KC-10A空中加油机多次补加燃油。

1982年马尔维纳斯群岛战争时，英国"火神"式战略轰炸机从本土起飞，横跨赤道纵贯大西洋，轰炸了南半球的阿根廷。往返不着陆飞行约三万千米，创造航空史上最远距离空袭的纪录，这全靠途中有加油机多次补加油料。

空中加油机今后发展的重点，主要是克服机翼振动、阵风和空气涡流对输油管稳定性的影响；改装成兼有两种加油设备的飞机；完善电传加油操纵系统。

◉ 慧眼鉴兵：世界公认的高难技术

空中加油机多由大型运输机或战略轰炸机改装而成。其作用可使受油机增大航程，延长续航时间，增加有效载重，以提高航空兵的作战能力。空中加油是衡量现代远程空战能力的重要标志。由于对加、受油机性能和飞行员的综合要求都非常高，空中加油技术属于世界公认的高难技术，目前仅有美、英、俄、法、中等几个国家掌握。

★一架刚刚升空的空中加油机

经过70多年的研究和实践，空中加油技术日益成熟和完善，应用范围也越来越广泛。空中加油机已从活塞式飞机发展到涡轮螺旋桨飞机，继而发展为喷气式飞机；加油机供油量从数千升增加到10多万升，可被加油的受油机遍及歼击机、强击机、轰炸机、预警机、巡逻机、运输机、侦察机和直升机等诸多机种。

空中加油机的发展趋势是，发展大型加油机和运输加油两用型飞机；用最新技术改进完善现有加油机，实现更新换代；提高加油机的自动化程度和生存能力；注重新型加油机的研制与技术储备。同时，在研制新型战斗机时一并考虑其加受油能力。

空袭利比亚的"战场救星" —— KC-10A "致远"

◎ "致远"出生：改良而来的加油机

KC-10A "致远"空中加油机是美国麦道公司在DC-10-30CF运输机的基础上制造的加油／货运两用机，是美国空军近年来使用的主要空中加油机之一，是目前世界上最大、功能最齐全、加油能力最强的加油机。

1971年，DC-10型广体喷射客机交付各航空公司使用后，当时生产的厂商麦道公司（MD）随即进行将其改良为加油机的研发工作。1977年12月19日，美国空军根据性能、采购价格与寿限成本等因素，正式宣布选用麦道公司的DC-10型改良成空中加油机。

1978年11月，美军签订第一笔价值一亿四千八百万美元合约，生产第一、二架KC-10A型加油机。1982年1月，以一亿九千六百万美元采购第四批KC-10A型机。

第一架KC-10A型加油机于1980年7月12日顺利完成首度试飞，同年10月30日，KC-10A型机与一架C-5运输机进行首次空中加油测试。1981年3月17日，美国空军正式接收第一架KC-10A型加油机。

相较于全新研制的军用加油机，由购并麦道公司的波音公司所研发生产的KC-10A型，因是从DC-10-30CF型越洋商用货机改良而来，在系统上有88%的共通性，因此在商用机市场的支援能量下，降低了获得与操作成本。

KC-10A型空中加油机的设计寿限为三万飞行小时，预计将可服役至2043年。不过随着民间航空公司逐渐汰换DC-10型飞机，维修、操作成本也将逐渐升高，到了2010年以后，美军势必要考虑新的替代机种。

◎ 油量巨大——优点无以伦比

★ KC-10A型加油机性能参数 ★

机长：54.35米

机高：17.7米

翼展：50.42米

空重：111 132千克

最大起飞重量：267 624千克

实用升限：12 727米

最大航程：18 503千米

最大货物装载量：76 843千克

★KC-10A空中加油机驾驶舱

　　KC-10A加油机具有载油量大（七个油箱，最大供油量90吨），加油能力强（加油速度为5680升/分钟），可同时为三架小型飞机实施空中加油，功能齐全（既可加油又可运油，既可三个软管加油又可一个硬管加油，既可为空军飞机加油又可为海军和海军陆战队飞机加油），加油时飞行速度快（324～695千米/小时），使用范围广（可在严寒地区实

★加油能力强、使用范围广、飞行速度快的KC-10A空中加油机。

施加油）等无与伦比的特点。

机上除DC-10型客机原有的三个机翼主油箱之外，在机身下半部原本的货舱中，另外加装了七个未加压式一体成形油箱，分别是机翼前方三个与后方四个，油箱间并衬有吸收冲击能量材料，以提升安全性。此外，每个油箱在下部机身上，都装有独立的加油、换修舱门，以便于维修。

KC-10A型的空中加油系统位于后机身下方，包括中线处的麦道公司飞桁式加油杆，及其右侧的浮锚式软管两种，并搭配了自动负荷降低系统及独立脱离系统等，不但有效提升加油作业的安全性与便利性，也可在飞行中转换两种不同的加油装置。此外，机上也装有夜间作业所需的灯光设备。与以往空中加油机的俯卧式座位不同，KC-10A型机尾的加油操作舱中，配置了手动加油控制装置、大型观测机窗、潜望观测装置，以及面向后方的操作员座椅，两侧并各有1个备用座椅，可供教官或观察员使用。

进行空中加油时，加油操作员采取坐姿，透过机窗监看接受加油的飞机，并利用数位线传飞控系统（FBW）控制加油杆作业，其中飞桁式的最大输油速率为4180升/分钟，浮锚式则为1786升/分钟。

⊘ "战场救星"：空袭利比亚的关键

KC-10A由于具备长程飞行能力，因此不需依赖美军的海外基地即可执行空中加油任务。在前进部署战机中队时，也仅需一种加油机，而不需额外的运输机，即可同时提供战机空中油料的补充，并载运中队的地勤装备、人员前往海外部署基地。

1986年3月24日，美国以打击恐怖活动为名，对利比亚进行了一次军事打击，然而一周后，又连续发生了针对美国的恐怖事件。

美国总统里根召开了国家安全委员会紧急会议，会上研究制订了进一步打击利比亚的"黄金峡谷"行动计划。计划以美国驻英国空军基地的F-111战斗轰炸机和海军的A-6攻击机为主要攻击机种来突袭利比亚。由于法国和西班牙都不同意美国的F-111飞机飞越其上空，这样一来，F-111飞机就不得不绕道飞行5 180千米，进行四次空中加油的洲际奔袭，这给空袭计划的实施带来了不利因素，但这也丝毫没有动摇里根打击利比亚的决心。

4月14日21时13分，驻英国空军基地的美国第三航空队接到命令，分别从三个基地出动57架飞机向地中海实施洲际远程奔袭。57架飞机中，有28架KC-10、KC-135空中加油机，24架F-111战斗轰炸机，5架EF-111电子干扰机。这57架飞机在英吉利海峡9 100米上空集结后，经过第一次空中加油，8架F-111和1架EF-111备份机返回了原基地，其余48架飞机以两倍的音速高速绕道法国、西班牙以西，经直布罗陀海峡，远航地中海中部。

美国的空袭行动从15日凌晨1时54分开始至2时12分结束，前后持续时间为18分钟。共出动海、空军飞机150多架，共投掷炸弹150多吨，完全按照"黄金峡谷"计划炸毁了预定的5个目标。美国五角大楼发言人西姆斯把这次空袭誉为"美国军事史上空前的"、"接近完美无缺的"一次军事行动。

★KC-10A空中加油机

★在阿富汗天空飞行的美国空军KC-10A空中加油机

在海湾战争、科索沃战争、阿富汗战争和伊拉克战争中，美国空军使用了KC-10A加油机。除了与KC-135型加油机投入1991年的海湾战争，执行过大约51 700次空中加油任务之外，1999年南斯拉夫内战期间，美国空军的KC-10A型加油机也曾执行过409次任务。

战场上空的"灵巧加油机"
——KC-135"同温层油船"

◎ 脱胎换骨：从民用飞机到军用飞机

KC-135空中加油机是美国波音公司在C-135军用运输机基础上发展而来的一种大型空中加油机。虽然C-135与波音707均是在367-80的基础上发展而来，但经历了不同的改进发展，所以军用型号C-135和民用型号707完全不是一回事。两者外形相似，但机身尺寸不尽相同。

1952年，波音公司开始研制生产DASH80（编号367-80），即波音707的原型机，并于1954年7月15日首飞，不久，在此试验机的基础上为美国空军研制出军用机C-135军用运输机，随后该系列飞机大量生产，著名的KC-135空中加油机就是在C-315基础上改型的。

★正在进行空中加油的KC-135加油机

　　KC-135空中加油机于1956年8月首次试飞，1957年正式装备部队，绰号为"同温层油船"。

　　KC-135空中加油机的最初设计主要是为美国空军的远程战略轰炸机进行空中加油，后来也可为美国空军、海军、海军陆战队的各型战机进行空中加油。

　　美国空军在2002年启动KC-135"灵巧加油机"计划。改进后的KC-135有更强的收集、传递和发送信息能力，能使用不同的数据链在战区内相互通讯联系，从而极大提高战区加油的效率。此外，KC-135还将增添通信设备加强通信能力。

◎ "同温层油船"：可以给各种性能的飞机加油

　　从外观看上，KC-135机舱可分为上下两个部分，上半部为货舱，可运送各种货物。下半部各舱室除起落架舱外，几乎全部是储油舱。储油舱分10个机身油箱和一个中央翼盒油箱，两翼内部各有一个主油箱和一个备用油箱。硬式加油管的最长伸展距离为5.8米，可在上下54度、横向30度的范围内调节。KC-135E型可装载约10.32吨的JP-4燃油，货舱内最多能装载3 764千克货物，装载量相当大。

★ KC-135加油机性能参数 ★

机长： 41.53米	执行货运任务时达17 766千米
机度： 12.7米	**最大起飞重量：** 146 285千克
翼展： 39.88米	**最大运油量：** 90 719千克
最大飞行速度： 941千米/小时	**最大货运能力：** 37 648千克
升限： 15 240米	**乘员：** 四人
航程： 转运68 039千克燃料时的航程为2 419千米	

KC-135加油机可以给各种性能不同的飞机加油，在加油时排除了让受油者降低高度及速度的麻烦，既提高了加油安全性，也提高了受油机的任务效率。

该机机组人员共四人：正、副驾驶，领航员及空中加油操纵员。加油操纵员的任务是完成加油机与受油机之间的联络、对接及控制加油量的工作。

KC-135空中加油机采用的是伸缩套管式（硬管式）加油方式，输油率很高，每分钟达975～1 690升，由机外伸缩主管、伸缩套管和V形操纵舵组成。伸缩套管在加油时才从主管中伸出，并可在加油过程中根据受油机的相对位置伸缩调节。

更让人惊奇的是，它可以同时给几架战斗机加油。当它仅用一个油箱加油时，每分钟可以加油400加仑。前后油箱同时使用时，每分钟可以加油800加仑。

可以和"同温层油船"媲美的王者
——伊尔-78"大富翁"

◇ "大富翁"诞生：伊尔-78在不断改进中超越

伊尔-78加油机由苏联伊留申设计局制造，是苏联20世纪70年代中期开始改装的一种空中加油机，由伊尔-76军用运输机改成，1978年交付使用。

这种加油机主要用于给远程飞机、前线飞机和军用运输机进行空中加油，同时还可用作运输机，并可向机动机场紧急运送燃油。

现在，伊尔-78又有很大改进。改进型伊尔-78叫伊尔-78M。它在飞机的货舱内增设了第三个金属油箱，其最大可供油量提高到106吨，这大概是目前世界空中加油机之最

★一架印度空军的伊尔-78空中加油机（左）在空中为两架苏-30战斗机进行空中加油

了。伊尔-78M和伊尔-78一样，采用的也是现今使用比较广泛的"软管"式空中加油系统，在机上共设有三个空中加油吊舱，两个新型的UPAZ-1M空中加油吊舱安装在主翼下方，另一个吊舱则位于机身尾部的左面。该机输油软管的拖出长度要大一些，在进行空中加油时安全性自然也就相对较高一些。新研制的UPAZ-1M空中加油吊舱，性能比UPAZ-1A吊舱先进，输油能力提高为大约2 340升／分钟。

目前，伊尔-78M空中加油机已投入小批量生产。伊尔-78、伊尔-78M是为俄罗斯空军和其他独联体国家空军所装备的主力加油机型，北约给予其绰号"大富翁"。

伊尔-78加油机技术先进，性能优良，但是却比西方的加油机便宜很多，这也是这几年此机型在国际市场上销售较好的原因之一。

◎ 性能卓越：供油量惊人的加油机

★ 伊尔-78加油机性能参数 ★

机长： 46.60米	**动力：** 四台D-30KP-2涡轮风扇发动机
机高： 14.76米	**最大平飞速度：** 830千米/时
翼展： 50.50米	**实用升限：** 11 230米
机翼面积： 300平方米	**空中加油高度：** 2 000～9 000米
最大起飞重量： 190 000千克	**加油时飞行速度：** 430～590千米/小时
输送油料重量： 92 800千克	**转场航程：** 9 500～10 000千米

伊尔-78保留了伊尔-76货舱的载运能力，但在机身内增设了两个较大的、可移动的金属油箱。在该机左右机翼的下方和机尾左侧，各装挂有一台UPAZ-1A型空中加油吊舱，每个吊舱的正常输油率为1 000升／分钟左右。其最大可供油量达65吨，供油30吨时的空中加油活动半径为2 500千米，供油60吨时的空中加油活动半径为1 000千米。

伊尔-78最大起飞重量比有世界空中加油机"王牌"之称的美国KC-135A空中加油机的134.72吨要重30多吨，最大可供油量比KC-135A的46.8吨要重18吨多，实用升限也要高许多。看来，伊尔-78空中加油机在世界空中加油机中也有当"国王"的本钱，无愧"米达斯"的绰号。

伊尔-78采用上单翼后尾式气动布局，可同时为三架战斗机空中加油。为重型轰炸机加油速度4 000升/分钟，为战术飞机加油速度2 340升/分钟。装配有UPAZ-1"萨哈林"三点加油系统，加油管长26米，可通过机腹加油点为一架重型轰炸机、机翼加油点为两架战术飞机同时进行空中加油。

战事回响

◎ "黑鹿行动"中的"火神之怒"

马尔维纳斯群岛战争（简称马岛战争）是1982年4月到6月间，英国和阿根廷为争夺"马尔维纳斯群岛"的主权而爆发的一场战争。

1982年4月2日，阿根廷武力占领马尔维纳斯群岛，马岛战争由此爆发。英国国防部随即提出了一系列作战计划，其中最为疯狂的是用皇家空军的"火神"B2战略轰炸

★英国"火神"战略轰炸机

机跨越6200千米的直线距离轰炸阿根廷斯坦利港的军用机场。这次行动也被称为"黑鹿行动"。

说其疯狂，并不是单指6200千米这一史无前例的轰炸距离，更是指在工程技术上难以克服的一些困难。当时已纳入北约作战体系的英国空军轰炸机，其首要任务是在欧洲境内执行核攻击任务。在这一指导思想下，空中加油技术通常被认为是多余的。马尔维纳斯作战计划的提出，意味着要求皇家空军的"火神"轰炸机在空中加油的情况下飞行6000千米，当然还要飞行同样的距离原路返回。

4月29日，首批两架"火神"（共有四架"火神"参加了马岛战争）从怀丁顿飞抵阿松森岛，"黑鹿行动"正式开始。为了飞越6000千米的距离到达战区，还需要11架"胜利者"K2加油机提供空中加油。

13架飞机全部起飞后，整个编队开始向南方的马岛飞去。两架"火神"（XM598、XM607）位于编队的最前端，四架"胜利者"加油机紧随其后，编队后部为其他七架"胜利者"。

为了满足超长的轰炸距离，"黑鹿行动"中不得不采用极为复杂的空中加油过程。"胜利者"不仅得为"火神"加油，还得为其他的"胜利者"加油，这种空中接力必须保证一架"胜利者"在指定导航点与"火神"会合，并在"火神"攻击前进行

★阿松森岛上的"胜利者"加油机

最后一次加油。"火神"攻击完毕又由四架"胜利者"加油机提供支援，以保证其返航的油料。

距离目标不到20千米时，航电操作员探测到阿根廷的火控雷达试图锁定自己，便立刻开启ALQ-101主动电子对抗吊舱，解除了锁定。威瑟斯上尉控制着"火神"俯冲向下，一场轰炸开始了。

斯坦利机场的灯光越来越亮，机场跑道清晰可见，离目标五千米时，XM607的弹舱门打开，投弹！随后XM607便迅速拉高，发动机又一次怒吼起来。瞬时XM607便飞越了跑道，20秒钟后21枚高爆炸弹落到了地面，剧烈的爆炸声响彻云霄，阿根廷人这时才完全清醒过来，不过"火神"已呼啸着飞出人们的视野之外了。

出乎英国人意料的是，整个轰炸过程没有受到任何防空炮火的攻击。轰炸之后，"胜利者"为奋战了一夜的XM607送去了最需要的燃料。经过15小时50分钟的空中飞行和六次空中加油之后，XM607终于降落在阿松森岛机场。

"黑鹿行动"的攻击目标是至少有一枚炸弹击中跑道。在这21枚炸弹中，一枚击中机场跑道中线，炸穿了跑道的混凝土层，一枚在跑道的边缘留下巨大的弹坑，其余的炸弹落在了跑道的一侧，击毁了跑道旁的军火仓库和一架普拉卡攻击机。

"黑鹿行动"结束后，作为对在这次创纪录的长途轰炸中所表现出的勇气与果敢的褒奖，威瑟斯上尉和泰克斯福德少校分别被授予杰出飞行十字奖章。

8

预警机

信息化战争的空中帅府

🌐 沙场点兵: 展翅飞翔的"领头雁"

预警机,又称预警指挥机,是为了克服雷达受到地球曲度限制的低高度目标搜索距离,同时减轻地形的干扰,将整套远程警戒雷达系统放置在飞机上,用于搜索、监视空中或海上目标,指挥并引导己方飞机执行作战任务的飞机。

预警机多由客机或者运输机改装而来,因为这类飞机的内部可使用空间大,能够安装大量电子设备及维持运作的电力与冷却设备,同时也有空间容纳数位雷达操作人员。也有的国家以直升机作为载具,不过这一类的空中预警机的效果不如以中大型机体改装而来的机种好。

以大型飞机改装,容纳更多电子设备与指挥管制人员的空中预警管制机可以算是空中预警机的放大与强化版。除了将雷达系统放置在飞机上以外,空中预警管制机还可以强化或者是替代地面管制站的功能,直接指挥飞机进行各种任务。

预警机按功能可分为战略预警机和战术预警机;按尺寸则可分为大型预警机和中、小型预警机。

预警机的最大特点是都装有巨大的雷达天线罩,尽管天线罩使飞机的外形变化较大,但经过气动优化设计后,基本上能保持飞机原有的飞行性能。

★预警机

预警机担负的作战任务主要有以下几个方面：1.空中预警。这是预警机最主要、最基本的任务，旨在及早发现、识别和跟踪目标，争取足够的预警时间；2.电子侦察；3.指挥控制。此外，预警机还可担负通信中继、航空管制等任务。

由于预警机在现代战争中的重要地位及其在实战中的出色表现，尽管十分昂贵，但不少国家仍不惜重金发展本国的空中预警力量。目前大约共有200架预警机在我们这个星球上飞行。

🌀 兵器传奇：预警机小记

预警机的特殊威力，首先要从现代战争的发展说起。战争的开始，往往伴随着警报的拉响。早在两千多年前，人们就有组织地使用烽火、狼烟等作为警报信号来传递敌情。

在高技术军事装备迅猛发展的今天，作战区域早已从地面扩展到海上和空中。高速飞行的战斗机可以三分钟跨越一百多千米。能够提前发现敌人，哪怕提前几十秒，对作战双方都至关重要。号称"千里眼"、"顺风耳"的空中预警机就这样应运而生了。

预警机的产生可追溯到二战后期。由于地（海）面雷达低空盲区的存在，致使美国海军在珍珠港事件中蒙受了重大损失。1943年，美国执行卡迪拉克计划，着手研制海军预警机及其机载雷达，用于发现躲在舰艇雷达盲区内低空飞行的敌机。

1945年，该计划成功地把当时比较先进的雷达搬上了小型飞机，推出了世界上第一架预警机TBM-3W"复仇者"。1948年，美军成立了世界上第一个预警机中队。

★以色列"海雕"预警机

★以色列G550预警机

　　1950年初，美军换用C-14"贸易者"小型运输机和新型雷达AN/APS-82，改装成预警机。该机于1958年试飞成功，定名为E-1B"跟踪者"舰载预警机，这是世界上第一种实用型预警机。

　　"跟踪者"机身上方有一个流线型雷达天线罩，这就是现代预警机背负式天线罩的雏形。E-1B具有一定的测定舰船和飞机位置的能力，还能对战斗机实施引导，1960年正式编入美海军服役，共生产88架，现已全部退役。

　　此后，由于微电子技术、微波技术的迅速发展，预警机功能由单纯预警发展到可同时对多批目标实施指挥引导，真正成为高度机动的空中预警指挥系统。

　　空中预警机发展史上的每一次改进，都是以机载预警雷达的改型为标志的。预警机从简单到复杂，经历了由常规脉冲雷达、运动目标显示、脉冲多普勒到相控阵脉冲多普勒雷达四代。直到今天，机载预警雷达仍然是预警机的核心电子设备。

　　至今，预警机已经发展到第三代。不断成熟的相控阵雷达技术标志着第三代预警机的发展方向。为了适应未来战争的需要，世界各军事强国在加强、完善预警机方面都不遗余力，从而使预警机的发展呈现出了以下趋势：

　　1.不断提高现役预警机的性能，延长服役期。

　　2.研制性能适中、价格便宜的小型预警机。大型预警机的价格动辄数亿美元，普通国家难以承受，因此有些国家正在积极研制性能适中、价格便宜的小型预警机，像瑞典的"萨伯2000"、荷兰的"极乐鸟"Mk2等。这些小型预警机体积小，功能也较少。

3.相控阵雷达是预警机发展的主要方向。相控阵雷达的优点众多，其可靠性高、探测能力强、扫描速度快、抗干扰能力强。

慧眼鉴兵：空中指挥部

从历次实战来看，现代预警机实际集合了"远程侦察"、"空中导航"、"空战指挥"、"统一各参战单位"的功能于一体，堪称用各种高技术装备武装起来的"空中指挥所"，已经是现代战争中不可或缺的机种。如果说雷达是国防的眼睛，预警机就是空军的眼睛。一支现代空军如果没有预警机，基本就是"眼瞎"的空军。

国外的实践经验和模拟计算表明，一架大型预警机对空中目标的搜索、监视能力相当于10部左右的大功率、远程地面警戒雷达站，能为己方提供30分钟以上的预警时间。批量配备预警机后，大约可节省2～3个地面雷达团的兵力，使整体的防空效率提高15～30倍；使敌军空袭自己后方要地的概率降低15%～55%；使成功拦截和击落来袭目标的概率增加35%～150%，在不降低战斗力的前提下，可大大减少战斗机、截击机的数量。

空中预警机与地面雷达相比具有三大优势：一是对低空目标探测距离远，盲区小；二

★日本E-767预警机

是机动性好，生存能力强；三是可灵活部署，活动范围广。预警机能根据作战需要迅速部署，支援或加强薄弱环节。由于预警机一般都具有较长的续航能力以及空中加油能力，进攻作战时可抵达战区外侧活动，大大增加了预警探测范围。

预警机虽然神通广大，但也有致命的弱点。它体积大、飞行速度慢，是一个容易受到攻击的目标，尽管有些预警机配备了自卫干扰设备，但通常仍需一组专门的护航战斗机来负责其安全。随着隐身技术发展，以及自卫干扰设备的重量和体积减小，效率增加，新一代预警机将具有更强的生存能力。

防不胜防的"鹰眼"
——E-2C"鹰眼"

⊘ 第五代电子战飞机破空而出

E-2C"鹰眼"是一种全天候、舰载空中预警和空中指挥控制飞机，美国海军及其他一些国家都在使用。E-2C作为预警机，并不需要直接执行战斗任务，一般远远躲在战线后方，指挥己方单位进行作战，通常来说没有什么武器能直接威胁到"鹰眼"。保护"鹰眼"最好的方法，就是指挥战斗机摧毁一切试图靠近的敌方目标。"鹰眼"是美国制造的最新的第五代电子战飞机。

20世纪40年代，一架TBF-3"复仇者"飞机用第一代机载搜索雷达进行改装，然后在1950年中期是E-1B。在1964年海军接受了第一架专门为空中预警机设计的飞机——E-2A"鹰眼"。到1967年共买了59架，E-2A用一台新的可编程的高速数字计算机改进成了E-2B。

1968年，美国海军开始了E-2C的计划。

1971年E-2C的原型机进行了第一次飞行。

因为E-2C还要在21世纪相当长的时间内服役，因此不断的改进和升级使飞机保持了生命力，美国在1994年重新启动了在佛罗里达州的"鹰眼"的生产线，因为美国海军订购了预期要买的36架E-2C当中的四架。下一代的E-2C及"鹰眼2000"已经在1998年4月开始飞行试验，并有了很大的进展。

由于E-2C性能优越，又能在航母上搭载使用，因此它在美国海军中的作用举足轻重。首要任务是警戒，附加任务是水面监视协调，进攻和截击机控制，搜索与营救引导以及通信中继。

先知先觉的预警机

★ E-2C预警机性能参数 ★

机长: 17.54米

机高: 5.58米

翼展: 24.56米

空重: 17256千克

最大起飞重量: 23540千克

发动机: 两台T56-A-425涡轮螺旋桨发动机

最大平飞速度: 626千米/小时

预警巡航高度: 9144米

实用升限: 10000米

最大航程: 2800千米

续航时间: 六小时

载员: 五人

★E-2C"鹰眼"预警机

作为一部价格适中、经过考验的机载防御系统，E-2C"鹰眼"不单可以消除来自轰炸机和飞机的突然袭击，还可以消除来自低空飞机、导弹和舰船的突然袭击。

E-2C"鹰眼"对不同目标的发现距离：高空轰炸机741千米，低空轰炸机463千米，舰船360千米，低空战斗机408千米，低空巡航导弹269千米。可同时跟踪250个目标，同时引导45架战斗机进行空战。

E-2C"鹰眼"预警机上安装的AN/ASP-145雷达采用脉冲多普勒体制，并且在脉

★美军装备的E-2C"鹰眼"预警机

冲频率变化方面首次采用了频率捷变技术，具有较好的抗干扰能力和探测距离，能精确测定目标方位。雷达波束扫描半径为570千米，正常情况下可以在480千米范围探测到战斗机，具有"下视"能力，可以自动扫描海面和地面目标，同时监视和跟踪数百个空中目标。

E-2C"鹰眼"预警机的电子对抗设备主要有ALR-73无源探测装置，频率覆盖范围在500兆赫～500吉赫之间，能够在一般条件下接收和分析微弱信号和不稳定信号，协助雷达对目标进行探测和辨识。它可同时测定300个无线电发射源，监听有效距离在740千米以上，具有相当强的电子侦察能力。座舱内的目标显示系统可以同时显示2 000个目标，并能放大显示某一特定区域内的目标和目标资料。

E-2C"鹰眼"也有很多不足，首先，它缺乏超视距通信设备。在E-2C飞机上增加卫星通信能力，或许能提高其在远离航母战斗群执行任务时的战术灵活性；其次，它缺少空中加油能力，限制了E-2C飞机的航程和续航时间。

◎ 未尝败绩的 "鹰眼"

在"沙漠风暴"行动中，美军配置了27架E-2C飞机。原定出动1 192架次，实际飞行了1 183架次，共计飞行4 790小时，可遂行任务率83%，可遂行全部任务率69%，总任务完成率99%。总之，E-2C飞机控制地域领空的性能远远超出操作人员的期望。取得这样的成绩归功于两个因素：一是对飞机的保养，二是操作人员的训练。

E-2C"鹰眼"对水面目标的雷达探测和跟踪性能与预想的一样出色，它可以连续为近、中距离内的目标提供伪合成视频和实时合成视频数据，对相距较远的目标提供的数据相对少些。

如预期的一样，陆—海交界面是E—2C飞机进行探测和跟踪最为困难的地区，自动跟踪基本上不存在。由专业操作人员进行的人工跟踪必不可少，操作人员常将跟踪重点集中在有关的地区，可用机载活动目标显示器显示已知的目标。

E-2C"鹰眼"控制空域的性能始终超出预料，仅靠雷达控制战斗机和连续跟踪低空飞行的飞机是很普通的做法，构成主要威胁的北部地区有利于使用雷达对陆上空域进行探测和监控。虽然很少有机会收集在威胁地区内探测和跟踪高速、低空目标的统计数据，但对中空的战术飞机进行了日常的跟踪。

执行任务的机组成员的简短报告表明，此种飞机曾出色地跟踪低空飞行的英国皇家空军GR-1飞机。实时合成视频或者旁路，已证明在显示伊拉克战术飞机方面是有效的。仅发生很少几次虚警，一般能探测到远距离的民用飞机。

E-2C"鹰眼"从未被敌方击落，仅在海湾战争结束后损失了一架。当时是一架E-2C起火，飞行员跳伞后飞机仍继续向前飞行，为保密起见，美海军F/A-18战斗机击落了这架无人的E-2C。

★完成任务归来的E-2C"鹰眼"预警机

冷战中的"空中指挥部"
——E-3"望楼"

◎ "望楼"诞生：源自波音707的预警机

E-3"望楼"，是世界上最好的大型预警机，由美国波音公司生产，原型为波音707/320客机。

20世纪50年代，美国的防空警戒体系由地面预警雷达和预警机EC-121组成。20世纪60年代初，由于轰炸机速度的提高，低空突防方式的广泛采用与远距离空/地导弹的出现，原有防空警戒系统无论从预警距离、预警时间，还是从搜索低空目标的能力来说均已不能满足需要。从1962年起，美国空军开始考虑发展新的警戒系统，并研究了这种飞机在空战中作为空中监控与指挥站的可能性。

1963年，美国空军防空司令部和战术空军司令部提出对空中警戒和控制系统的要求，1966年，分别与波音公司和威斯汀豪斯公司签订了飞机和雷达系统的研制合同。

★E-3"望楼"预警机

1970年和1973年，他们的方案分别被选取，然后用波音707-320B改装两架试验机进行对比试飞，试验机编号为EC-137D。随后又以波音707为基础制造了三架原型机，1975年E-3A的第一架原型机首次试飞，这就是E-3的前身。

1977年3月，第一架生产型E-3交付使用。到1978年5月，由首批八架飞机形成了初步作战能力。到1984年6月，34架E-3（含三架原型机）全部交付完毕。

这些飞机在美国本土、欧洲和远东等地进行过多次演习。按计划，这些E-3中的1/3驻扎在国外，作为防空警戒与战术空军的空中指挥机，其余驻扎在美国本土，用于本土防空和作为后备力量。目前E-3已被北大西洋公约组织采用，该组织以20亿美元的费用引进18架E-3，组成北大西洋公约组织的防空预警系统。

E-3A预警机不仅能引导各种飞机执行防空、夺取制空权、空中封锁、近距空中支援、营救、侦察、护航等任务，还能为战区指挥提供各种作战情报，以便统一指挥陆、海、空三军作战。

🚫 性能出众：临危不乱的"望楼"

★ E-3"望楼"预警机性能参数 ★

机长：43.68米	**最大起飞重量：**147550千克
机高：12.6米	**最大平飞速度：**853千米/小时
翼展：39.27米	**实用升限：**12200米
雷达天线罩直径：9.1米	**起飞距离：**3350米
雷达天线罩厚度：1.8米	**巡航高度：**9140米
空重：78000千克	**值勤时间（空中加油）：**4小时

E-3"望楼"的机载监视雷达是AN/APY-1，采用高脉冲重复的脉冲多普勒体制，工作在S波段。该雷达的数字化程度高达90%，先进的软件使系统具有很高的灵活性和可靠性。具有良好的下视能力，良好的抗干扰性能和较远的探测距离等三个突出特点。

E-3"望楼"的天线采用缝隙波导阵列天线，天线尺寸7.32米×1.52米，覆盖方位角360度，天线罩直径9.14米，厚约2米。对低空、超低空飞机的发现距离达400多千米，对中、高空目标的发现距离达600千米，对中、高空目标的发现距离达600千米，可提供30分钟的预警时间。

E-3"望楼"是一个以脉冲多普勒雷达为核心的大系统。该系统的主要特点是目标处

★正在执行预警任务的E-3"望楼"预警机

理容量大，抗干扰能力强。采用4PICC-1计算机，容量大，运算速度快，可同时探测600个目标，同时处理300～400个目标。该机采用9～14部显控台和13条通信线路。雷达系统上的敌我识别分系统具有下视能力，并能抗地面杂波干扰。

E-3"望楼"预警机具有较强的光、电对抗能力。该机一般在本土安全空域飞行，不易受敌方地空导弹的攻击，一旦发现远距离来袭敌机，可立即引导截击机进行拦截。当敌机临近时，还可指挥地面防空武器进行射击。万一被敌机雷达"锁住"，它可施放电子干扰或作规避飞行。

E-3能将收集到的战场信息实时传送给不同的部队，这些信息包括敌机敌舰和友机友舰的位置和航向等。当情况紧急时，如核袭击，这些信息还可以直接被送往美国本土的最高指挥机关。

E-3还被用于美国政府的其他监视行动，如反毒品任务。美国海关人员也会在一些特定安排的协同任务中随E-3出发，对走私行为进行监视。

由于E-3作战时在空中飞行，它在战场上生存率较高。其飞行路径可根据任务和生存需求迅速改变。E-3在空中巡航执勤的时间约为八小时，通过空中加油可大大延长。

E-3在海湾战争的沙漠盾牌行动中，是最早投入部署的飞机之一。共有11架E-3被派到海湾地区执行空中预警指挥任务。在"沙漠风暴"期间共飞行448架次，5546飞行小时，指挥控制了9万架次飞机的飞行，平均每天2240架次。不仅向战区指挥中心提供了原始空情，还与RC-135电子侦察机、战地空中指挥与控制中心、战术空中指挥中心和E-2预警机建立了数据共享网络。

实战经验证明，E-3"望楼"能快速有效地对危机作出反应，并对相应的全球军事行动进行支援。

可截获手机信号的预警机
——A-50"中坚"

◎ 俄罗斯"中坚"：为应对美国E-3挺身而出

A-50是苏联伊留申设计局在伊尔-76军用运输机的基础上改装而成的四发预警指挥机，是一种大型预警机，于20世纪80年代中期服役，以替换图-126预警机，北约绰号"中坚"。

早在20世纪50年代，苏联就在各型飞机上作过尝试，安装了空中预警和指挥系统，最终正式使用的机型是以轰炸机为基础改进的预警机。但是20世纪70年代中期美国E-3预警机的问世，使得美国在空中预警能力方面一度领先苏联，苏联为避免在空中预警能力上处于劣势，开始重点加强预警机的研制与发展，利用刚刚出现的伊尔-76运输机作为载机平台，加装了具有下视能力的机载预警雷达，并加长了前机身，其最明显的特点是在机翼后的机身背部装有直径9米的雷达天线罩，其雷达作用距离可达400～600千米，尤其低空识别力比美国的E-3预警机强，很快生产出新一代A-50预警机。

★刚刚起飞的俄罗斯A-50"中坚"预警机

★俄罗斯A-50"中坚"预警机

1969年，织女星–M科研生产联合体在总设计师B.伊万诺夫的领导下开始研制名为"熊蜂"的新型雷达系统。这种雷达系统具有卜视能力，而且探测距离有很大提高。别里耶夫航空科学技术综合体的总设计师康斯坦金诺夫将"熊蜂"雷达系统安装到当时刚刚研制出的宽体军用运输机——伊尔–76上进行试验，效果良好。这种新型预警机被命名为A–50，西方称其为"中坚"。

A–50"中坚"于1978年10月在塔甘罗戈市完成首次飞行，1983年12月30日，驻扎在立陶宛希奥利艾的苏联国土防空军第67独立远程监视中队迎来了第一架生产型A–50（生产编号0023436096，服役序列"30"号）预警机。1984年，一年的时间，第67独立远程监视中队淘汰了所有的图–126飞机，换上了崭新的A–50。A–50与第三代超声速战斗机"米格–29"、"苏–27"等一起，组成了20世纪90年代的苏联空中防空体系。

在近20年的研制与发展过程中，A–50预警机的技术已日渐成熟，除了可以判别电磁辐射来源的方位、辨识空中和海上目标之外，也可以当做作战指挥、管制和通讯中心，并且有M、U和E型问世。

◎ 高科技的结晶：身怀绝技的"中坚"

A–50"中坚"的主要任务装备是"熊蜂"无线电技术系统。该系统重20吨，主要包括：带有被动定位通道的脉冲多普勒高相干三坐标雷达，它可以在自由空间和在地球背景下发现和跟踪空中目标，战术机组人员座舱内的拍摄和测绘装置；主动问答装置；向截击

★ A-50"中坚"预警机性能参数 ★

机长: 46.59米

翼展: 50.5米

机高: 14.76米

空重: 75000千克

最大起飞重量: 190000千克

发动机: 四台D-30KP涡扇发动机

实用升限: 11000米

最大速度: 800千米/小时

巡航速度: 760千米/小时

最大航程: 6400千米

续航时间: 四小时（无空中加油时）

预警半径: 低空450千米，高空620千米

引导能力: 同时跟踪50个目标，指挥12架战斗机作战

乘员: 5~10人

机传达指令或提供目标指示信息的数据链系统；处理指挥、引导歼击机攻击空中目标的数字计算机系统；国籍识别系统；抗干扰数字通信系统；遥控密码装置等。厘米波雷达可探测300~600千米、战斗机大小的高空目标，200~400千米的地面和低空目标，以及400千米内的海上目标。可同时跟踪50~60个目标（完善型系统可达150个目标），同时引导10~12架歼击机。

出动效率方面，A-50一次升空巡逻范围大，在10000米高空沿"8"字形航线飞行时，既可以根据作战需要在不同的作战空域完成预警任务，也可以轮流升空作战。同时，A-50所采用的伊尔-76MD军用运输机具有良好的可靠性和维护性，能有效地减少飞机故障的影响。

★身怀绝技的俄罗斯A-50"中坚"预警机

A-50预警机上安装有自我防御系统，用于在己方航线环绕巡逻飞行时，保护自身不受来自敌方战斗机的制导或非制导武器的威胁。自我防御系统包括雷达告警分系统，敌我识别设备，X波段和C波段的有源电子干扰机，机身腹部两侧天线罩内装有电子对抗监视天线，还在机头和机尾两侧装有干扰箔条与红外弹投射箱，用于完成电子战任务。飞机可以通过引导己方战斗机来避免来自敌方的威胁，飞机的无线电和电子系统具有足够强的信号来对抗敌方的干扰，在密集的电子对抗环境中提供良好的作战性能。

A-50对小型战斗机的最大探测距离为230千米，最大跟踪目标批数为50。机上的资料链能够与空中战斗机和地面防空中心相联结，引导和指挥10～12架己方战斗机飞行并瞄准目标，向其他防空参与者转发作战地区的情况数据，真正起到空中指挥所的作用。

⊘ 准确定位：让车臣"独立"之父命丧黄泉

从1985年正式装备部队到1990年以前，A-50一直担负常规执勤任务，偶尔参加苏联军队或苏军与其他华沙条约成员国举行的军事演习。

在1991年海湾战争期间，两架A-50被派往黑海上空巡逻，它们对从土耳其起飞参与攻击伊拉克的联军飞机进行监视，并将所有监视数据及情报传回俄罗斯。A-50还监视了北约在南斯拉夫的行动。

★俄罗斯A-50预警机在第一次车臣战争中表现优异

　　A-50于1994年底才首次参加了真正的战争——车臣战争，当时有三架A-50被派往伏尔加机场。1994年12月21日，俄罗斯防空部队在时隔三年之后重新控制了车臣的全部领空。A-50预警机与苏-27和米格-31截击机构成了严密的防空网，阻止了车臣分离主义者通过空中走廊与外国的联系。

　　特别是在1996年的第一次车臣战争期间，4月21日晚，A-50预警机截获了杜达耶夫与他人之间的手机通信，然后在全球定位系统的帮助下准确地测出了杜达耶夫所在位置的坐标。几分钟后，A-50预警机指挥俄罗斯空军苏-25飞机在距目标40千米的地方发射了两枚DAB-1200反辐射导弹，将正在进行卫星通话的杜达耶夫炸死。

9

反潜机

潜艇猎杀者

沙场点兵： 潜艇的空中克星

★美国波音P-8A"海神"反潜机

反潜机是用于搜索和攻击潜艇的海军飞机，又称"反潜巡逻队机"，它诞生于第一次世界大战期间。反潜机是反潜战的重要装备，也是现代海军航空兵的专用机种。

反潜机包括固定翼反潜机和反潜直升机两种。反潜机有岸基反潜飞机、舰载反潜飞机和水上反潜飞机三种。

一般来说，反潜机的主要装备有两部分，一是探测设备，二是武器设备。反潜机的探测设备主要包括雷达、声呐浮标、吊放式声呐、磁异探测仪、激光探测仪等；反潜机使用的武器装备主要包括反潜导弹、反潜鱼雷和深水炸弹等。鱼雷是现代最有效的反潜武器装备，备受各国海军重视。

反潜导弹是反潜武器装备中威力最大、精度最高、射速最快的一种，目前，较为先进的反潜导弹有美国的"鱼叉"、"斯拉姆"，法国的"飞鱼"导弹，意大利与法国合作生产的"奥托马特"等导弹。

反潜机与其他反潜平台相比，具有速度快、范围大、效率高、能力强、威力大等特点，是现代反潜力量的重要组成部分。现代反潜机一般是专门研制的、可持续巡逻12～22小时，可以对潜艇进行全天候搜索和攻击，可自行攻击也可指引其他舰艇攻击潜艇。

兵器传奇：潜艇"终结者"的曲折人生

自1914年潜艇问世以来，各国相继用飞艇和水上飞机对付潜艇。当时仅靠目视和望远镜搜索，对潜艇威胁不大。第一次世界大战末期，英国开始用岸基飞机反潜，并采用原始的声呐系统。第二次世界大战期间，英、美使用声呐浮标、机载雷达和探照灯搜索，用鱼雷、深水炸弹和水雷攻击潜艇，获得较好效果。20世纪50年代以后，开始使用反潜直升机和吊放声呐系统。

核潜艇的出现，对反潜系统提出了更高的要求。反潜机一般总重在50吨以上，可在几百米高度上以300～400千米/小时的速度进行巡逻，续航时间在10小时以上。舰载反潜机总重约20吨，以航空母舰为基地，承担舰队区域反潜任务，飞行速度为高亚音速。反潜直升机通常载于普通舰船上，能提高舰船自身的反潜能力。反潜水上飞机能停泊在水面上，悬放声呐，由于船身阻力大，航程短，只能在近海执行反潜任务。现代机载搜索潜艇的设备有声呐浮标、吊放声呐、磁控仪、反潜雷达、红外探测仪、废气探测仪、核心辐射探测仪、光电设备和侧视雷达等。

1915年8月26日，英国空军一架双翼轰炸机在飞经比利时西北海域时，无意间发现了一艘德国潜艇，当即投掷了两颗炸弹，潜艇尾部受到打击，伤后迅速潜逃。潜艇虽然没有被击沉，但初战的胜利使各国对飞机反潜开始刮目相看。

1916年8月，奥地利的"洛内尔"双翼水上飞机突然对锚泊在威尼斯港内的一艘英国潜艇发起攻击，导致英国潜艇沉没，这成为真正意义上的反潜作战。

二战期间，各主要海军国开始在飞机上装备适用于探测和攻击潜艇的装备，从此诞生了专门用于反潜作战的反潜机。

慧眼鉴兵：潜艇天敌

反潜机具有快速、机动的特点，能在短时间内居高临下地进行大面积搜索，并可以十分方便地向海中发射或投掷反潜炸弹，甚至最新型的核鱼雷，是潜艇名副其实的"天敌"。反潜机一般具有低空性能好和续航时间长等特点，能在短时间内对宽阔水域进行反潜作战。

各种反潜飞机的外形并不相同，在对付潜艇时也各有各的"高招"。水上反潜飞机是反潜兵力之一。它能在低空慢速进行海上巡逻，使用声呐、雷达等搜潜设备进行搜索，一旦发现潜艇，可立即用自己携带的鱼雷、深水炸弹等攻潜武器实施攻击。

反潜直升飞机主要携带吊放声呐等搜潜设备和反潜鱼雷等攻击武器，利用它能在空中悬停的特殊本领，将吊放声呐的换能器吊放到水中一定深度，探测敌人潜艇，并在适当时机用鱼雷发起攻击。

岸基反潜飞机是所有反潜飞机中最神通广大的，它的最大时速可在500～800千米以上，具有快速飞赴目标区、低空慢速搜索目标的本领，能早期发现潜艇，长时间监视和连续跟踪，具有全天候作战的能力。

舰载反潜机是一支对潜作战的突击力量。由航空母舰把它载运到远离基地的海洋上，进行反潜作战。机上装有声呐浮标、雷达、磁探仪、红外探测仪等反潜设备，还携有鱼雷、水雷和攻潜的特种武器。它飞行、下降速度快，容易对潜艇发动突袭，使潜艇措手不及。

喜欢猎杀的枪手
——"猎迷"反潜机

🚫 由喷气客机改装的反潜机

"猎迷"系列反潜机最初是英国原霍克·西德利公司（现已并入英国宇航公司）研制的一种岸基反潜机，用以取代"沙克尔顿"反潜侦察机。

"猎迷"是20世纪60～70年代非常有名的大型海上巡逻反潜机，最为引人注目的是，它是由世界第一种喷气客机"彗星"4C改装而成的。它采用"慧星"4C民航机的机体，缩短了机身，并在下部加装了一个吊篮式非增压舱，可装载作战设备和武器，四台涡扇发动机两两并列安装在机翼根部，外侧两台装有反推力装置，加装了电子支援和磁异探测设备。

"猎迷"的研制计划始于1964年，服役后，替换了英国皇家空军海岸指挥部所拥有的老式活塞发动机"沙克尔顿"海上巡逻机。

"猎迷"原型机尾翼后部的长尾梁上安装了一个磁异探测器，机鼻加装搜索雷达，垂直尾翼上加装了电子支援系统的天线。新设计了非增压的机腹武器舱和系统舱，这使得机身呈现明显的双泡形截面，该舱的前端安装了搜索雷达。垂直尾翼面积略有增大。驾驶舱风挡、窗口加大，右翼下加装了搜索探照灯。

"猎迷"第一架原型机采用罗尔斯·罗伊斯的"斯贝"发动机，于1967年5月23日进行第一次试飞，随后改做空气动力试验机和机身/发动机结合用途。第二架原型机则采用"彗星"客机原来的"艾芬"发动机，于6月31日首飞，作为相应电子设备的试验平台。

"猎迷"首批量产型为46架MR.MK1，第一架1969年6月28日首飞，1969年10月开

★英国"猎迷"反潜机

始于第236作战部队服役，一共装备了五个飞行中队，其中一个中队驻守马耳他。但后来马耳他驻守英军撤出，令最后生产的八架"猎迷"无家可归。

　　鉴于马岛战争中缺乏空中预警能力的经验教训，英国在20世纪80年代曾将"猎迷"改装成预警机。与其他预警机最大的区别在于，它没有旋转天线罩，而是采用安装在机头和机尾的一对雷达天线，它们共用一部发射机，由波导开关控制交替接通，以完成360度全方位的目标搜索。以具有下视能力的脉冲多普勒雷达为核心，来自雷达和其他电子设备的信息全部通过数据处理系统结合为一个整体。该雷达能以不同工作方式有效地探测半径300～500千米内的低空目标或海上舰艇。可惜的是，预警机项目没有达到英国军方的预期目标，1987年就夭折了。

◎ 攻击力强大的"猎迷"

★ "猎迷"反潜机性能参数 ★

机长：38.63米	**最大速度**：926千米/小时
机高：9.8米	**最大巡航速度**：880千米/小时
翼展：35米	**实用巡航速度**：787千米/小时
机舱长度：26.82米	**正常巡逻速度**：370千米/小时
最大宽度：2.95米	**实用升限**：12800米
最大高度：2.08米	**起飞距离**：1463米（正常起飞重量）
空重：39010千克	**着陆距离**：1615米（正常着陆重量）
正常起飞重量：80514千克	**最大转场航程**：9266千米
最大起飞重量：87091千克	**正常续航时间**：12小时
最大燃油量：38937千克	**最大续航时间**：15小时（一次空中加油19小时）
最大武器载荷：6142千克	

"猎迷"的前方鼻锥罩内装有"搜水"2000MR多模式对海搜索雷达，机尾有一根长长的磁探仪，机上还有声呐设备、光学电视监视探测系统及战术导航系统。

"猎迷"在机身下长15米的炸弹舱中可悬挂前后六排炸弹、水雷、鱼雷、深水炸弹及"马特拉"空地导弹，也可挂六个副油箱。在翼下挂架下，可带机炮吊舱、火箭弹、水雷和空地导弹。最新改进型还能挂载电子战吊舱、美制"鱼叉"空舰导弹和"响尾蛇"近距空空导弹等。

◎ "猎迷"的不安全因素

2007年，根据英国政府1996年出台的一项规定，英军新型"猎迷"式海上巡逻飞机须使用旧飞机机身制造。于是，一些旧飞机退役后，机身经翻新重新使用，再连接上新的机翼和起落架等部件，变身为"新"飞机。

但在拆卸并重新利用这些已经服役40年之久的侦察机时，机师们却发现侦察机的机身很多已经严重锈蚀，一些铝制部件甚至呈粉末状。英国机师表示，这些侦察飞机的机身不仅利用价值已经不大，而且那些在伊拉克和阿富汗服役的同类飞机很可能会出现严重的飞行事故，进而威胁飞行员的安全。

正在伊拉克和阿富汗服役的英国战机可能同样受到锈蚀威胁，因为一些"猎迷"式巡逻机也使用了"高龄"机身。服役战机可能遭锈蚀的发现使战机安全问题引起英国国内高度关注。

2008年，驻阿富汗英军一架"猎迷"式巡逻机坠毁之谜再次浮出水面。驻阿英军一架"猎迷"式巡逻机2006年9月在阿南部地区坠毁，机上14名英军士兵死亡。英国防部当时否认这架飞机为遭塔利班武装击落，称坠机属"严重事故"。坠机事件的确切原因至今仍是谜团。

美国的王牌
——P-3 "猎户座"

◎ 王牌诞生："猎户座"的荣耀

P-3反潜机是美国洛克希德公司应美国海军的要求研制的海上巡逻和反潜飞机，它是世界许多国家采用的一种海上巡逻机，主要用于海上巡逻、侦察和反潜作战。

P-3反潜机是在"依列克特拉"民航机的基础上设计的，1957年开始设计，1958年中

★ "猎户座" 反潜机

标，同年8月9日气动力原型机首飞，装全部设备的YP-3A于1959年11月25日试飞，1961年4月以后开始交付。

第一种量产型，代号P3V-1，首飞于1961年4月15日，但到1962年交付时，已统一的代号系统将之命名为P-3。很快，该机成为西方国家使用最为广泛的一种海上巡逻（MPA）和反潜战（ASW）飞机。

多年来，P-3发展出了许多次型。主要有P-3A，早期生产型，共交付160架；WP-3A，气象侦察型，于1971年交付美国海军四架；P-3B，换装T56-A-14发动机的生产型，共交付144架；P-3C，装"埃钮"系统的新型号，1968年9月18日首飞，1969年服役，除交付美海军267架外，还出口78架；RP-3D，用于测绘地球磁场的P-3C改装机；WP-3D，用于大气研究和气象变化试验而改装的P-3C；EP-3E，用于取代EC-121电子侦察机而改装的10架P-3A和两架P-3B，用于执行电子战任务。到目前为止，洛克希德公司已生产各型P-3飞机600多架，除装备美国海军外，还出口到加拿大、伊朗、澳大利亚、新西兰、日本、挪威、荷兰等国家，预计该机要服役到2015年。

目前，在美国海军中仅有P-3C还在服役，该机在其数十年的服役期中，通过不断地改进，采用先进的航空电子和计算机软硬件，持续地提高其作战能力，已经达到陆基海上巡逻和反潜飞机的最高标准。

◎ 性能一流：侦察任务与反潜作战"两不误"

P-3C"猎户座"采用正常式布局，传统铝合金结构，机组人员10名，最长能飞行17个小时。P-3C既可以执行侦察任务，也可以进行反潜作战。

P-3C"猎户座"的主要机载电子设备功能强大，有AN／APS-115全方位雷达、

★ P-3反潜机性能参数 ★

机长：35.61米

机高：10.27米

翼展：30.37米

螺旋桨直径：4.11米

空重：27 890千克

最大燃油重量：28 350千克

最大起飞重量：64 410千克

正常起飞重量：61 235千克

最大着陆重量：47 119千克。

最大平飞速度：761千米/小时

经济巡航速度：608千米/小时

巡逻速度：381千米/小时

失速速度：208千米/小时

最大爬升率（高度457米）：9.9米/秒

实用升限：8 625米，（单发停车）5 790米

起飞滑跑距离：1 290米

着陆距离（自15米高度，设计着陆重量）：845米

最大活动半径（无余油）：3 835千米

转场航程：8 945千米

最大续航时间：（高度4 574米，四发）17.2小时，（双发）12.3小时

LTN-72惯性导航和AN／APN-227多普勒导航系统、奥米加远距导航系统、AN／ASW飞行控制系统、AN／ASQ-114通用数据计算机和AN／AYA-8数据处理设备及计算机控制显示系统、AQS磁异探测器、ASA-64水下异常探测器、ARR-72声呐接收机、AN／ACQ-5数据链路，以及ALQ-64电子对抗设备等。

P-3C的机腹有一个武器舱，机翼下有10个挂架，可以携带鱼雷、深水炸弹、炸弹、沉底水雷、水雷、火箭发射巢、反舰导弹、空空导弹等，还可以携带各种声呐浮标、水上浮标和照明弹等。

动力装置为四台艾利逊公司的T56-A-14涡桨发动机，单台功率3661千瓦，各驱动一副54H60-77四叶恒速螺旋桨。

挥斧头的空中大兵
——S-3"北欧海盗"

◎ 海盗出海：潜艇从此有了"天敌"

S-3"北欧海盗"反潜机是美国海军从1974年开始使用的一种双发动机涡扇式舰载反潜飞机，由洛克希德公司研制生产。它速度快、航程远、反潜能力强并能全天候作战，主

★美国S-3"北欧海盗"反潜机

要用于配合P-3岸基反潜巡逻机进行反潜战,对敌潜艇进行持续的搜索、监视和攻击,以保护己方航空母舰和其他舰艇的安全。

S-3是美国第一种装有涡轮风扇发动机的舰载反潜机,是针对美国海军20世纪70年代后半期反潜任务而设计的舰载反潜飞机,用它取代S-2反潜机,以配合P-3岸基反潜机使用。美国海军于1967年12月提出VSX计划,1968年美国海军实行VSX计划,通过招标,1969年8月1日与洛克希德公司加利福尼亚分公司签订S-3研制合同,1971年11月8日原型机出厂,1972年1月12日首飞,1974年2月20日开始交付海军使用。

S-3"北欧海盗"反潜机成为世界上首架舰上喷射对潜警戒机,同时具备A-6的飞行性能及P-3C的对潜作战能力。1978年,该机型停产,共计生产190架。

为适应冷战后的环境,S-3的主要任务已由反潜扩大到攻击水面舰艇、空中加油、电子战。为适应作战任务的变化,美国海军已制订服役寿命评估计划,打算把S-3的寿命由13 000小时延长到17 500小时,使飞机能服役到2015年,与此同时还计划改进其航空电子设备,在其通信导航系统中加装卫星导航接收机。

S-3有A、B型两种,第一个批量生产型号为S-3A。S-3B是S-3A的改进型,主要改进了用于反潜的机载电子系统和武器系统,使飞机增强了声信号处理能力和电子支援测量能力,并装备有鱼叉空舰导弹。

⊘ 速度快、航程远：反潜能力不一般

★ S-3B反潜机性能参数 ★

机长： 16.26米	**最大巡航速度：** 686千米/小时
机高： 6.93米	**游弋速度：** 296千米/小时
翼展： 20.93米	**失速速度：** 157千米/小时
平尾展长： 8.23米	**进场速度：** 185千米/小时
空重： 12 088千克	**海平面最大爬升率：** 21.3米/秒
最大设计总重： 23 831千克	**实用升限：** 10 670米
正常反潜起飞重量： 19 277千克	**起飞滑跑距离：** 671米
最大着陆重量： 20 826千克	**着陆滑跑距离（着陆重量16 556千克）：** 488米
最大着舰重量： 17 098千克	**作战航程：** 3 705千米
最大平飞速度： 834千米/小时	**转场航程：** 5 588千米

S-3属于四个喷射型座椅的舰上机，包括两名驾驶员、一名战术协调员和一名声呐员。庞大的主翼配合着肩翼设备，虽然是宽且短小的机身，亦可充分装载电子装置，这些电子装置可将电脑化的核子系统统合、解析。是属于低空、低速、长时间飞行的机种。

S-3系全金属结构，机身短粗，四人机舱位于前部，中部有分隔式武器舱，尾部装有反潜用可伸缩磁异探测仪。

S-3拥有一对大展弦比悬臂式上单翼，在内翼下吊装两台通用电气公司的TF34-GE-2涡轮风扇发动机，位置比较靠近机身，便于单发作游弋飞行，节省油耗；外段机翼和垂直尾翼可折叠，以便于舰载。机内可带燃油7 192升，翼下挂架也可带两个1 136升副油箱；

S-3属于全金属半硬壳式破损安全结构。分隔式武器舱带有蚌壳式舱门。机身有两条平行的纵梁，自前起落架接头处一直伸展到着陆拦阻钩处，弹射起飞和拦阻着舰时通过这两个梁将载荷均匀分布到机身上，此梁在水上迫降或机身着舰时，起保护乘员的作用。机身腹部的发射管用来发射60个声呐标。可碎玻璃座舱盖在机身顶部，以便于应急情况下弹射乘员。飞行中可伸出的磁异探测杆装在尾部。悬臂式全金属结构尾翼。垂直和水平安定面皆有后掠角。垂尾向下折。平尾安装角由电操纵，升降舵和方向舵液压作动。

S-3有两台通用电气公司的TF34-GE-2涡轮风扇发动机，单台静推力41.2千牛（4 200千克），加速性较好，能在3.5秒内由进场状态加速到95%推力，以保证复飞。

可用燃油为7 192升，分别放在机翼盒形梁、机身中心线两侧和机翼折叠线内侧的整体油箱内。翼下挂架也可带两个1 136升的可投放油箱。

S-3液压收放前三点式起落架。单轮主起落架，向后收入弹舱后面的起落架舱内。双轮前起落架，带有舰上弹射起飞杆，向后收入机身。前轮由液压操纵转向，有液压刹车装置，拦阻钩。

◉ "北欧海盗"：被称为"海军一号"

2003年5月，美国总统布什坐在一架海军S-3B维京式多任务反潜作战飞机的副驾驶座上，降落在加州外海的航空母舰"林肯"号甲板上。当这架外形颇为类似小型民航客机的反潜飞机升空后，它的称号就成为美国总统专属的"海军一号"。

S-3B自1987年服役，主要装载的武器有MK46/50对潜鱼雷、火箭炮等。在海湾战争中，S-3B还使用MK82爆弹，摧毁伊军的地面目标。

2003年3月，S-3B在伊拉克战争中首次实战发射了一枚激光制导导弹。

3月25日，S-3B飞机和两架F/A-18C"大黄蜂"歼击机飞机共同执行了"对时间敏感目标"的联合攻击。在攻击中，一架"大黄蜂"独立承担攻击任务，另一架"大黄蜂"用目标激光器对目标进行激光照射，引导S-3B发射AGM-65E"幼畜"空地导弹，摧毁目标。

2005年，美国海军首次使用S-3B发射波音公司的SLAM-ER导弹（反应增强型防区外对陆攻击导弹），成功击中185千米外的目标，这使得S-3B获得了远程精确对地打击能力。

★美国S-3B"北欧海盗"反潜机

战事回响

🎧 世界著名反潜机补遗

伊尔-38反潜机

伊尔-38是苏联伊留申设计局用伊尔-18型民航机改装反潜设备的反潜和海上巡逻机。据报道，伊尔-38于1970年开始发展，1975年印度向苏联订货五架，1977年苏联向印度交付第一架伊尔-38，目前估计还有50多架伊尔-38在俄罗斯海军航空兵中服役。

与伊尔-18相比，伊尔-38加长了机身，为适应重心的变化，机翼前移，并减少了机身上的舱窗，机头的下部装有雷达罩，在机身尾部为磁异探测器。机舱前部为三人驾驶舱，机身中部为作战人员舱，在机翼前后的机身下部为前后武器舱，装有声呐浮标和攻潜武器。该机巡逻范围可以达到北极和冰岛等广大区域。升限11 000米，在同类巡逻飞机中飞行高度最高。部分伊尔-38加装了电子侦察装置，可执行类似美国EP-3电子侦察机的任务。

伊尔-38携带RGB-1、RGB-2、RGB-3声呐浮标，可使用AT-2鱼雷。Berkut系统的雷达对大型舰艇的探测距离达到250千米。具体配置上，可携带216枚RGB-1，或144枚RGB-1、10枚GB-2、两枚AT-1或RYu-2核战斗部深弹。

★伊尔-38反潜机

部分伊尔-38后来改装了Novella作战系统。可以使用KAB-500PL制导深弹,或新型主动声呐浮标。改进后的型号成为伊尔-38N。

由于俄罗斯军费拮据,伊尔-38目前经少量延寿改进后,还必须继续服役10～15年。同时也着力为外国客户提供伊尔-38SD型出口改进方案。近年,印度将用数字式"海龙"作战系统(Novella的出口型号)替代Berkut系统。"海龙"系统包括新型合成孔径/逆合成孔径雷达、高解析度前视红外系统、微光电视摄影机、新型电子战系统和磁探测器。还将改进自卫系统,加装R-73红外近距空空导弹。

法国海军的"大西洋"反潜机

法国海军的"大西洋"(Atlantic)是法国达索飞机制造公司研制的远程海上巡逻反潜机,用于反潜、反舰、侦察、预警、救援、运输等。

北约和法国的"大西洋"ATL2反潜机是在早期"大西洋"ATL1反潜机基础上发展而来的。ATL2于1977年开始论证,1978年9月启动研制。当时达索公司将两架ATL1型飞机改装成原型机,分别于1981年5月8日、1982年5月26日试飞。随后于1989年10月交付法国海军,1991年形成战斗力,并替代了法国海军的"大西洋"ATL1、P-2"海王星"反潜机。

目前,法国海军已经接受了定购的所有28架"大西洋"ATL2反潜机。

A-40"信天翁"反潜机

A-40"信天翁"是俄罗斯别里耶夫设计局研制的世界上最大的双发涡扇式多用途水陆两用飞机。基本用途为海上巡逻和客货运输。设计工作开始于1983年,1985年开始原型机制造,1986年12月首次飞行,1987年开始批生产。曾在1989年8月20日土希诺机场上空举行的航空节飞行表演中露面。A-40原型机曾打破14项世界纪录。

★ A-40"信天翁"水陆两用飞机

现有的和计划中的型别有：

A-40反潜/侦察/布雷型。独联体海军航空兵已定购20架以替代岸基巡逻机伊尔-38和反潜、海上巡逻以及搜索和救援水上飞机别-12。

别-40P客机型。计划中的105座运输机型。每排五座，单过道。客舱有两个盥洗室。三名机组人员，外加客舱服务员。最大商载航程4 000千米。

别-40PT客货型。计划中的最大商载为10吨的运输机型。前部为客舱，载37或70名旅客，每排五座，后部为货舱。最大商载航程4 200千米。

别-42搜索救援型。装有搜索和救援设备，取消了助推涡喷发动机和翼尖电子侦察舱。飞机能在1 800米长的跑道上或浪高2.2米的水面上起落。可运载54名幸存者。幸存者通过机械化踏板由左右各两个侧门进入飞机。

　　我们从历史的角度来看待战机，其实，它和很多事物一样，都带着明显的人文色彩。可以这么说，战机就是历史长卷上飞行的生灵。它也是有生命的，在每架冰冷的钢铁战机背后，都有着人性可言，这就是：战机制造者的天才、对飞翔的渴望；战机驾驶员眼中的愤怒和仇恨；在战机扔下的炸弹中哭泣的、丧失家园的人民。所以，每架战机都是一部断代史。虽然我们尽可能挖出战斗机和螺旋桨背后的故事，但凡事都不会那么完美，有些资料是保密的，尚未公开的。我们只能做到这些。

　　在这本《战机》中，我们认识了美国洛克希德公司、英国霍克公司、德国容克公司等著名战机制造公司，我们也同样认识了他们制造出的各种各样的战机，他们与这些战机一样定格在战机发展史上。

　　我们认识了歼击机、轰炸机、歼击轰炸机、强击机、反潜巡逻机、武装直升机、侦察机、预警机、电子对抗飞机、水上飞机、军用运输机和空中加油机等，这些飞机大量用于作战，使战争由平面发展到立体空间，对战略战术和军队组成等产生了重大影响。

　　我们也看到了战机的未来，现代战争中，战机在夺取制空权、防空作战、支援地面部队和舰艇部队作战等方面，都将发挥更重要的作用。

　　我们学到了很多著名的战斗机的设计理念，它们中的大多数都是人类智慧的结晶，都是人们对于战争与和平的另一番思考。

　　我们通过每一种战机的出世、独门秘籍和战场传奇看到了人们对于飞翔的梦想和对于战争的欲望以及灾难性的后果。一架战机被研制出来之后就变成了双刃剑，它代表着科技的进步、智慧的进步，但同时又可能意味着更大杀戮的开始。

　　当然，我们也可以从另外一个角度来认识战机：战机是用来杀人的，但它同时可以保护自己，保护自己的家人和家园。

主要参考书目

1.《简氏战斗机指南——柯林斯百科图鉴》，（英）蒙罗、钱特著，马焕录译，辽宁教育出版社，2003年3月。

2.《战鹰新姿：世界最新军用飞机》，张伟、秦长庚编，蓝天出版社，2003年10月。

3.《战斗机》，（英）杰克逊著，吴玉涛译，科学普及出版社，2004年3月。

4.《战斗机：世界王牌战斗机暨空战实录》，杨帆编著，哈尔滨出版社，2009年1月。

5.《空中雄鹰——战机》，周新初等编著，化学工业出版社，2009年2月。

6.《飞行世界探秘——探秘百科》，（美）哈迪斯蒂著，韩洪涛译，中央编译出版社，2009年5月。

7.《101种最经典的战斗机》，（英）罗伯特·杰克逊编著，潘飞虎译，湖北少儿出版社，2009年6月。

8.《兵器大盘点——战机》，崔钟雷编，万卷出版公司，2009年10月。

9.《简氏美军战机鉴赏指南》，（英）霍姆斯著，杨晓珂、董奎译，人民邮电出版社，2009年10月。

10.《简氏早期经典战机鉴赏指南》，（英）霍姆斯著，刘杨译，人民邮电出版社，2009年10月。

典藏战争往事 回望疆场硝烟

武器的世界　兵典　兵典的精华

导弹　MISSILES
千里之外的雷霆之击
THE CLASSIC WEAPONS

火炮　ARTILLERIES
地动由摇的攻击利器
THE CLASSIC WEAPONS

潜艇　SUBMARINES
深海沉浮的夺命幽灵
THE CLASSIC WEAPONS

枪械　FIREARMS
经典名枪的战事传奇
THE CLASSIC WEAPONS

坦克　TANKS
陆地驰骋的铁甲雄狮
THE CLASSIC WEAPONS

战车　CHARIOTS
机动作战的有效工具
THE CLASSIC WEAPONS

战机　WARPLANES
云霄千里的急速猎鹰
THE CLASSIC WEAPONS

战舰　WARSHIPS
怒海争锋的铁甲威龙
THE CLASSIC WEAPONS